U0818511

江苏省社科基金项目“低碳经济下江苏工业行业与碳减排协调发展研究”(14EYC009)
中国矿业大学社科基金项目“考虑技术进步要素的金融驱动对工业碳减排的影响研究”(2017WB17)
2017 年江苏省高校优秀中青年教师和校长境外研修计划资助

低碳经济下金融支持与工业行业碳减排

周莹莹 著

中国矿业大学出版社

内容简介

本书在充分明确金融支持工业行业碳减排作用机理传导机制的基础上，理论联系实际，结合我国经济社会发展的具体情况，研究我国金融支持工业行业的碳减排效应。低碳经济的发展需要大量的资金支持，金融在低碳经济发展中起着至关重要的作用。研究金融发展如何对占碳排放量最大比例的工业行业碳减排的影响，以推动工业行业良好发展，对低碳经济发展发挥有效作用具有重要意义。

图书在版编目(CIP)数据

低碳经济下金融支持与工业行业碳减排/周莹莹著.
—徐州：中国矿业大学出版社，2018.11
ISBN 978-7-5646-4093-4

Ⅰ.①低… Ⅱ.①周… Ⅲ.①金融支持—工业企业—节能减排—研究—中国 Ⅳ.①TK018

中国版本图书馆 CIP 数据核字(2018)第 194729 号

书　　名　低碳经济下金融支持与工业行业碳减排
著　　者　周莹莹
责任编辑　史凤萍
出版发行　中国矿业大学出版社有限责任公司
（江苏省徐州市解放南路　邮编 221008）
营销热线　(0516)83885307　83884995
出版服务　(0516)83884895　83884920
网　　址　http://www.cumtp.com　**E-mail**:cumtpvip@cumtp.com
印　　刷　江苏凤凰数码印务有限公司
开　　本　787×960　1/16　**印张** 14.25　**字数** 270 千字
版次印次　2018 年 11 月第 1 版　2018 年 11 月第 1 次印刷
定　　价　36.00 元

前　言

能源作为人类经济社会赖以生存的物质基础，是经济增长的重要投入要素，对人类社会经济发展产生重要影响。随着经济的快速发展，化石能源的消费日益增多，温室气体尤其二氧化碳排放的增多，导致环境质量下降，环境问题日渐引起世界各国的普遍重视。工业是大多数国家碳排放最重要的领域，也是碳减排潜力最大、持续时间最长的领域。

随着工业化和城镇化进程的加快，能源消费急剧增加，特别是化石能源消费快速增长，我国已于2007年超过美国成为温室气体排放第一大国。碳减排已成为经济可持续发展的内在要求，而其中占碳排放最大比例的工业走低碳化发展路径，对于国民经济整体碳减排的贡献尤显重要。低碳经济的发展需要大量的资金支持，金融在低碳经济发展中起着至关重要的作用。研究金融发展对占碳排放量最大比例的工业行业碳减排的影响，以推动工业行业良好发展，对低碳经济发展发挥有效作用具有重要意义。

在充分明确金融支持工业行业碳减排作用机理传导机制的基础上，理论联系实际，结合我国经济社会发展的具体情况，借助中介效应模型、面板门槛模型，实证研究我国省域金融支持高耗能工业行业碳减排效应。运用脱钩模型研究高耗能行业经济发展与碳排放之间的脱钩关系，除黑色金属冶炼及压延加工业外，其他高耗能行业经济发展与碳排放之间多处于脱钩状态，在工业发展的同时，二氧化碳排放得到一定程度的抑制。进而对碳排放影响因素进行分析，将碳减排因素分解为能源结构效应、能源强度效应、经济结构效应和经济增长效应。

中介效应模型结果显示，以贷款规模和利用外资为金融发展变量，R&D经费支出发挥了显著的负向中介效应，金融发展能够通过影响技术进步从而促进碳减排；以股票市值为金融发展变量时，R&D经费支出的中介效应不显著。面板门槛模型结果显示，以贷款规模为核心解释变量时，以R&D经费支出和能源结构为门槛变量，贷款规模具有显著的减排作用，且减排作用随着R&D经费支出的增加、煤炭消费比重的降低而加强；以能源强度为门槛变量，贷款规模与二氧化碳排放量之间呈正V形关系；以经济结构为门槛变量，在高耗能行业工业增加值比重较低时，贷款规模具有显著的减排作用。以利用外资为核心解释变量时，分别以R&D经费支出、能耗强度、产业结构为门槛变量，利用外资对二氧化碳排放量的影响均为负向，但在门槛变量处于不同区间时，其负向影响不同。以股票市值为核心解释变量时，以R&D经费支出和能源结构为门槛变量，股票市值能够促进碳减排，但在R&D经费支出和煤炭消费比重较高时，其减排作用不显著；以能耗强度为门槛变量，股票市值与二氧化碳排放量之间呈正V形关系。

利用空间杜宾模型研究技术进步、金融支持对碳排放强度的空间传导路径，结果显示：我国碳排放强度在不同的空间权重下均呈现出显著的空间外溢效应，表明一省的碳排放强度不仅受本省自身特点的影响，还受到地理相邻、经济相似的其他省区碳排放行为的影响。建立PVAR模型研究主要发达国家与发展中国家及地区的金融发展与碳排放之间的双向动态作用关系，研究结果表明，不仅金融发展是碳排放变化的重要原因，碳排放对金融发展的反向作用亦非常显著，这种双向作用关系存在经济区域差异性，样本范围内发展中国家金融发展水平的提高对碳排放的抑制作用相较于发达国家及地区更明显。

江苏省作为我国经济发展大省，近年来亦逐渐重视低碳经济的发展。本书立足江苏省经济发展实际，具体分析江苏省金融支持工业行业碳减排的有效作用路径。测度及分析了苏州、无锡、徐州、南京等江苏省10个城市的37个细分工业行业的碳排放量情况，基于扩展的Kaya模型和LMDI加法分解分析方法，在分析江苏省八大重点工业行业碳排放量的分解因素基础上，探究江苏省整体金融支持工业碳减排的影响效应。在此基础上，结合我国及江苏省经济发展实际，进一步构建金融支持工业行业碳减排的风险管控系统，提出金融支持工业行业碳减排的对策建议。

目　录

1 绪　论

1.1 问题提出及选题意义

1.1.1 问题提出

能源作为人类经济社会赖以生存的物质基础，是经济增长的重要投入要素，对人类社会经济发展产生重要影响。工业革命以来，伴随人类能源消费由柴薪向煤炭、油气等方式的变迁，消费的化石能源日益增多，能源对人类社会经济与环境发展的制约问题，无论对于发展中国家，还是发达国家，均日渐凸显。联合国政府间气候变化专门委员会(Intergovernmental Panel on Climate Change，IPCC)发布的全球气候变化评估报告显示，人类活动所产生的二氧化碳、甲烷等是导致全球温度上升的主要温室气体，而其中又以二氧化碳的作用尤为显著。1993 年 Panayotou 借用 1955 年 Kuznets 界定的人均收入与收入不均等之间的倒 U 形曲线，首次将环境质量与人均收入间的关系称为环境库兹涅茨曲线(Environmental Kuznets Curve，EKC)。自环境库兹涅茨曲线假说提出以来，关于经济增长与环境污染关系的研究就一直是学术界的热点问题。2003 年“低碳经济”一词首次出现在政府文件即英国的《我们未来的能源——创建低碳经济的国家》白皮书中，英国在该白皮书中宣布到 2050 年将二氧化碳的排放量在 1990 年的基础上减少 60%，进而从根本上把英国变成一个低碳经济国家。世界各国亦逐渐重视经济发展与碳减排的研究。据 2015 年发布的《BP 世界能源统计年鉴》数据显示，2014 年全球一次能源消费明显放缓，仅增长 0.9%，创 20 世纪 90 年代末以来新低。2014 年由能源消费推动的二氧化碳排放量增长仅为 0.5%，是 1998 年以来的最小值。

随着经济的快速发展，环境保护问题日益引起人们关注。《京都议定书》与《联合国气候变化框架公约》的签订和实施，进一步反映出人们对于生态环境问题的重视。资源节约、环境保护与经济增长是人类共同关心的问题，亦是社会关注的热点。我国于 2005 年通过了第一部《中华人民共和国可再生能源利用法》。国家"十二五"规划(2011～2015 年)报告中进一步指出，要扎实推进资源节约和环境保护，其中非化石能源占一次能源消费比重提高到11.4%，单位国内生产总值二氧化碳和总值能耗分别降低 17%、16%，森林覆盖率达到 21.66%。中国统计年鉴数据显示，2000 年以来，我国国内生产总值、工业增加值、能源消费总量均逐步上升，国内生产总值(GDP)、工业增加值分别由 2000 年的 99 776.3 亿元、39 931.8 亿元，上升到 2013 年的 588 018.8 亿元、217 263.9 亿元，2014 年底分别进一步增加至 636 138.7 亿元、228 122.9亿元。能源消费总量 2000 年约为 146 964 万吨标准煤，2013 年上升至 416 913 万吨标准煤，2014 年为 426 000 万吨标准煤，具体变动轨迹如图 1-1 所示。据 2015 年国家统计局发布的《2014 年国民经济和社会发展统计公报》的数据显示，2014 年全国单位国内生产总值能耗(较上年)下降 4.8%，降幅比 2013 年的(较上年下降)3.7%扩大 1.1%。这是"十二五"以来我国节能降耗的最好成绩，成为新常态下的新亮点。

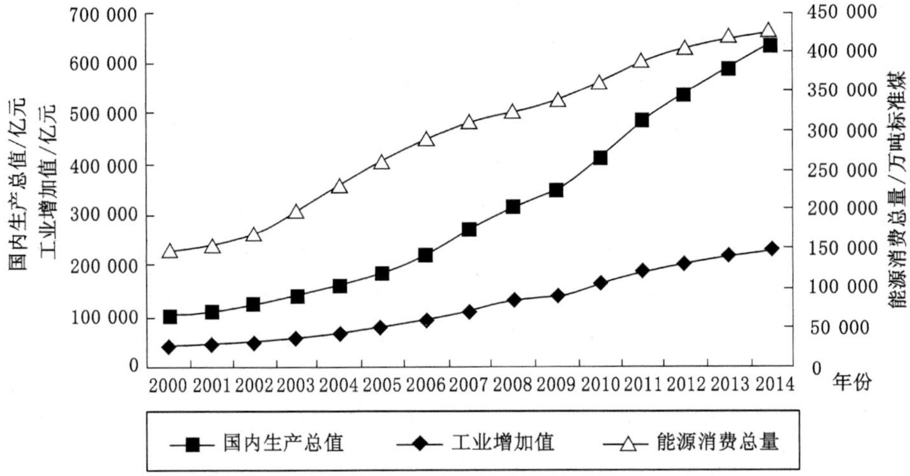

图 1-1　2000～2014 年我国国内生产总值、工业增加值、能源消费总量情况

工业是大多数国家碳排放最重要的领域，也是碳减排潜力最大、持续时间最长的领域(郭朝先，2010；左克贵等，2014)。陈诗一(2011)针对我国具体情况的研究显示，改革开放以来，工业增加值仅占国内生产总值的 40%左右，其二氧化碳排放量却占全国整体的 85%左右，21 世纪以来，工业二氧化碳排放占全国的比例已高达 90%以上。随着经济的快速发展，工业化和城镇化进程的加快，能源消费急剧增加，特别是化石能源消费快速增长，我国已于 2007 年超过美国成为温室气体排放第一大国(陈诗一，2009)。在面对能源短缺、碳排放和经济增长

的矛盾及世界气候变化的国际压力下，我国在国际气候谈判中做出承诺，即到2020年单位国内生产总值二氧化碳排放量比2005年下降40％～45％，非化石能源占一次能源消耗比重达到15％左右。为实现这一目标，党的十八大报告提出大力推进生态文明建设，并将二氧化碳减排指标纳入地方政府考核体系。碳减排已成为经济可持续发展的内在要求，而其中占碳排放最大比例的工业走低碳化发展路径，对于国民经济整体碳减排的贡献尤显重要。

2018年4月26日，中国21世纪议程管理中心举办第八期“气候沙龙”，数据显示，“技术进步”是减少碳排放的主要驱动因素。2006～2015年，我国能源利用效率提高技术、能源转换效率提高技术和可再生能源技术分别实现减排约13.45亿吨、2.44亿吨和8.5亿吨。2017年年底，我国的单位国内生产总值碳排放量比2005年下降了46％，21世纪中心全球环境处张贤博士介绍，其中技术进步的贡献率约60％。在气候变化领域，“十五”期间，我国科技投入约为25亿元，“十一五”期间约为136亿元；“十二五”期间，这一数字增长到约150亿元；“十三五”期间，投入还有望再创新高。不过，仅2014年，美国在该领域的科研投入就达到了617.4亿元人民币，欧盟在2014～2020年的年均科技投入预计超过890亿元人民币。如何将“科技”这一宏大命题，落地为切实可行的应对气候变化举措？党的十九大报告指出，要构建市场导向的绿色技术创新体系，发展绿色金融，壮大节能环保产业、清洁生产产业、清洁能源产业。

联合国环境规划署在《全球绿色新政》报告中提出，大量资本的不合理配置是导致全球多重危机的根本原因，即在不可再生能源的开采及利用方面投入了过多的有限资本，而在可再生能源研发方面则只投入了有限的资本。低碳经济的发展需要大量的资金支持，金融在低碳经济的发展中起着至关重要的作用，有必要建立完善有效的金融体系，以满足低碳经济发展的需求。同时，低碳经济的发展亦需要国家政府的大力支持，相关政策措施的制定与实施，对于融通资金、加大科研投入、提升技术水平及促进碳减排等方面均有重要影响作用。目前国内外关于金融与碳减排的相关研究中，主要涉及引导资金流向低碳企业、研发低碳金融工具等方面。在国家相关政策扶持下，对于金融支持工业行业碳减排这一命题，如何发挥金融资源优化配置的有效作用，金融功能如何更为有效地发挥，以及如何规避其中可能伴随的金融风险，进而对于工业行业碳排放起到有利影响等，这些方面值得深入研究。

1.1.2 选题意义

（1）二氧化碳等温室气体超量排放引发的全球气候变暖，成为21世纪人类面临的最重大挑战之一。气候变化作为一个全球性问题，不单是环境问题、技术问题,更是经济问题、社会问题、政治问题。能源、环境与经济发展之间的关系一直为国家关注的重点问题之一,工业对我国国民经济发展产生重要影响,同时也是化石能源消耗和二氧化碳排放最多的行业。我国作为世界上温室气体排放大国,发展低碳经济与节能减排对于全球低碳经济发展的影响至关重要,也因此受到世界广泛关注。低碳经济发展需要金融支持,研究金融发展如何对占碳排放量最大比例的工业行业碳减排的影响,以推动工业行业良好发展,对低碳经济发展发挥有效作用具有重要的现实意义。

(2) 联合国政府间气候变化专门委员会(IPCC)2001 年发布的第三次全球气候变化评估报告表明,技术进步是解决温室气体减排和气候变化问题最重要的因素,其作用明显超过其他因素。金融支持如何最终影响工业行业碳减排,并有效促进低碳经济发展,探究金融发展影响技术进步,进而对工业行业碳减排产生有效作用的传导路径影响机理,以及研究金融支持工业行业碳减排的对策,对于丰富金融支持低碳化发展理论、低碳经济学、绿色管理与节能减排等方面具有重要的理论意义。在充分明确金融支持工业行业碳减排作用机理传导机制的基础上,利于理论联系实际,结合我国经济社会发展的具体情况,进一步深入探究金融发展影响工业行业碳减排的有效作用。

(3) 结合我国工业行业碳排放现状,以及金融发展对于工业行业碳减排的影响研究,进一步探究金融支持工业行业碳减排存在的问题及需深入挖掘的空间,构建符合我国国情的金融支持工业行业碳减排的金融服务体系,并提出有针对性的金融支持工业行业碳减排的发展对策。立足江苏省经济发展实际,以江苏省工业行业碳减排与金融发展现状为基础,具体分析江苏省金融支持工业行业碳减排的有效作用路径,探究金融支持江苏省工业行业碳减排有效发展的策略模式。发展低碳经济是一项长期工程,金融发展为低碳经济建设提供多渠道金融支持,探究二者间的协调有效发展关系具有重要的实践意义。

1.2 国内外研究综述

金融在社会快速发展进程中起到重要作用,金融与环境问题间关系的探索从 20 世纪 90 年代开始日益引起重视。发展低碳经济离不开金融支持,国内外学者关于金融支持低碳经济发展的相关研究主要集中在金融服务、金融政策支持低碳经济发展,以及金融支持工业行业碳减排等方面。

1.2.1 国外研究

国外有关金融支持低碳经济发展的研究,主要集中在碳减排影响因素、金融支持技术创新并促进碳减排、金融资金支持对碳减排的作用研究、碳减排与经济发展关系等方面。

(1) 碳减排影响因素研究

关于经济与环境关系的研究,Shafik(1992)认为在经济发展以农业为主的时期,二氧化碳排放量少;随着经济发展,工业发展对资源的需求急剧增加,此时经济增长伴随碳排放的急剧增加;当第三产业为主导产业时,经济发展对资金、技术的需求增加,对能源资源的需求减少,且技术的提高促进能源利用率提高、碳排放减少,此时环境质量得以改善。Lester R. Brown(2003)提出经济发展要以B模式代替A模式,A模式是指高碳化的经济发展模式,在经济发展的同时以环境破坏为代价;B模式以可再生能源为基础,倡导低碳化经济发展模式。

关于环境金融的研究方面,Jose Salazar(1998)较早提出环境金融,认为环境金融是连接环境产业和金融业之间的桥梁,对金融业与环境产业之间的关系进行分析,提出发展金融创新,以保护环境和生物多样性。Cowan(1999)认为环境金融是环境经济学和金融的结合,在环境金融的基础上,探讨了发挥金融市场的资金配置功能为环境经济进行融资的渠道。Marcel Jeucken(2001)分析了银行业与可持续发展的关系,认为银行业对待可持续发展的态度由抗拒阶段、规避阶段,转变为积极阶段和可持续发展阶段,其通过激励手段促进经济主体保护环境,在可持续发展中起着不可替代的作用。Sonia Labatt 和 Rodeny White(2002)研究了气候变化问题给金融行业发展带来的机遇和挑战,将环境风险纳入企业评级,并介绍了金融行业进行环境风险评价的方法,以及为环境保护而开发的环境金融产品。Gradel 和 Allenby(2003)探讨了金融在环境保护中所发挥的重要作用,并提出了金融促进环境保护的相关建议。

Salvador Enrique Puliafito(2008)从人口规模角度研究低碳经济,通过分析人口、GDP、能源消耗与碳排放量之间的相互关系,得出碳排放量随着人口的增加而增加的结论。Ugur Soytas(2009) 采用 VAR 模型对美国和土耳其的实证研究均表明,能源消耗是碳排放增长的格兰杰成因,而非 GDP,并据此提出了通过增加使用清洁能源、降低能源强度等措施来实现碳减排的政策。Lau, Choong 等(2014)研究了马来西亚二氧化碳排放量的影响因素,得出了碳排放量与制度质量指标(即法律和政策)之间存在正、显著的交互作用。Ohlan(2015)对印度的人口密度、能源消费、经济增长和贸易开发对二氧化碳排放的影响展开了研究。

(2) 金融支持技术创新从而促进碳减排研究

King 和 Levine(1993)认为一个功能健全的金融体系会通过金融支持促进

企业的技术创新和进步，在这个理论的基础上他们对1960～1989年80个国家的面板数据进行实证分析，表明金融机构的金融支持对技术创新和进步有重要的影响。Fuente和Marin(1996)的研究表明金融发展在一定程度上利于将资金高效地运用在风险项目上，促进技术进步和创新，进而有助于提高能源的利用效率，从而推动碳减排的实施。

Levine，Loayza和Beck(2000)运用动态面板模型的实证研究表明，金融支持能够促进经济增长的原因不仅是增加了资本的存量，更重要的因素是金融支持提高了经济的全要素生产率，即金融支持能够通过促进技术创新从而推动经济的增长，有利于碳减排的发展。Gradel和Allenby(2003)在《产业生态学》中把金融纳入环境保护与产业发展的理论框架中，认为金融作为一种服务能促进产业发展与环境保护之间相协调。

Hanson和Laitner(2004)通过产业增长评估模型对美国的研究得出，实施引导技术进步的投资政策可以保证二氧化碳排放量的减少，有利于美国经济的增长，表明美国要减少碳排放需要对低碳技术投入大量的资金。在金融支持技术创新从而促进碳减排研究中，Kneller和Stevens (2006)运用随机前沿分析方法研究发现企业对R&D的资金投入有利于技术效率的提高，提高企业碳减排的水平。

Tamazian等(2009)选取金砖四国(中国、俄罗斯、巴西和印度)1992～2004年的面板数据研究金融发展与环境质量之间的关系，并加入美国和日本的数据进行实证检验，发现金融发展对减少二氧化碳排放起到重要作用，金融支持高水平减排技术研发的直接投资，利于提升能源使用效率，进而抑制环境恶化。

Nakhooda(2009)对世界银行管理的清洁技术基金的创新和存在的问题进行了深入的分析，通过埃及、墨西哥和土耳其三个国家的研究发现清洁技术基金需要政府政策和监管环境的配合，才有助于发展低碳经济。Knox-Hayes(2009)分析了金融发展对应对气候变化的国际合作的重要作用，认为金融支持可以增加低碳经济发展的规模、范围和速度，而金融的支持离不开政府政策的引导。Richardson(2009)认为目前金融支持低碳经济主要是通过金融机构作为中介，公众出于环境保护目的的社会责任投资的资金支持会大大促进低碳经济发展，并认为可以推动保护环境社会责任投资对低碳经济的支持。

Linares和Perez-Arriaga(2009)基于监管和技术动态发展的视角，探讨了如何在全球发挥低碳技术并广泛应用的问题，认为发展中国家要发展低碳技术，离不开发达国家的资金和技术支持，这亦是应对气候变暖的关键。Alain(2010)在碳市场机制作用下，低碳技术转让和低碳投资在国际间大规模进行，低碳技术发展利于推动低碳经济发展。Gouvello(2010)对巴西低碳经济发展进行了详细的分析，表明巴西投资新能源的发展，对减少二氧化碳排放发挥了重要作用，但是要走向低碳经济发展道路，需要对低碳经济相关的新能源、二氧化碳减排技术创新等方面进行大量投资。

(3) 金融资金支持对碳减排的作用研究

Kepple(2008)则分析了银行业和可持续发展之间的关系，认为银行等金融机构越来越多地通过金融激励等手段，鼓励经济主体参与环境保护，在可持续发展中起着十分重要的作用。Tamazian(2009)对俄罗斯相关数据研究发现，金融资本开放程度与二氧化碳的降低呈现正相关。Sadorsky(2010)通过对 22 个国家 1990～2006 年的数据进行研究，也得出相同结论。

Ashina，Fujino 和 Masui(2012)基于日本在 2050 年前二氧化碳排放量与 1990 年相比要减少 80%的目标，利用反推法结合日本的国情，得出日本实现该目标的可行路径是 2020 年碳排放量减少 16%～20%，2030 年碳排放量减少 31%～35%，2040 年碳排放量减少 53%～56%，而要实现以上阶段性目标，就需要大量投资的支持。

Sadorsky(2010) 选取 22 个新兴市场国家的数据，使用动态面板模型(GMM)方法检验这些国家金融发展对能源消费的影响，得出结论：当金融发展用股票市场度量时，股票市场交易额与股票市值占国民生产总值的比例，都对能源需求产生显著的促进作用。Bello 和 Abimbola(2010)通过对尼日利亚的金融发展与环境关系的研究发现，由于该国投资缺乏必要的监管，因而以证券市场资产表示的金融发展会导致环境恶化。

Shahbaz 等(2011)对巴基斯坦的二氧化碳排放进行研究，认为在控制了经济增长、人口规模和能源消费等因素后，金融业发展利于减少二氧化碳排放，而这暗示促进金融部门的发展可成为降低二氧化碳排放的一个政策工具。

Harunaa Gujba 和 Steveb Thorne 等(2012)立足于非洲大陆，阐述了为非洲低碳能源提供金融支持的渠道，并探索了这些渠道面临的机遇及风险等情况。Christophera Kennedy，Jan Corfee-Morlot(2013)讨论了投资适应气候变化的基础设施对低碳经济转型的影响，研究认为虽然投资低碳基础设施会增加企业运行成本，但是这一举措显现出投资对于提升技术水平，以及有利于发展低碳经济的作用。

Julie Rozenberg，Stéphane Hallegatte 等(2013)认为实施低碳税很困难，因为这意味着这代人要为后几代人的利益做出牺牲，但是发行碳认证证书却是可能的，这主要由于碳认证企业虽然增加了支出成本，但却因为发展低碳经济，而在贷款利率下降上得到了补偿，所以认为碳认证比低碳税更具有可行性。

Rory Sullivan，Andy Gouldson，Phil Webber(2013)探讨了如何为低碳城市

融资的问题，以及其中存在的机会、风险与障碍，研究认为可以在一定程度上，通过政府支持、政企合作以及技术创新降低发展低碳经济的成本，来缓解这些风险和障碍。

Yasuko Kameyama，Kanako Morit 和 Izumi Kubota(2014)提出，近几年金融已经成为气候变化谈判中的一个重要议题。在亚洲发展低碳经济每年需要约1 250 亿～1 490 亿美元的投资，其中公共投资要比预计的低得多，研究认为如果亚洲国家能够达成共识，超过一半低碳经济投资资金可以由公共投资来达成，而剩下的部分则需要依靠私有投资。

Aidy Halimanjaya(2015)采用实证研究的方法评估了发展中国家的低碳经济发展与官方减缓气候变化资金流入量的关系，并呼吁官方应大力发展援助气候变化的金融。

(4) 碳减排与经济发展关系研究

美国经济学家 Grossman，Krueger(1991)针对北美自由贸易区谈判中，美国人担心自由贸易恶化墨西哥环境并影响美国本土环境的问题，首次实证研究了环境质量与人均收入之间的关系，指出了污染与人均收入间的关系为“污染在低收入水平上随人均 GDP 增加而上升，高收入水平上随 GDP 增长而下降”。Shafik(1992)认为在经济发展以农业为主时期，二氧化碳排放量少；随着经济的发展，工业的发展对资源的需求急剧增加，此时经济的增长伴随着碳排放的急剧增加；当经济进一步发展，第三产业为主导产业时，经济发展对资金、技术的需求增加，对能源资源的需求减少，且随着技术的提高能源利用率提高、碳排放减少，此时环境质量得以改善。Panayotou(1993)提出环境库兹涅茨曲线呈倒 U 形关系源于随着国民收入的提高，人们的消费结构发生改变，开始关注环境保护。

Selden，Song(1994)认为 CO_2、SO_2、NO_2 和悬浮颗粒物的排放水平和收入之间具有倒 U 形关系。Schmalens(1996)通过实证认为二氧化碳排放与人均收入之间具有倒 U 形曲线关系。Friedl，Getzner(2003)研究发现人均 GDP 与人均碳排放之间存在 N 形关系。Diakoulaki 等(2007)在对欧盟二氧化碳排放与制造业产值进行脱钩分析时，提出了基于完全分解技术的脱钩分析方法。Martin Wagner(2008)通过研究证明人均二氧化碳排放与人均收入呈正比例关系。Jie He，Patrick Richa(2010)研究发现人均碳排放与人均 GDP 之间不存在相关关系。De Freitas 和 Kaneko(2011)研究了巴西的经济增长和碳排放脱钩关系，结果表明碳强度和能源结构构成碳减排的重要因素。Solarin(2014)使用撒哈拉以南的非洲国家的数据，研究经济增长、能源强度和二氧化碳排放量之间的动态关系，发现经济增长和二氧化碳排放量之间存在双向因果关系。Magazzino(2015)运用格兰杰因果检验分析了智利能源消耗、碳排放和经济增长的关系，表明存在着单向的因果关系。

1.2.2 国内研究

1.2.1.1 金融支持低碳经济发展研究

(1) 金融服务支持低碳经济发展的研究

碳金融服务是碳金融稳健发展的保障，金融机构是碳金融服务体系的主体。企业的参与构成了碳交易的供需主体，交易平台的搭建为供需主体提供了价格发现和规避风险的机制，而金融机构围绕碳交易市场的金融服务可以促进碳金融市场进一步扩大广度和深度、加强流动性和提高透明度。金融机构的参与有助于碳金融市场资源配置效率的提高，推动碳金融市场的发展。一方面，有利于完善金融体系支持低碳经济发展，另一方面，有利于增强金融服务与低碳经济相关企业的联系。

陈雁(2008)通过分析可持续金融，指出绿色信贷对银行业可持续经营及社会可持续发展具有深远意义。苏宝梅(2009)从经济伦理的角度，指出绿色信贷是构建和谐社会的必然选择。古小东(2010)考察了国外"赤道原则"约束下的银行环境风险控制，从法律制度、激励机制、环境标准、监督机制等方面对我国的绿色信贷提出建议。曹洪军、陈好孟(2010)建立了不确定环境下的博弈模型，认为绿色信贷需要配套机制。

张建军、段润润(2013)指出随着低碳经济时代的到来，绿色信贷是中国金融业可持续发展的必然选择，为商业银行未来的发展提供了指引。张靖霞(2013)指出绿色信贷支持生态城镇化建设需要政府、环保部门、银行、企业共同努力，探寻合适的绿色信贷支持路径对于加快生态城镇化建设具有非常重要的现实意义。张继宏、张希良(2014)认为金融支持可以有效地促进碳交易市场的建设与发展，国内商业银行开展碳金融业务主要集中在绿色信贷，体现为增加新能源和减排技术的信贷规模，降低高耗能和产能过剩产业的信贷规模，利于推动低碳经济发展。

表1-1进一步反映了其他金融服务如碳金融理财产品，发展与低碳经济相关的证券、基金和保险等对低碳经济的影响。

表 1-1　　金融服务支持低碳经济发展的研究

作者	主要研究内容	主要观点
郭福春(2011)	证券	由于中国上市公司环保核查、上市后的环保信息披露和环保绩效评估等方面，在制度和操作规则上存在缺陷，制约了绿色证券在环境保护领域发挥相应的功能，需要进一步完善
郭福春(2011)	保险	我国为碳金融提供保障功能的保险仍较缺乏，保险公司应积极探索商业保险在促进科技进步、推动产业升级、低碳项目开发中的作用，开发环保强制责任保险、与碳排放相关的保险产品、森林保险、碳交易信用保险产品等
贺建清，刘日星(2012)	基金	通过分析国外银行业参与碳金融的实践，结合我国银行业参与碳金融的现状，从碳交易平台及交易制度建设、多样化碳基金的设立、碳金融衍生品的创新和业务领域拓宽、碳金融中介服务功能的完善、碳金融领域的国际交流与合作及风险控制等方面，探讨了我国银行业碳金融业务的发展模式
李平(2013)	碳金融理财产品	研究认为作为碳金融主要参与者的商业银行，除了绿色信贷，还可以发挥自己的专业特长，拓展中间业务，为客户提供碳金融理财、信托、信用卡、账户管理、财务顾问以及信用评估等服务，旨在创新中间业务运作模式，挖掘碳金融市场潜力，提升中间业务的服务质量和水平

（2）金融政策支持低碳经济发展的研究

碳金融政策是碳金融发展的前提，对支持低碳经济发展具有不可或缺的重要作用。政府监管可以解决碳金融“市场失灵”问题，政府急需制定碳金融相关政策和法律法规，并根据碳金融发展情况及时更新完善，同时做好政策引导，引导金融机构、企业和居民参与到碳金融活动中去，为碳金融发展创造良好的政策环境。

张伟伟、张宇(2013)的研究认为需要广泛建立以中央政府或各级地方政府为主导的碳基金，吸引更多的低碳资金流入，提出政府需要做好低碳投融资预算安排，通过碳税收、碳配额的拍卖获取低碳收入，并使得低碳收入成为低碳投资的资金保障。石敏俊等(2013)基于动态 CGE(Computable General Equilibrium)模型构建了我国能源—经济—环境政策模型，根据碳税和碳排放交易的政策属性，研究得出：碳排放交易与适度碳税相结合的政策，一方面可以确保碳减排目标的实现，另一方面可以使较为分散的碳排放源承担一定的减排义务。胡梅梅，邓超，唐莹(2014)的研究认为在生态文明和美丽中国建设的大背景下，“资源节约型、环境友好”社会建设和产业发展是经济社会的必然发展方向，在这一背景下低碳经济的发展离不开有效的金融支持。李健、朴胜任(2014)认为随着公众能源消费碳排放比重的不断增加，加强消费端碳减排已经成为一个亟待解决的问题。通过政府政策引导、低碳理念宣传、低碳制度等运行机制，以及激励和引导公众形成低碳消费模式，能够更好地发挥碳减排机制和碳税制度的相关作用。表 1-2 反映了国内学者探究法规建设、政策引导等方面对低碳经济发展的影响。

表 1-2　　金融政策支持碳减排研究

作者	关键词	主要观点
郭福春(2011)	法规建设	碳金融是低碳经济背景下金融创新的产物，制度建设在促进碳金融发展方面有着独特的作用，认为碳金融法律法规是体现环境保护、节能减排理念的金融法制的重要组成部分，对于碳减排工作具有重要影响
王遥，王文涛(2014)	监督管理	从市场的可持续、稳健发展及公共利益角度出发，认为我国相关政府部门应识别碳金融市场的风险，以从碳减排监管方面的法律法规、监管机构及权限、监管范畴及监管内容等多方面全面设计碳金融监管体系
丁欣，等(2014)	政策引导	认为政府需综合运用法律法规、经济手段和社会服务引导企业自律，为碳金融的发展创造良性环境。同时，还需政府制定相应政策，鼓励金融机构参与低碳经济发展，引导资金流向低碳领域。在低碳金融政策方面，需遵循市场机制在碳融资中的主导作用，并强化政府的引导作用，创新碳金融产品和服务
尹海员，刘妍(2014)	战略制定	在“后京都”时代，我国面临低碳经济飞速发展和承担一定减排压力的客观环境，探讨了这种环境下我国加快碳金融市场规划和层次设计的必要性，结合目前存在的问题，提出应该依次从基础性建设、市场化建设、交易机制建设三个层面推进我国碳金融市场的有序建设，及推动“后京都”时代我国碳金融市场可持续发展

1.2.1.2　金融支持工业行业碳减排发展研究

(1) 我国工业行业碳减排的研究

国内学者对于我国工业行业碳减排的研究主要针对工业行业碳减排影响因素、技术进步对工业行业碳减排的影响、碳减排政策对工业行业碳减排的影响、对某一工业行业碳减排具体情况的研究等方面。

在对工业行业碳减排影响因素的研究中，吴滨(2010)认为需从行业结构、行业能源强度、能源消费结构和各种能源碳排放系数等方面展开研究。陈诗一

(2011)研究表明能源强度减少降低了二氧化碳排放强度波动性，能源结构和工业结构调整能够降低工业行业碳排放。刘红光等(2011)将我国1992～2005年工业碳排放量进行分解，发现经济总量增长、能源利用效率低以及以煤为主的能源消费结构是导致我国碳排放大量增加的主要原因，而行业结构调整和技术等因素对碳减排的作用并不明显。张在旭、刘永杰(2014)认为工业节能减排效率的影响因素主要有工业规模、管理水平、技术进步和外商直接投资(Foreign Direct Investment，FDI)。任建兰等(2015)通过对整体工业行业碳排放影响因素分解分析，认为产业结构和技术效率是碳减排的主要影响因素。

在技术进步对工业行业碳减排的影响研究中，王群伟等(2010)分析了1996～2007年间影响我国二氧化碳减排绩效的诸因素，发现技术进步是促进我国工业行业二氧化碳减排绩效不断提升的主要原因。李凯杰、曲如晓(2012)认为长期内技术进步可以减少工业行业碳排放，短期内技术进步对工业行业碳减排作用却不明显。姚西龙(2013)测算了技术进步和结构调整与我国制造业二氧化碳排放的关系，发现我国制造业碳排放强度在不断下降，并认为技术进步是促进我国制造业碳减排的主要因素。王兵、杜敏哲(2015)的研究认为低碳技术可以实现碳排放减少的同时增加工业产值，并且低碳技术越强，双赢也越大；并认为强低碳技术比弱低碳技术更具有降低减排成本的优势，这在经济较为不发达的地区更为明显。

在减排政策对工业行业碳减排的影响研究方面，修静、刘海英(2014)认为现阶段的节能减排规制措施对地区全要素生产率的影响有自东向西递增的趋势，说明工业化水平越低，行政命令式的规制措施相对越有效，并且行政命令式的规制措施相较于技术进步，对技术效率的促进作用更为有效。王宇飞等(2015)通过对比工业挥发性有机物VOCs经济手段(环境税)和工程技术对碳减排的影响，借助可计算的一般均衡模型，对工程技术减排与经济手段(环境税)进行政策模拟，探讨了两种减排方法的优劣，并认为相同碳减排量情况下，考虑宏观经济损失，环境税减排的成本远高于技术减排。任曾、钱光磊(2015)认为推动工业企业节能减排税收政策，保持税收优惠政策的稳定，可使工业企业对节能减排的收益有一定预期，有利于充分调动工业企业致力于节能减排生产的主动性和积极性。

在对某一工业行业碳减排具体情况的研究中，刘贞等(2012)认为对钢铁行业节能减排应进一步加强节能技术的研发与推广，有选择性地进行技术投资，提高资金利用效率。霍沫霖等(2014)认为电力行业的碳减排需要利用清洁能源技术和先进火电技术，应支持研发创新，提高规模效益，发展建设智能电网，提高环保标准等。史君(2015)认为水泥行业只有在实践中开发和研究创新技术、改进工艺流程、使用节能设备，才能实现水泥行业综合节能减排的目标。工信部(2015)认为电器行业节能减排工作主要包括用信息化手段完善节能减排管理体系，扩大终端用能产品标准等方面。其他学者研究工业行业碳减排的主要观点如表1-3所示。

表1-3　　我国工业行业碳减排的相关研究

作者	研究角度	主要观点
郝珍珍，李健(2013)	工业行业碳减排影响因素	引入经济效应、能源强度、行业贡献和碳排放强度四种影响因子，分行业研究碳排放增长的驱动力，认为经济效应是正向驱动因素，而能源强度效应和碳排放强度效应为负向驱动因素
左可贵，等(2014)	减排政策对工业行业碳减排的影响	认为实现我国工业行业的碳减排，需要着力中长期减排政策的制定，以保证技术进步在碳减排中持续发挥作用，同时充分挖掘行业结构调整对减排作用的潜力是我国实现工业碳减排的务实选择
孙建(2015)	技术进步对工业行业碳减排的影响	认为我国要实现工业行业碳减排目标，必须要进一步加强技术创新方面的人力财力投入，完善低碳技术创新投入政策体系，增加R&D特别是R&D活动中有关低碳技术方面的投入，积极推进低碳技术的发展，推动重点行业低碳技术创新及产业化
高成康，等(2015)	对某一工业行业碳减排具体研究	综合分析我国钢铁工业发展需求以及资源与环境可持续发展的基本要求，认为我国钢铁工业未来节能减排的发展必须在考虑节能技术普及率的同时，也要相应控制钢铁工业的钢产量

(2) 金融支持我国工业行业碳减排的研究

当前关于金融支持我国工业行业碳减排的研究主要集中在金融融资、金融服务、金融政策及金融支持对工业行业碳减排的影响等方面。

在金融融资对工业行业碳减排的研究中，杨劬(2011)运用委托代理理论研究绿色信贷推动企业节能减排的作用机理，在此基础上进一步讨论如何发挥绿色信贷政策的激励作用。研究结果表明：运用绿色信贷政策激励企业改善技术，在长期内对环境保护的积极影响效果显著。韩旺红、马瑞超(2012)提出我国应出台相关政策激励银行开展绿色信贷业务，降低绿色信贷门槛，提高贷款监管效率，完善绿色信贷体系，从而推动我国工业行业低碳化转型。徐建波、陈宏伟(2014)以徐州市为例，分析了商业信贷、资本市场和财税政策对工业行业低碳经济发展的金融支持现状，提出推广绿色信贷、加强金融产品创新、建设多层次金融市场、提高政策性金融支持力度等建议。

在金融服务对工业行业碳减排的研究中，潘小军(2011)认为需要探索区域性碳金融衍生品的设计和交易模式，制定基于区域性环保融资额度及其衍生品的合理价格，以碳信贷、碳证券、碳保险等具体的碳金融创新促进节能减排技术创新，通过优化能源使用结构，以及提升能源利用效率，促进我国产业结构转型和升级。张金山(2013)认为在发展低碳经济的过程中，我国商业银行应不断完善发展低碳经济的金融支持体系，积极转变和调整金融业务模式，通过信贷等融资服务，发挥金融在支持低碳经济发展过程中的资金融通、中介服务作用，促进低碳经济的发展。

在金融政策对工业行业碳减排的研究中，彭江波、郭琪(2010)认为节能减排需要政策导向进行激励和约束，金融具有的资金、市场、信用等优势，可以通过引导社会资金流向等助推节能减排。张兆国等(2013)的研究认为税收政策、财政补贴、信贷政策和社会舆论对低碳经济有显著正向影响；法律制度和市场化程度对低碳经济有正向影响但不显著；制定能耗与排放标准对企业有一定的约束力，对碳减排具有指导意义。陈小龙、刘小兵(2013)认为碳税、补贴、碳排放权交易政策具有资源配置作用，有利于激励建筑企业进行节能减排。刘鹏翔(2014)认为对于工业行业的碳减排，需要提高金融环保意识，突出金融支持政策的引导作用，营造有利于工业行业节能减排的金融生态环境。

金融支持工业行业碳减排的实证研究中，汪陈、李子明(2010)通过实证研究我国存贷款余额与单位二氧化碳排放量之间的关系，分析我国金融支持低碳经济发展的有效性，提出了进一步促进低碳经济发展的金融支持行为的相关建议。李超(2010)构建了低碳经济发展中的金融产业与实体低碳产业间的联动模型，在论述低碳系数的基础上，进一步探究了金融部门和低碳经济发展间的互动效应。史亚东(2010)通过建立两阶段最优化模型，对当前我国在国际碳排放权交易中最优出口规模进行了研究，并指出我国 CDM 项目的开发存在最优交易规模。张秀生、李子明(2010)通过建立地方政府与商业银行的博弈，从可持续发展角度，提出转变政府职能是提高环保执行效率的途径之一。杜莉等(2012)运用面板数据模型对欧盟 18 国的碳交易与产业结构调整的关系进行了实证研究，发现碳排放权的购买成本增加了工业发展成本，导致投资从工业行业流出，利于工业行业的碳减排。其他学者关于金融融资、金融服务及金融政策对工业行业碳减排的影响方面的研究如表 1-4 所示。

表 1-4　　金融支持我国工业行业碳减排的研究

作者	研究角度	主要观点
王倩，等(2012)	金融融资	运用固定效应模型对 2005～2009 年欧盟 14 个国家的金融融资支持与碳生产率的关系进行实证检验，结果表明金融融资支持对碳减排有显著影响作用，金融支持有助于低碳经济的发展

续表 1-4

作者	研究角度	主要观点
丁欣等(2014)	金融服务	研究认为为了更好地落实碳减排目标，在低碳金融政策方面，要遵循市场机制在碳融资中的主导作用，并强化政府的引导作用，推动碳交易市场的建立与发展，创新碳金融产品和服务，完善碳金融中介服务
那洪生(2011)	金融政策	认为对于工业行业碳减排，金融支持需要结合实际情况，突出重点，注重于工业行业政策、环保政策的协调统一，创造良好的节能减排金融环境
吕莉萍(2014)	金融融资	分析了金融支持能源工业温室气体减排的现状和存在的主要问题，提出了通过拓展能源融资渠道以促进能源工业低碳发展的路径

1.2.1.3 碳减排影响因素研究

在碳减排影响因素研究中，Wang(2005)对中国1957～2000年二氧化碳排放总量数据做了分解，发现能源强度降低对中国碳减排贡献最大，其次为能源结构和可再生能源的投入。Chang(2008)通过研究台湾1989～2004年二氧化碳排放的影响因素发现，能源强度、能源结构的低碳化变化，对碳排放影响较为明显。王迪、聂锐(2010)以江苏为研究对象，研究了经济增长、产业结构、技术进步和能源消费结构对二氧化碳排放的影响，结果表明经济增长的规模效应是碳排放增加的主要原因，产业结构调整的节能减排作用相对较小，技术进步和能源消费结构的优化对碳减排起主导作用。吴滨(2010)认为需从行业结构、行业能源强度、能源消费结构和各种能源碳排放系数等方面展开研究。陈诗一(2011)研究表明能源强度减少降低了二氧化碳排放强度波动性，能源结构和工业结构调整能够降低工业行业碳排放。刘红光等(2011)将我国1992～2005年工业碳排放量进行分解，发现经济总量增长、能源利用效率低以及以煤为主的能源消费结构是导致我国碳排放大量增加的主要原因，而行业结构调整和技术等因素对碳减排的作用并不明显。郝珍珍、李健(2013)引入经济效应、能源强度、行业贡献和碳排放强度四种影响因子，分行业研究碳排放增长的驱动力，认为经济效应是正向驱动因素，而能源强度效应和碳排放强度效应为负向驱动因素。

左可贵等(2014)将碳减排因素分解为规模效应、结构效应和技术效应，研究发现工业经济规模的不断增加是导致工业二氧化碳排放增加的主导因素，技术进步和结构调整因素则有效抑制了二氧化碳排放的增加。孙欣等(2014)指出产业结构、技术进步和对外开放程度促进了我国省域节能减排效率的提高，而能源价格阻碍了节能减排效率的提高，反映出我国能源定价机制需要改革。张在旭、刘永杰(2014)认为工业节能减排效率的影响因素主要有工业规模、管理水平、技术进步和外商直接投资。任建兰等(2015)通过对整体工业行业碳排放影响因素分解分析，认为产业结构和技术效率是碳减排的主要影响因素。张腾飞等(2016)指出城镇化能够通过人力资本积累和清洁生产等渠道抑制区域碳排放。

在技术进步对工业行业碳减排的影响研究中，王群伟等(2010)分析了1996～2007年间影响中国二氧化碳减排绩效的诸因素，发现技术进步是促进我国工业行业二氧化碳减排绩效不断提升的主要原因。李凯杰、曲如晓(2012)等认为长期内技术进步可以减少工业行业碳排放，短期内技术进步对工业行业碳减排作用却不明显。姚西龙(2013)测算了技术进步和结构调整与中国制造业二氧化碳排放的关系，发现中国制造业碳排放强度在不断下降，并认为技术进步是促进中国制造业碳减排的主要因素。王兵、杜敏哲(2015)的研究认为低碳技术可以实现碳排放减少的同时增加工业产值，并且低碳技术越强，双赢也越大；并认为强低碳技术比弱低碳技术更具有降低减排成本的优势，这在经济较为不发达的地区更为明显。

表1-5为其他学者关于碳减排影响因素的研究。

表1-5　　碳减排影响因素研究

研究方法	作者	主要观点
改进的STIRPAT模型	雷钊(2011)	构造改进的二氧化碳排放影响因素STIRPAT模型，研究发现总人口和人均GDP的增加导致碳排放量的增加，而能源效率的提高导致碳排放的减少
资源环境绩效指数理论	张丹、王腊芳、叶晗(2012)	基于资源环境绩效指数理论，运用丛聚分析法对我国30个省域节能减排绩效进行分类，并分析其驱动因素，指出不同区域其节能减排绩效的主要影响因素不同，高技能减排区域主要影响因素是人类发展指数，中节能减排区域主要影响因素是产业结构调整，低节能减排区域主要影响因素是经济增长
修正的Laspeyres指数分解法	国涓、刘长信、孙平(2013)	运用修正的Laspeyres指数分解法，分析我国1994～2007年工业及分工业部门二氧化碳排放的影响因素，发现工业产出是我国工业部门碳排放增长的主要正向影响因素，能源强度是主要负向影响因素

1.2.1.4　碳减排与经济发展关系研究

(1) 经济发展与碳排放脱钩关系研究

脱钩理论是经济合作与发展组织(OECD)提出的形容阻断经济增长与资源消耗或环境污染之间联系的基本理论。在低碳经济发展趋势下，碳排放脱钩指经济增长与二氧化碳排放之间的关系不断弱化直至消失的理想化过程，在实现经济增长的同时，降低能源消费量，且二氧化碳排放量增速为负或小于经济增速。

关于经济与碳排放脱钩关系，Wei J(2006)和Lu I J(2007)将脱钩指数法运用到了对于国内生产总值与温室气体排放之间的脱钩分析，并且进一步分析了人类活动与其造成的土壤退化之间的脱钩分析。韩岳峰等(2013)运用 Tapio 脱钩模型对中国仓储运输业碳排放与仓储运输业经济发展间的脱钩关系进行了分析，结果表明：中国仓储运输业碳排放与仓储运输业经济增长之间的脱钩关系呈现复杂的阶段性特征，当前处于“脱钩四阶段”的第二阶段，说明中国仓储运输业碳减排与仓储运输业经济增长脱钩状态并不理想。龚惠萍等(2013)采用 Tapio 脱钩模型对武汉 2000～2010 年工业经济增长与工业碳排放之间的关系进行分析，除 2002 年、2004 年二者关系为增长连结外，其他年份均处于脱钩状态。张颖(2013)构建我国工业分行业能源消耗、二氧化碳排放与工业发展的脱钩模型，二氧化碳与工业发展的脱钩关系中，有 3 个分行业表现为扩张性负脱钩，11 个分行业表现为强负脱钩，其他 24 个分行业为弱脱钩。熊曦(2015)分析湖南工业发展与碳排放的脱钩关系，结果表明：湖南工业行业发展过程中，较好地控制了碳排放量，但节能减排任务仍然较大。

(2) 碳减排对经济发展的影响研究

经济发展导致二氧化碳的排放，二氧化碳排放对经济发展具有正反两方面影响。正作用表现为排放适量的二氧化碳能够被自然环境吸纳，以促进经济产出的正反馈形式促进工业发展；负作用表现为累积的过量二氧化碳排放会降低反馈调节质量，破坏生态环境，从而给经济发展带来负反馈效应。

陈诗一(2009)指出改革开放以来中国工业总体上已经实现了以技术驱动为特征的集约型增长方式转变，排放对工业增长的贡献度较低甚至为负。龙志和、陈青青(2011)利用面板数据构建环境库兹涅兹曲线(EKC)模型，分别对全国及东、中、西部地区碳排放量与经济增长之间关系进行了研究，结果表明全国和东部地区 EKC 曲线呈倒 N 形关系，而中部和西部地区碳排放量与人均 GDP 呈正向线性关系。赵爱文、李东(2011)选取 1953～2008 年中国碳排放量与经济增长数据，并对两者间关系分析发现碳排放与经济增长之间存在长期均衡关系，并且互为双向因果关系。杨子晖(2011)通过有向无环图及递归分析法，对能源消费、二氧化碳排放与经济增长的动态关系以及随时间的演变轨迹展开研究，结果表明，能源消费与碳排放是支撑中国经济增长的重要因素，现阶段任何大规模的节能减排措施都将对经济增长产生较大影响。虞义华等(2011)采用广义最小二乘法模型，研究表明碳强度与人均 GDP 之间存在 N 形关系。徐承红、李标(2012)采用静态和动态面板模型分析不同投入要素对经济发展的短期和长期影响，其中短期内二氧化碳排放对经济发展的影响为正向，而长期影响为负向，呈现倒 U 形特征。李虹、亚琨(2012)发现短期内工业、建筑业和交通运输业碳排放对经济增长的冲击呈现先增后减的趋势。朱俏俏等(2014)研究表明，资源型产业与制造业碳排放的增加均阻碍了工业经济发展，且资源型产业碳排放对工业经济发展的阻碍作用大于制造业碳排放。郑义、秦炳涛（2016）通过 PSS 协整及 TY 因果检验法进行分析，发现短期和长期内碳排放对经济增长的作用均不显著，但碳排放与实际产出呈现双向格兰杰因果关系。表 1-6 为其他学者关于经济发展与碳减排关系的研究。

表 1-6　　碳减排与经济发展关系研究

研究视角	代表作者	主要观点
脱钩关系	孙耀华，李忠民（2011）	基于 Tapio 脱钩指标对 1999～2008 年各省区碳排放与经济增长之间的脱钩关系进行测度，结果显示十年来我国绝大部分省区经济增长与碳排放之间呈现弱脱钩状态，经济增长速度大于碳排放增长速度，减排工业初见成效
	肖宏伟，易丹辉，周明勇（2013）	相比于“十五”期间，“十一五”期间工业行业碳排放与经济发展之间的脱钩弹性存在大幅度下降，但仍处于扩张负脱钩状态，要切断工业经济增长与碳排放之间的联系，需要加大对石油和天然气开采业等细分行业、制造业、电力、煤气及水生产和供应业和高碳排放行业组的节能减排力度
经济发展作用于碳减排	易艳春，宋德勇（2011）	通过对 1978～2008 年 GDP 增长和碳排放量间关系实证分析显示，GDP 增长对碳排放量的影响呈 N 形
碳减排对经济发展的反馈作用	武红，谷树忠，关兴良（2013）	指出 1953～2010 年我国化石能源消费的碳排放总量与 GDP 之间存在长期均衡的协整关系和短期动态调整机制，且存在从化石能源消费碳排放到经济增长的单向因果关系，高碳排放带来了经济增长，碳减排会对经济增长产生不利影响，因此实施低碳经济要考虑经济增长和碳减排的综合平衡
	程时雄，柳剑平、龚兆鋆（2016）	运用时间可替代 DEA 模型测度 1985～2012 年中国工业行业节能减排对经济增长的影响，结果表明我国工业大部分行业环境技术效率低下，可通过提升环境技术效率来削减节能减排对经济增长的潜在负面影响

1.2.3　国内外研究述评

（1）国外学者展开关于金融与环境的相关研究，主要贡献：

① 探究了碳减排的主要影响因素，其中提出了环境金融、金融创新对于碳减排的重要作用；② 结合了相关国家的经验数据，借助定量分析工具，实证检验

了金融支持技术创新,进而对碳减排产生作用的路径,这为进一步详细分析金融支持碳减排的作用机理奠定基础;③ 分析了金融资金支持对于碳减排的有利影响,亦提出存在资金监管、运作风险等方面问题,这一方面的研究着重强调了资金支持对于碳减排的重要作用。针对国外学者的研究基础,尚存在进一步深入探究的方向:① 需详细梳理与分析金融支持碳减排的主要传导路径、作用机理;② 结合具体传导路径及经验数据,探究有效的实证研究过程,检验金融支持与碳减排间的作用关系,并进一步分析其中存在的问题,结合经济发展实际分析相应对策;③ 国外学者的研究针对金融支持某一具体行业碳减排的研究相对较少,有必要详细研究金融支持某一行业,例如在碳排放中占很大比重的工业行业碳减排的发展。

国内学者针对金融支持低碳经济发展的研究,主要探究了金融服务、金融政策对碳减排的影响,在具体工业行业碳减排的研究中,分析了该行业碳减排的影响因素,以及减排政策、技术进步、金融服务与金融政策等对工业行业碳减排的作用,主要贡献:

① 在金融服务与金融政策对低碳经济发展的影响研究方面,分析了二者对低碳经济发展的重要作用;② 提出了工业行业碳减排的主要影响因素,以及金融支持工业行业碳减排的作用;③ 多数研究从定性角度分析了金融服务与金融政策如何支持工业行业碳减排。

基于国内学者的研究,尚存在进一步可供深入研究的方向:① 结合我国经济发展实际,详细探究金融支持与工业行业碳减排的关系,理清金融支持工业行业碳减排的路径;② 基于我国经济数据,进一步定量检验金融支持工业行业碳减排的有效性,并结合低碳经济发展实际,分析其中存在的主要问题;③ 探究构建有效支持工业行业碳减排的金融服务与金融政策体系,以充分发挥金融支持工业行业碳减排的重要作用。

1.3 主要研究内容

① 在分析国内外金融支持工业行业低碳化发展已有研究的基础上,探索该命题进一步可供研究的方向,分析金融支持工业行业低碳化发展的理论基础,以及金融支持碳减排的有效路径,为理论联系实际,结合我国金融发展、工业行业低碳发展现状,实证分析金融支持工业行业碳减排效应奠定基础。

② 结合我国经济发展实际,尤其金融发展、工业行业低碳经济发展现状,详细探析我国金融支持工业行业碳减排的效应,理清金融支持工业行业低碳化发展的影响作用。借助面板门槛模型,研究我国省域金融支持工业行业碳减排状

况，详细刻画金融支持工业碳减排的门槛效应、空间效应，从金融规模、经济发展水平、产业结构、能源强度、能源消费结构等维度设置门槛变量，探究各门槛变量下，金融发展支持工业行业碳减排的效应，进一步捕捉金融支持工业行业碳减排过程中存在的问题，以及可有效发挥其促进碳排放量减少的途径。在此基础上，进一步探究全球主要发达国家与发展中国家金融发展与低碳经济发展的关系。

③ 结合江苏省金融发展与工业行业碳排放实际状况，具体详细分析江苏省金融支持工业行业碳减排的影响效应。借助扩展的 Kaya 模型和 LMDI 加法分解分析方法，着重分析江苏省八大重点工业行业碳排放量的分解因素，在此基础上，进行江苏省区域碳排放测度，分析江苏省各地市及苏中、苏南、苏北的 37 个细分工业行业的碳排放量情况。进一步借助相关计量分析方法，实证检验金融支持江苏省工业行业低碳化发展的影响效应，探究其中存在的主要问题，为进一步理论联系实际，提出相应的金融支持工业碳减排建议奠定基础。

④ 为防范金融支持工业行业低碳化发展过程中的风险状况，有效降低风险损失，构架我国金融支持工业行业碳减排的风险预控系统，提出风险识别、防范与管控的相关构架，以期减少风险带来的不良影响，及时采取措施进行风险转移与防范。在此基础上，结合实证分析结果及我国、江苏省具体的金融支持与工业行业低碳化发展状况，提出有针对性的金融支持工业化低碳化发展的对策建议，以有效发挥金融支持的作用，促进低碳经济的长远发展。

2　金融支持工业行业碳减排的理论基础

工业行业碳减排的发展基于低碳经济的大框架下，需明晰金融支持工业行业低碳化发展路径、具体的金融支持功能，以及金融支持工业行业碳减排的理论基础，结合具体实际数据探究金融支持与工业行业低碳化发展间的关系奠定基础。

2.1　内涵界定

2.1.1　低碳经济

低碳经济与“可持续发展理论”和“循环经济理论”存在密切联系，本研究在结合可持续发展理论与循环经济理论的基础上，进一步明晰低碳经济的内涵。

(1) 可持续发展理论

可持续发展理论由经济学家们在经济发展导致资源匮乏、生态环境恶化等前提下提出，人们逐渐认识到发展经济的同时，需要注重保护生态环境，改变传统的经济增长方式，不断推动经济以及人类社会的长远发展。

在过去的经济发展中，人们认为自然资源取之不尽、用之不竭，因此对自然资源过度消耗及浪费，导致自然资源逐渐减少，污染的肆意排放给生态环境造成沉重负担，同时资源的匮乏和环境的恶化也制约了经济的长远发展。人们意识到在经济发展过程中，要注重对自然资源的合理利用，实现与自然和谐相处。1987年由世界环境发展委员会发表的关于人类未来的报告——《我们共同的未来》，通过事实论证经济发展与环境之间存在矛盾，提醒人们促进经济增长的同时注重环境保护，指出经济发展既要能满足当代人的生存需要，同时又不损害后代人满足需要的发展，实现生态、经济和社会的可持续发展。生态环境的可持续发展是前提，经济的可持续发展是基础，社会的可持续发展是最终目标。

低碳经济与可持续发展之间关系密切，低碳经济是实现可持续发展的途径，可持续发展的实现必然需依靠低碳经济的发展。因此，发展低碳经济，提高能源利用效率、减少污染排放，促进低能耗、低排放、低污染产业的发展，从而减轻资源匮乏压力以及污染排放导致的生态环境压力，对实现可持续发展将产生非常重要的影响。

(2) 循环经济理论

循环经济是指通过重复、高效利用有限的自然资源，在资源利用率提高和污染排放减少的同时，促进经济增长。20 世纪 60 年代，美国经济学家鲍尔丁首次提出循环经济发展理论，此后循环经济发展受到各国的重视。

循环经济区别于单向流动的传统经济，传统经济通过资源的投入进行产品生产，其产品在完成使用功能后即变为废弃物，资源利用率低、污染排放量大。循环经济将完成其使用功能的产品重新利用，继续投入产品的生产，从而提高了资源利用效率，减少了污染物的排放，并实现了产出增加。在循环经济发展过程中，自然资源得到了充分利用，对生态环境的破坏程度较传统经济也大大减轻。

循环经济采取“3R”原则，即“减量化(Reduce)、再使用(Reuse)、再循环(Recycle)”。“减量化原则”是指减少资源的投入，通过较少的原料和能源投入达到既定的生产目的或消费目的，注重从源头节约资源；“再使用原则”要求生产的产品能够被反复使用，而非一次性使用；“再循环原则”要求生产出来的产品在完成其使用功能后重新变为可利用的资源，用于生产同类型的产品或新产品。

循环经济与低碳经济相关，循环经济通过对资源的重复利用，提高资源利用率、减少污染物排放，其宗旨与低碳经济具有一致性，是实现低碳经济的重要途径之一。

(3) 低碳经济内涵

结合可持续发展理论与循环经济理论的认知，低碳经济是指在可持续发展理念指导下，建立以低能耗、低污染、低排放为主要特征的社会经济发展模式，转变传统以煤炭、石油为燃料的高排放、高污染、高能耗的发展模式，促进经济发展方式转变和产业结构升级，减少煤炭、石油等高碳能源的使用，减少温室气体的排放。低碳经济的重要特征是：低污染、低能耗。因此发展低碳经济的重点在于，提高能源使用效率及发展清洁能源、减少传统化石燃料的消耗。

2.1.2 碳金融

碳金融是与控制温室气体排放相关的金融活动。目前国际上对于碳金融并没有严格统一的定义。世界银行认为：碳金融是指为温室气体减排量购买者提供相关资源的行为。诸多学者的研究中，将碳金融界定为与气候变化相关的金融问题。国内学者谢怀筑和于李娜对碳金融进行研究，将其概念分为狭义和广义，认为狭义的碳金融是指买卖温室气体排放权而产生的金融活动；广义的碳金融是指与控制温室气体排放相关的所有金融活动，包括针对温室气体减排量的交易(如CDM项目)、银行绿色贷款及金融衍生品交易(碳期货、碳期权)、与温室气体减排相关的直接投融资、为具有温室气体排放限制的企业提供的金融中介服务等。

综上所述,可以认为碳金融是指与控制碳排放量及提高能源利用率相关的金融活动,强调通过金融手段减少温室气体的排放,促进低碳经济的发展。

2.1.3 绿色信贷

(1) 绿色信贷的内涵

绿色信贷概念的提出与可持续融资(Sustainable-Finance)、环境金融(Environmental Finance)等的发展密切相关。Marcel Jeucken(2002)认为可持续融资是银行通过其融资政策为可持续商业项目提供贷款机会,并集中利用各种知识与信息调配贷款手段刺激可持续发展,这体现了银行在各种市场、法规和市场发展方面信息上无可比拟的相对优势。Sonia Labatt,Rodney R. White(2002)认为环境问题主要以三种风险方式影响银行业金融机构的发展,即规章制度和法庭判决所带来的直接风险、借贷和其顾客的信用所带来的间接风险,以及银行处理争议项目的环境信誉风险这三种方式。为了解决这些环境问题带来的风险,银行必须在借贷和投资策略中加入衡量环境问题的标准,并基于市场发展情况设计出为保证环境质量和转化环境风险的特定金融工具。Paul Thompson,Christopher J. Cow-ton(2004)的研究认为绿色信贷是银行在贷款的过程中,将项目及其运作公司与环境相关的信息作为考察标准,纳入审核机制中,并通过该机制做出最终贷款决定的提供贷款的行为。

尽管学者们对于绿色信贷有不同的理解,但一般来说绿色信贷主要包含以下两层含义:其一,绿色信贷的目标之一是将生态环境要素纳入金融业的核算和决策之中,扭转企业污染环境、浪费资源的粗放经营模式,帮助和促使企业降低能耗、节约资源,避免陷入先污染后治理、再污染再治理的恶性循环;其二,金融业应密切关注环保产业、生态产业等的发展,注重人类的长远利益,以未来的良好生态环境经济效益反哺金融业,促成金融与生态的良性循环。

(2) 我国绿色信贷的政策表现

我国绿色信贷概念主要源于2007年7月12日中国银监会、中国人民银行、国家环保总局三部门为了遏制"两高一剩"行业(即高污染、高能耗的资源性行业及产能过剩行业)的盲目扩张而联合出台的一项全新的信贷政策——《关于落实环境保护政策法规防范信贷风险的意见》。该意见规定了各商业银行需将企业环保守法情况纳入贷款的审批条件,并对环境违法和不符合产业政策规定的项目进行信贷控制。同时,各级环保部门要依法查处并公开未批先建、越级审批,未经环保验收擅自投产、环保设施未与主体工程同时建成的违法项目,并及时向金融机构通报,金融机构要根据环保部门的环保通报情况,对贷款严格审批、发放和监督管理,对未通过环保设施验收和环评审批的项目,金融机构不得对其新增任何形式的授信支持。该意见还对不同的贷款类型做出了更为细致的规定,例如金融机构在审查企业流动资金贷款的申请时,应严格控制对于各级环保部门查处的超标排污、未取得许可证排污或未完成限期治理任务的已建项目的贷款。

绿色信贷的本质在于如何正确处理金融业与可持续发展的关系,其主要表现形式为生态保护建设绿色产业融资、完善绿色金融工具、构建新的绿色金融体系等。该意见的发布,标志着绿色信贷这一经济手段全面进入我国治污减排的主战场。政策发布后,江苏、浙江、陕西、山西、宁波等 20 多个省市的环保部门与金融系统陆续出台了地方绿色信贷的实施方案和细则。

2.2 金融支持相关理论基础

2.2.1 金融发展与金融结构理论

(1) 金融发展理论

金融发展理论主要研究金融发展与经济增长的关系,即研究金融体系在经济发展中所发挥的作用,如何建立有效的金融体系和金融政策组合以最大限度地促进经济增长,以及如何利用金融资源以实现金融的可持续发展,并最终实现经济的可持续发展。经济学家约瑟夫·熊彼特较早强调了金融在一国经济发展过程中所发挥的关键作用,金融机构通过帮助特定的行业、企业的融资,促进其发展及资源的合理配置。经济学家帕特里克研究指出,可以用两种方法研究金融发展与经济增长之间的关系:一种是"需求追随"法,其经济增长产生的金融需求先于金融供给,经济增长拉动了金融需求的增长,因此金融对经济增长的作用是被动的;另一种是"供给领先"法,此时金融供给领先于经济增长产生的金融需求,金融对经济增长的作用是主动的,金融机构可优先促进效率较高的行业、部门、企业进行融资,从而促进资源的合理配置。因此,对于金融支持与经济增长之间的关系,帕特里克认为,在经济发展初期,供给领先金融能够促进经济的增长,而随着经济的发展,经济增长所产生的金融需求会促进金融的发展,因此金融供给在经济发展过程中的作用至关重要。其他较有代表性的研究中,Levince (1996)论证金融发展水平对一国经济发展的重要作用,研究认为可通过初始的金融发展水平差异预测之后的经济发展水平差异。

(2) 金融结构理论

金融结构是指构成金融总体的各个组成部分的分布、相对规模、相互关系与配合的状态,包括金融机构的设置比例和金融机构内部的组织状况、金融市场上各种金融工具所占的比重等。

美国著名经济学家戈德史密斯在1969年《金融结构与金融发展》中提出金融结构论,对金融结构与经济增长之间的关系进行研究。他认为金融现象可概括为金融工具、金融机构和金融结构。金融工具是指可以在金融市场中进行交易的有价证券,如股票、债券、期货、存单等能够证明债权债务关系和所有权关系的法律凭证,人们通过金融工具实现投融资以及避险等需求。金融机构是指提供金融服务、其资产和负债以金融工具为主要形式的经济单位。一国金融工具和金融结构的形式、分布及相对规模构成了一国的金融结构。

经济的发展增加了对金融工具的需求,需求的增加及金融创新促进了金融工具的多样化、金融机构的多元化,因而金融结构日趋复杂化。为了衡量一国金融的发展程度,戈德史密斯提出了衡量一国金融发展水平的指标,即金融相关比率(FIR)指标,金融相关比率是指某一时点上现有金融资产总额与国民财富(实物资产总额加上对外净资产)之比。金融资产总额代表该国一定时期的金融活动总量(FT),国民财富代表一定时期内该国经济活动总量(WT),则金融相关比率的计算公式为FIR=FT/WT。戈德史密斯研究了16个国家1860~1960年的经济数据,实证研究得出了FIR值,认为金融相关比率与经济发展水平之间存在正相关的关系,经济欠发达国家、地区的金融相关比率远低于发达国家、地区。对于金融发展对经济发展的推动作用,他认为在其他条件不变的情况下,例如技术水平、消费者储蓄偏好、投资风险一定,金融工具和金融机构的多样化,会增强金融活动对经济的渗透力,促进经济发展。

2.2.2 金融深化论与金融约束论

(1) 金融深化论

20世纪70年代,美国经济学家爱德华·肖和罗纳德·麦金农把发展中国家作为研究对象,研究其金融与经济发展之间的关系,结果发现发展中国家的金融发展与经济发展间存在相互抑制的关系。针对发展中国家的“金融抑制”现象,他们认为主要原因是政府对金融行业的过分干预和管制。学者们的研究一般认为金融与经济发展之间相互影响、相互促进,一方面,完善的金融机制能够有效地运用资金、配置资源,引导资金流向,促进经济发展;另一方面,经济发展使得居民收入提高、企业效益增加,从而将增加社会上的投融资需求,促进金融发展。然而由于发展中国家政府过分干预金融市场,金融体系发展不完善,对经济发展带来不利影响，同时经济发展缓慢也导致投融资需求下降，又进一步阻碍金融的发展，由此形成恶性循环。爱德华·肖和罗纳德·麦金农的研究认为，要解决该问题，应该减少对金融市场的人为干预，实行金融自由化，即“金融深化”，改变金融市场的垄断格局，鼓励发展民营金融事业；放松金融当局对存贷款利率的干预，发挥市场的作用，让利率水平反映社会资金的供求状况，促进储蓄、投资和经济的协调发展；政府应放松外汇管制，使汇率更好地反映外汇市场的供求状况。

(2) 金融约束论

20世纪90年代，赫尔曼、斯蒂格利茨、罗伯特·金和莱文等经济学家进一步延伸研究了金融深化理论，提出“金融约束论”。金融约束论认为，政府通过制定金融政策，对金融市场进行适当干预，有利于促进金融与经济的发展。由于在实际经济发展过程中，存在着信息不对称，金融机构无法全面掌握企业的信息以及贷款后企业资金的实际运用情况，存在道德风险和逆向选择，资金难以得到有效配置，因此政府干预存在一定的必要性。政府通过干预和激励政策促进银行吸收存款和提高贷款的质量，减少道德风险和逆向选择，促进资金的合理配置，有利于金融稳定和经济发展。

金融约束论和金融深化论并不存在本质上的矛盾，金融深化论主张政府放弃对金融市场的过分干预，实现金融自由化；金融约束论主张政府适当地对金融市场进行干预，以促进金融稳定和经济发展。金融约束是发展中国家由金融抑制向金融自由化发展的过渡，它针对发展中国家在经济发展中存在信息不对称引发的道德风险和逆向选择问题而提出，主张政府适当有选择性地干预而非过分干预，是对金融深化论的补充和发展。

2.2.3 金融功能理论

20世纪90年代，世界著名金融学家滋维·博迪和罗伯特·默顿组织了关于功能金融的研究小组，提出了基于功能观点的金融体系改革理论，并出版了《全球金融体系：功能观点》一书进行诠释。

博迪与默顿认为，任何金融体系的功能都是为了能够帮助不同的国家和地区在一个不确定的环境中，在不同的时间下，配置和使用经济资源。具体来说，金融体系有以下三大核心功能：一是支付和清算功能，即金融体系能够提供工具来完成商品、服务、资产的清算和结算；二是聚集和分配资源的功能，即资源配置功能，指的是金融体系能在为企业的生产筹集资金的同时，将聚集的资源在全社会有效地进行重新分配；三是风险分散的功能，指金融体系是配置和管理风险的核心，它能为配置和管理风险提供行之有效的方法，使风险负担和金融交易得到有效的分离，从而使企业能够有选择的余地，承担其愿意承担的风险，尽可能地回避其不愿承担的风险。除此之外，金融体系还具有其他如转移资源、提供信息、激励发展等辅助功能。

实现金融功能的方式和效率因不同的金融体系而不同。目前，世界上的金融体系可以简单地分为两类：一类是以银行为主导的金融体系，以银行储蓄为主要金融资产；而另一类则是以资本市场为核心的金融体系，以证券化资产为主要资产。企业在进行生产低碳化改造时，面临非常严峻的其中两个问题是资金和风险。研发低碳技术、进行低碳化生产需要巨额资金的支持，需要大量的财力、人力与物力。同时，企业在进行生产低碳化改造时面临着极大的市场风险，如果一项新的低碳技术研发失败或无法得到推广，将有可能面临巨额亏损。由于商业银行是企业最重要的外部融资来源之一，是金融体系中最重要的金融机构，故企业必然会选择商业银行作为其产业绿色化的资金来源和风险控制的金融渠道之一，绿色信贷应运而生。

2.3 碳减排的金融驱动机制

2.3.1 金融政策传导机制

金融政策传导机制是指运用金融政策工具影响中介目标，最终实现政策目标的过程。在碳减排过程中，金融政策的传导是以信贷和优惠利率等政策工具为基础，通过调节能源价格，来改变能源消费观念，提高能源利用效率，促进转变经济增长方式和优化产业结构，实现碳减排目标。一方面，通过信贷工具能够促进能源价格趋于合理，弥补低碳清洁能源与高碳能源的价格差。如为开发利用清洁能源、研发使用节能减排设备的企业提供低息贷款，延长贷款期限；为高耗能、高排放企业，提供高息贷款，减少信贷投放。另一方面，通过优惠利率政策能够降低清洁能源成本，增加高碳能源环境成本，间接引导清洁能源价格下降，增强其市场竞争力，在实现这一中介目标后，通过能源价格变化引起的要素间相互替代作用最终实现碳减排的政策目标。

2.3.2 融资机制

资金支持是企业实现碳减排的基础，如果缺乏资金，清洁能源开发利用、技术改造、低碳技术研发、碳减排项目的实施就难以保证。因此促进碳减排要充分发挥金融的融资机制。

能源低碳化发展存在巨大的潜在市场，具有良好的发展前景，但其融资活动具有资金需求量大、风险大、回收期较长、管理复杂等特点，因此需要构建一个多主体、宽渠道、广覆盖的融资机制。政府、金融机构、企业、居民等都广泛参与，为节能减排项目与企业提供全方位融资。金融在碳减排中的作用表现为，一方面，吸收社会闲散资金并配置到清洁能源开发、低碳技术研发推广、节能减排项目等领域；另一方面，利用金融中介服务职能，通过信息咨询、技术集成和项目管理等方式，为节能减排项目与企业提供专业化融资服务，优化融资环境。

2.3.3 风险补偿与激励约束机制

虽然低碳经济、节能减排发展口号已经提出，但在实际贯彻中效果并不明显，减排压力依然很大。企业往往追逐利润最大化，追求减排所带来的经济效益，而往往并不注重环境和社会效益。由于减排初期成本投入较大且收益较少，企业大多不愿意节能减排，即使有少数企业积极承担社会责任，往往因融资受限和技术瓶颈而缺乏动力。企业缺乏社会责任、融资受限、技术瓶颈等都成为碳减排的制约因素。究其原因，是碳减排发展中的不确定性使企业产生顾虑，因此风险补偿与激励约束机制是实现碳减排的重要保障。

风险补偿机制主要是为企业提供信用担保，设立碳风险基金，企业在减排及使用低碳技术、低碳设备等生产过程中产生的损失由担保机构给予补偿，解决低碳技术研发以及碳减排项目融资的困境，提高企业的减排积极性。激励与约束机制主要通过建立碳减排的综合评估体系，利用银行绿色信贷、优惠利率、资本市场的绿色融资等使碳减排企业能够获得实在的利益，从而激励与约束其在碳减排中的行为。

2.3.4 碳减排交易机制

碳减排交易机制是对碳排放权价格进行设置，使碳排放权在供求双方进行分配，以实现资源最优配置和社会总减排成本最小化。主要有两种类型：信用交易和总量限额交易。信用交易机制下，对于某个排放主体，如果其实际排放量比认可的排放标准低，就可以获得一定的减排信用，且其获得的减排信用可在市场上进行交易，出售给碳排放权需求者并获得收益；反之，则要承担其超额排放的成本。总量限额交易机制下，限定所有排放主体的排放总量，设定一个排放总量数额，然后将排放权分配到各个排放主体，对于发放的排放量多于实际排放量的企业可在市场上出售排放权，对于分配的排放量低于实际排放量的企业，可自主决定是减少碳排放还是在市场上购买碳排放权。碳减排交易机制使排放主体自主选择减排或购买排放权，能够提高企业减排动力。

2.4 金融发展影响碳减排的路径分析

严成樑等(2016)提出金融发展对二氧化碳排放的影响存在总量扩张效应和技术提升效应,既能够使得生产规模增加,使得碳排放量增加,也能够促进技术进步,降低单位 GDP 能耗或生产出更多替代性产品从而使得碳排放量减少。金融作为现代经济的核心,能够通过政策性和市场化工具保持技术改造、低碳技术研发等领域的贷款规模,提高能源利用率;加大对清洁能源开发与利用的投资,优化能源消费结构;支持低碳环保的高新技术产业发展,促进经济增长方式转变和产业结构调整,实现碳减排目标(见图 2-1)。

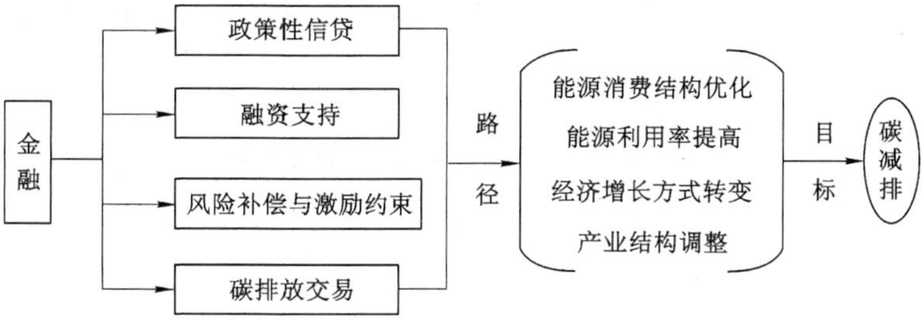

图 2-1 金融发展影响碳减排的路径分析

2.4.1 促进能源消费结构优化

我国能源消费结构中煤炭消费比重较高,具有高碳化特征,不利于碳减排。建立清洁能源消费体系,优化能源消费结构,提高清洁能源消费比重,降低对传统化石能源的依赖是非常必要的。

因此要加大对清洁能源开发与利用的投融资支持,一方面,通过优惠的金融政策,加大对清洁能源开发的投资力度,扶持清洁能源替代高碳能源项目的发展;另一方面,创新清洁能源融资模式,开拓多种融资渠道为清洁能源发电提供稳定的资金来源。

2.4.2 提高能源利用效率

能源效率是指单位 GDP 能耗,提高能源利用效率指单位 GDP 能耗降低,表明通过投入更少的能源能够创造出更大的经济产出。企业实现碳减排离不开能源效率的提高,而提高能源效率的主要手段是进行技术改造与研发,提高节能减排技术,淘汰落后的产能。

因此要加大对技术改造与研发的资金支持，一方面加大对企业的技术改造贷款，使其逐步淘汰落后产能；另一方面，为节能减排和低碳技术的研发与推广提供资金支持，大力发展煤炭提质加工、高效燃煤发电、工业锅炉洁净燃煤和新型煤化工等技术，减少原煤的直接使用，促进高碳能源低碳化利用，提供能源利用率。

2.4.3 促进经济增长方式转变和产业结构调整

转变经济增长方式是实现碳减排的基础与前提，实现碳减排要求经济增长方式从依赖资源投入与能源耗费的粗放型增长方式向依赖技术进步与科学管理的集约型增长方式转变。产业结构调整也是实现碳减排的重要保证，实现碳减排要求产业结构由第二产业向第三产业转移，减少高碳产业比重，大力发展低碳环保、节能减排产业。

金融发展促进经济增长方式转变和产业结构调整表现在：对低碳环保等新兴产业给予优惠政策支持，如提供低息贷款和优惠利率等；建立淘汰落后产能基金，对企业淘汰落后产能产生的损失给予适当的补偿；设立碳基金，激励进行低碳技术研发的产业发展。

2.5 金融发展、技术进步与碳减排的机理分析

严成樑等(2016)提出金融发展既能够直接影响碳减排，也能够通过影响技术进步等因素间接影响碳减排。2017 年年底，我国的单位国内生产总值碳排放量比 2005 年下降了 46%，其中技术进步的贡献率达到了约 60%。技术进步成为碳减排的主要驱动因素。相关学者研究也表明，技术进步在金融发展与碳减排关系中具有非常重要的作用，例如 Birdsall 和 Wheeler(1993)认为金融发展程度越高，越有利于吸引 FDI 以及高水平的研发投资，有利于促进技术进步，从而有利于提升环境质量；对于发展中国家，能够为其提供利用新技术、新设备的激励与机会，促进其生产更多环境友好的清洁产品。Shahbaz 等(2013)认为一方面金融发展能够通过降低企业融资成本以及分散风险功能促进企业进行技术研发与创新，推动技术进步，有利于促进能源生产部门减少二氧化碳排放量；另一方面金融发展能够创造良好的金融环境，吸引 FDI，促进东道国改善技术，促进碳减排。因此本研究进一步对金融发展影响技术进步从而促进碳减排的机理进行分析。

2.5.1 金融发展对技术进步的作用机理分析

(1) 从资源配置功能角度分析

技术研发具有较高的融资成本。首先,技术研发的成果具有未知性,由信息不对称引发的道德风险在技术研发过程中时有发生,使得技术进步过程中缺乏必要的外部融资;其次,将知识转化为产品的道路十分艰难且漫长。技术进步过程中的高投入、高风险及长周期使得融资难问题成为技术研发过程中遇到的重要问题。这些特点表明技术进步依赖于长期投资,且在短期内难以收回成本,因此持续稳定的融资是技术研发的必要支持。

金融系统的资源配置功能能够将有限的资源合理安排到各个领域,使得社会各种资源能够得到有效配置以更好满足社会需求。金融系统作为资金供给者与需求者之间的桥梁,具有高效的储蓄投资转化机制,通过聚集社会流通领域闲散资金,然后选择优质项目进行投资,能够大大提高资金利用率,通过促进资源分配以促进技术进步。相对于个人投资者,金融中介能实现规模效应,将信息获取成本分散于众多投资者,有效降低获取信息单位成本;同时,金融中介拥有专业人才队伍,能够对信息进行专业化处理,并甄选具有投资价值的项目和企业,促进资源流向高效率领域。

资本市场具有严格的信息披露制度。通过信息披露,公众能够及时准确了解企业的经营与财务状况,且流动性强、功能完善的资本市场也具有良好的信息揭示功能,能够生产有价值信息,促进资源配置(Grossman、Stigltiz,1980;Kyle,1984;Merton,1987;Holmstrom、Tirole,1993)。

为促进技术进步,实现科技成果转化,国家可通过宏观政策引导金融机构资源配置,增加对节能减排、低碳产业的资金支持,同时降低科技型企业上市门槛,缓解技术进步过程中的资金短缺问题。

(2) 从风险管理角度分析

与一般企业相比,科技型企业最大的特点就是风险很高。虽然技术研发与创新活动的成功往往带来巨大收益,但实际上绝大多数技术研发与创新活动都投入了大量资金,却无法产生令人满意的成果。促进技术进步,应对技术研发与创新所特有的风险是至关重要的。在存在信息不对称与交易成本时,金融体系不仅能够有效促进资源配置为技术进步提供资金支持,还形成了相应的风险分散机制。

流动性风险和收益率风险是技术创新过程中企业面临的两种主要风险。流动性风险指将资产转换为交易媒介时所面临的不确定性。由于投资者存在流动性偏好,即使存在较高的收益预期,投资者也往往不愿投资于流动性较低的长期项目，所以在流动性风险约束下，流动性较差且回收期较长的研发与创新项目往往很难获得融资。收益率风险是由资产价格、利率和股息的变化引起的，这种变化存在较大的不确定性。通常，企业大多是风险规避的，企业经营者往往选择发展较为成熟且专业性较小的技术，这种选择使得企业面临的运营风险较低，但这种选择所带来的弊端表现为对新生创新的投资不足。

因此，对于日益成熟和完善的金融市场，如何降低技术发展带来的风险显得尤为重要。金融体系需要提供良好的渠道使投资者能够实现快速变现，通过提供金融资产组合产品，降低创新投资项目风险，从而使投资者增加对流动性差且回收期较长项目的融资，缓解技术型长期项目的资金短缺问题。积极创新碳保险产品，如为低碳项目的开发方提供保险，若项目开发失败或无法达到预期收益，则给予一定的赔偿。建立风险补偿机制，为节能环保企业提供信用担保，对于企业在减排过程中产生的损失由担保机构给予补偿。

(3) 从 FDI 的技术溢出效应角度分析

FDI 的技术溢出效应主要指外商直接投资对东道国相关产业或企业带来的技术提升效应，如生产技术、管理技术、产品研发技术等。外商直接投资不仅能够增加相关产业发展的融资支持，促进当地经济发展，更为重要的是能够以较低的成本进行技术转移、引进与创新，促进技术进步。FDI 技术溢出效应主要包括技术人员流动效应、产业内的示范、模仿、竞争效应和产业间的联系、带动效应。

一国或地区的金融发展状况是外商直接投资时考虑的重要因素，也影响 FDI 的技术溢出效应能否产生作用及作用的效果大小。金融发展水平较高时，对外商直接投资的吸引力较强，有利于发挥 FDI 的技术溢出效应，促进技术进步。Bailliu(2000)指出发达的金融体系能够以较低的交易成本以及较高的项目评估能力，将资金投向效益较高的项目上，有利于东道国技术进步。Hermes 和 Lensink(2003)认为发达的金融体系具有很好的储蓄与投资转化机制，能够对其投资的技术改造与研发项目进行有效监督，并为国内企业培训员工以促进人力资本积累提供资金支持，通过提高员工素质与企业实力吸引 FDI 带来新技术。

(4) 从集聚人力资本角度分析

金融发展除通过资源配置、风险分散、影响 FDI 技术外溢等方式影响技术进步外，还通过促进人力资本积累的渠道产生影响。人力资本是影响技术进步的重要因素之一。人力资本通过相关知识和理论技能的学习，将知识和理论转化为科技成果，从而促进技术进步。人力资本的形成依赖于知识的不断学习与积累。一定数量的人力资本是企业推动技术改进，实现技术创新所必需的。人力资本的数量和质量与教育发展水平相关。一般来讲，一国或地区教育发展水平越高，人力资本数量越多且质量越高，越能够将知识理论转化为科研成果，因此其技术改进、研发与创新能力越强。除自主研发外，学习借鉴国外先进技术也是实现技术进步的重要方式，人力资本水平也能够影响 FDI 技术溢出的效果。通常一国或地区人力资本质量越高，越容易发生技术外溢。因跨国公司来东道国进行投资并非要推广其先进技术，而是为获取经济利润，因此若劳动者仅是从事低水平的流水线工作，而不关注新技术的学习，严重影响技术外溢效果。只有人力资本质量较高，能够积极主动学习借鉴其先进技术，且具有较强的消化吸收能力时，才可能实现技术外溢。

金融发展对促进人力资本积累与提高人力资本质量具有重要作用。从资金需求角度分析，人力资本的积累过程对资金需求量较大，需要大量的资金支持。从投资风险角度分析，由于存在信息不对称，教育投资主体无法对项目进行详细甄选，无法准确预测其投资收益，可能无法将资金及时配置到急需资金的教育机构与受教育者手中。因此金融市场融资对人力资本的发展是必不可少的。金融发展通过发挥资源配置、缓解信贷约束等功能，能够增加人力资本投入并提高其生产效率，对人力资本积累具有正向作用。

2.5.2 技术进步对碳减排的作用机理分析

碳减排的关键在于技术进步与创新。本研究主要从提高化石能源利用率、优化能源消费结构、促进产业结构调整三方面分析技术进步影响碳减排的路径。

(1) 提高化石能源利用率

关于技术进步对能源效率的影响，Fisher-Vanden 等(2004)，李廉水和周勇(2006)，朱延福和滕玉华(2010)，潘雄锋等(2017)研究发现技术进步是能源效率提高的重要动力。内生增长理论认为，R&D 资本的增加和人力资本的发展是实现技术进步的主要途径。董锋(2010)运用面板数据分析技术进步对能源效率的影响，结果表明，技术进步对能源效率的贡献较大。在能源消费方面，增加 R&D 经费，使得能源技术、能源利用设备和管理的研发项目获得更多的资金支持，从而改善产品或工程设计开发的水平，或者更新设备工艺，提高设备系统的使用寿命，进而能够减少生产过程中的能源消耗，提高能源利用率。而人力资本的不断积累，能够改进能源利用设备，优化其余生产要素的配置，提高能源节约意识，促进能源消费方式变革，由粗放式能源消费向集约式改变，进一步提高能源利用率。

(2) 优化能源消费结构

不可再生的化石能源储量有限，虽然通过技术进步能够提高化石能源利用率，延长其使用年限，但难以从根本上解决我国能源问题。能源是经济、社会及文化发展所必备的基本生产资料，是一个国家政治及经济安全的物质基础。在经济和社会资源全球化及全球人口迅速增长的今天，能源在经济增长中所消耗的比例不断增加。面对当前严峻的能源形式，能源问题已经成为各国关注的问题。若想从根本上解决我国能源问题，促进经济、社会、生态的可持续发展，必须改变以煤炭等化石能源为主的能源消费结构，研发新技术，促进清洁能源和可再生能源的开发与利用。

新能源融资对新能源技术的研发与应用发挥着重要作用。国际能源署 IEA 发布的《世界能源展望 2016》指出，2015 年全球新能源融资额 3 288.8 亿美元，其中项目融资 2 805.9 亿美元，研发投入 283.3 亿美元，股票市场融资 143.6 亿美元，风险投资和私募股权 56 亿美元。新能源融资主要用于支持太阳能发电、风力发电、能源智能技术、生物质及垃圾发电等新能源项目。新能源融资规模不断扩大，新能源技术不断提高，新能源领域得到快速发展。

目前低碳技术应重点围绕提高化石能源利用率、促进能源消费多样化等方面，因此在合理开发与高效利用化石能源的同时，必须通过技术进步，提高可再生能源开发与利用技术，如促进与太阳能相关的热利用技术、风电机组制造技术的提高，积极开发太阳能、风能、生物质能、地热能等新型能源，提高清洁能源消费比重，优化能源消费结构，促进碳减排，减少环境污染。

(3) 促进产业结构调整

技术进步是一个长期积累的过程，事物的发展是从量变到质变的过程，当技术进步不断积累，并达到一定程度时，人们的生产能力将发生质变，进而变革生产方式。而当随着某项新技术的应用，多个行业部门的生产效率得到大幅提升及生产成本下降时，将使得整个行业的技术体系发生重大变化，从而使得产业结构发展较大变化。

第一，技术进步能够促进产业分工，促进产业结构调整。由于人类掌握了驯养技术，使得游牧部落从其他部落中分离出来，形成了第一次社会大分工；后来由于掌握了金属加工等手工业技术，手工业同农业分离，形成了第二次社会大分工；随着社会不断发展，生产力水平的提高，商品交换规模和范围不断扩大，因而商业逐渐从物质生产领域中分离出来，形成了第三产业。综上来看，产业的形成以及分解，都是技术进步的结果。

第二，技术进步能够影响需求结构，推动产业结构变动。李国志(2011)指出一项新技术的应用，往往会引导消费者需求，如在未研发石油精炼技术和高分子化学合成技术时，人类对石油的需求量较小，而在其面世后，人类对石油需求量不断增加，运输机械得到快速发展，能源工业和化学工业发生了巨大变化。技术进步是推动产业结构调整的必要因素，如若没有技术发展，即使市场需求较大，受限于技术水平，难以使产业结构适应需求结构的变化。技术进步可通过以下几个途径影响需求结构：首先，技术进步能够降低生产成本，扩大产品市场，引发需求变化；其次，技术进步能够促进产品升级换代，引起需求变化；再次，技术进步能够适应市场需求变化，二者相互促进。

第三，技术进步诱发新兴产业的出现，推动产业结构调整。第一次工业革命中，蒸汽机以及纺织技术的发明引起纺织工业、采掘、冶金以及机械制造和交通运输工业等新兴产业的出现。以能源技术革命为标志的第二次产业革命，动力和照明技术得到快速发展，引起一些新兴产业如精细化工产业和通讯产业的出现，使产业结构发生巨大变化。第三次产业革命中，随着微电子技术、新兴材料技术等一系列先进技术的发明，电子计算机工业、航天工业等新兴产业诞生。

综上所述，技术进步能够促进产业结构不断优化，通过减少碳排放促进经济可持续发展水平的提高。

2.5.3 金融发展通过技术进步影响碳减排的路径

根据上述内容，可将金融发展推动技术进步进而促进工业碳减排的途径与过程用图 2-2 表示。

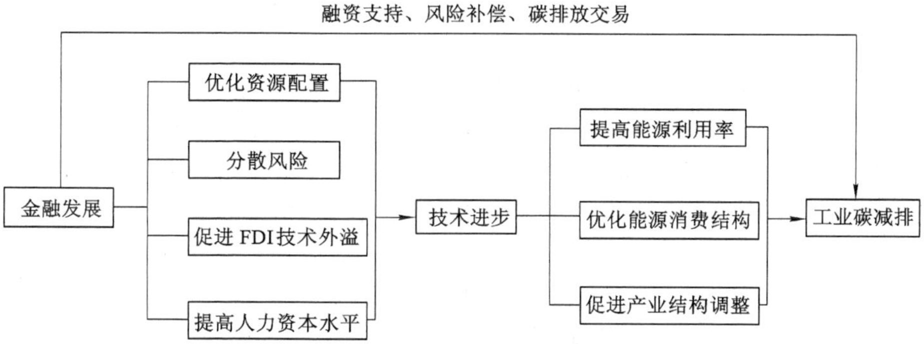

图 2-2 金融发展通过技术进步影响碳减排路径

金融发展影响技术进步的路径为：第一，金融发展能够通过发挥自身资源配置的功能，将有限的资源优先配置给技术进步项目与企业，实现资金资源的有效利用；第二，金融发展越高，其化解风险的能力就越强；第三，金融发展水平的提高以及良好的金融环境能够吸引外商投资，外商直接投资不仅能够促进当地经济发展，更为重要的是能够以较低的成本进行技术创新，实现技术进步；第四，金融发展能够为人力资本积累提供融资，提高人力资本水平。

技术进步影响碳减排的路径为：第一，技术进步能够促进能源利用率的提高。随着碳减排技术的进步，低碳设备与机器应用的推广，能源利用率将显著提高，从而促进碳减排。第二，技术进步能够优化能源消费结构。技术进步将使得许多可再生能源逐渐得到开发和利用，“低碳”能源的消费比重逐渐提高，“高碳”能源的消费比重逐渐降低，从而优化能源消费结构，减少二氧化碳排放。第三，技术进步能够促进产业结构优化与升级，降低高耗能产业所占比重，促进低碳产业和新兴产业发展，从而促进碳减排。

2.6 金融发展对低碳经济及工业碳减排的影响作用

2.6.1 金融市场发展对低碳经济的影响作用

经济发展并非单指经济总量的增长，在现代经济发展过程中，更多地需考虑经济、社会、环境的协调发展，在总量增长的同时更加关注质量。经济快速增长带来的能源需求量的增加以及碳排放量的增加，导致能源短缺和环境问题日益突出，也成为制约经济发展的重要问题。因此应加快转变经济发展方式，调整产业结构，促进经济发展由“高能耗、高排放、高污染”向“低能耗、低排放、低污染”的模式转变，金融业作为经济发展中的一支重要力量，更应与低碳经济发展紧密结合。

第一，金融支持为低碳经济的发展提供资金来源，促进低碳技术研发推广。目前低碳企业发展时间较短，普遍规模较小，实力较弱，技术水平较为落后。低碳经济的发展需要长期稳定的资金来源，其对金融需求首先表现为对低碳产业资本的需求。因此，金融机构可充分发挥其资金融通功能，通过创新的低碳金融产品和服务，为低碳经济的发展筹集资金，将资金投入到低碳产业部门和低碳项目中，促进低碳技术的研发和新能源的开发利用。银行等金融机构通过提供绿色信贷，实施优惠利率降低低碳企业的资金成本，促进低碳经济发展；同时对高碳企业实行较高的融资利率或减少对高碳企业的信贷资金支持；资本市场可减少对高碳企业进行私募股权融资，或对高碳企业公开上市募集资金提出更高的环境要求，激励企业减少碳排放，加强低碳技术创新，发展低碳经济。

第二，金融支持分散低碳经济发展过程中的风险。首先，低碳技术的开发需要投入大量的资金，投资回收期长，且存在较高的风险。低碳技术的研发存在不确定性，金融市场可发挥其风险分散功能将这一风险尽可能地分散，减少低碳企业承担的风险；保险公司作为承保风险的经济组织，更应充分发挥其职能，开发低碳保险，对低碳企业的技术研发进行承保，减少低碳企业技术研发失败的风险与损失。此外，碳排放价格具有波动性，存在不确定性。碳排放价格主要取决于碳排放市场中碳排放权供求总量所诱发的预期碳排放量稀缺性。碳排放稀缺性容易受到政府气候管制政策变化、碳减排技术进步与推广应用、能源价格波动及使用效率、GDP增长、极端气候变化等综合因素的影响。碳排放权稀缺性决定了碳排放价格的波动性。金融机构通过创新金融衍生产品，如碳远期、碳期货、碳期权等规避碳排放权价格波动的风险，实现套期保值和风险对冲。

第三，碳排放权交易市场促进环境资源合理配置。碳排放权交易市场为企业间碳排放权的交易提供了渠道，不同地区、不同企业由于经济发展程度不同、低碳技术水平不同，其减排成本和减排能力存在一定的差距，通过碳排放权交易市场，减排能力较强的企业将额外的温室气体排放额度进行出售，而减排能力较弱或减排成本较高的企业通过在碳排放权交易市场上购买的减排额度实现其自身的减排目标。不同企业间碳排放权的买卖，促进了环境资源的优化配置。

2.6.2　绿色信贷促进工业行业碳减排路径

在具体的金融支持低碳经济发展路径中，绿色信贷为其中重要的路径之一，在实现资源配置，促进低碳经济发展过程中起到非常重要的作用。各商业银行通过资产负债业务在不同行业间分配其拥有的信贷资源，发挥资源配置功能；利用信贷政策，信贷准入与退出机制，信贷手段如贷款的利率、额度、期限和品种等方式调节信贷资源的流向，以达到稀缺资源的合理使用和有效配置，资源配置亦是商业银行最基本、核心的功能。在低碳经济发展过程中，绿色信贷可以促使商业银行通过资源配置功能，将金融信贷用以促进工业碳减排。

商业银行为了促进工业碳减排，主要通过以下渠道运用资源配置功能发挥其相应作用：

第一，绿色信贷能为低碳产业的开发和企业低碳技术的研发筹集资金。对企业而言，研发低碳技术短期效益低，资金投入量大，耗时长且风险大，是一项庞大而系统的工程。所以，各企业尤其是资金缺乏的中小型企业，缺乏研发低碳技术的积极性。而通过资源配置功能，绿色信贷为低碳环保企业或节能减排项目提供优先放贷、利率优惠等金融支持，加大了对开发低碳产业、研发低碳技术的信贷支持力度，予以低碳产业更多的信贷资源倾斜，使企业能以较低的资金成本获取更多的信贷资源，从而促进工业的低碳化发展。

第二，绿色信贷可以通过对环境风险管理的关注，以及对传统的“两高一剩”行业贷款的约束，促进工业的低碳化发展。长久以来，商业银行与“两高一剩”企业存在着互惠互利的关系。商业银行的部分利润来源于“两高一剩”企业的存贷利差，而“两高一剩”企业也从商业银行获得持续不断的融资支持以维持自身的资金周转。然而，这种互利关系不利于商业银行的环境风险管理以及良好社会形象的树立，不利于商业银行的长远发展。从规避可能存在的风险以维持可持续发展的角度出发，商业银行开始注重环境风险的管理。具体来说，商业银行对“两高一剩”项目可采取禁止授信、惩罚性利率和限制授信额度等抑制政策，促进信贷资源向低碳产业转移，并对“两高一剩”项目的存量贷款进行环境和安全的监督，引导和督促企业防范环境风险，逐步退出环境风险过大的项目贷款。

3 我国高耗能行业金融发展、技术进步及碳减排现状

3.1 我国低碳经济发展现状

我国作为传统能源大国，改革开放以来，一直保持着经济的高增长，成长阶段的发展过分追求经济的高增长，而忽视可持续发展问题，能源消耗和环境污染问题日益突出。我国正处于工业化快速发展时期，第二产业仍占较大比重，一方面，经济的发展伴随能源需求量的增加，加剧了我国的能源供需矛盾；另一方面，"高碳"能源在我国能源结构中占较大比重，造成较高的碳排放压力。近年来，我国致力于改善环境、减少碳排放，促进低碳经济的发展。

3.1.1 我国能源消耗状况

历年《中国统计年鉴》显示，1994～2014 年我国能源生产总量和能源消费总量均呈上升趋势（见图 3-1）。1994～2005 年，能源消费总量与生产总量相差较小，2005 年以后，我国能源消费总量超过能源生产总量，且从 2012 年开始差距拉大。这反映了近年来随着经济的增长，能源需求不断增加，我国的供需矛盾日益加剧。在能源消费总量中，1994～2014 年我国工业部门的能源消费占能源消费总量的比重维持在 70%左右，反映我国今后应淘汰落后产能，提高工业部门的能源利用率，减少供需矛盾。

从能源消费结构来看，我国能源消费以煤炭为主。1994～2014 年间，煤炭占能源消费总量的比重维持在 70%左右，虽然其总体呈下降趋势，但其下降幅度较小，且仍占绝大比重。近年来非化石能源占能源消费总量的比重有所上升，但其上升幅度较小，从 1994 的 5.7%上升到 2014 年的 11.2%，具体如图 3-2 所示。从能源消费结构来看，我国能源消耗面临的问题为能源消费结构较为单一，煤炭所占比重太大，清洁能源所占比重较小，因煤炭具有"高碳"特征，导致我国碳排放量较大。

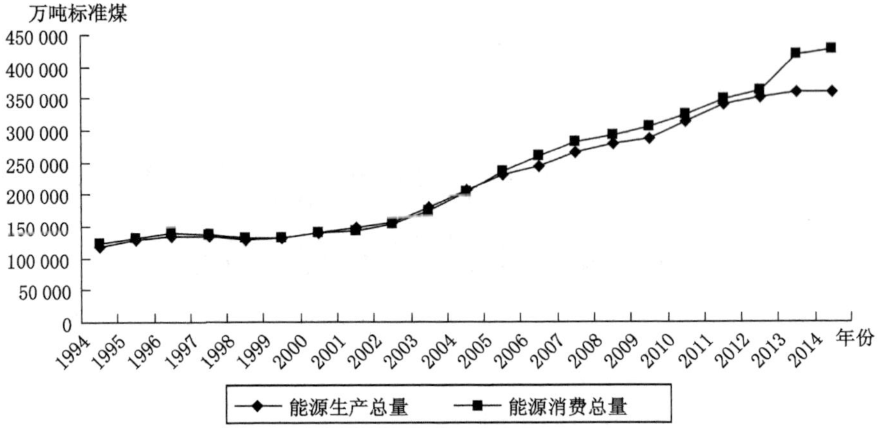

图 3-1　1994～2014 年我国能源生产与消费总量

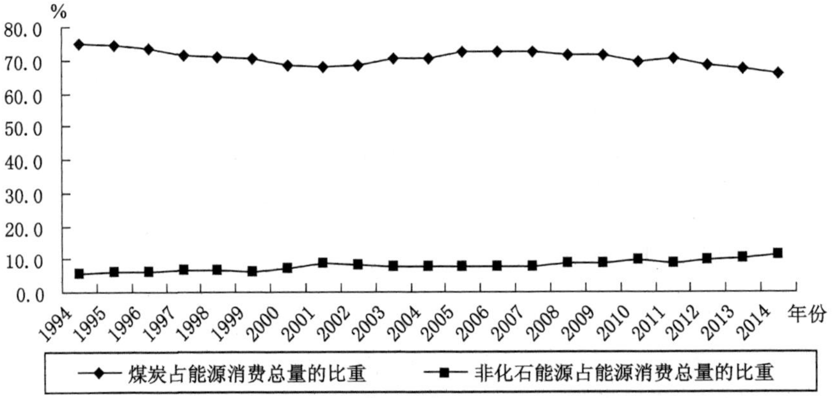

图 3-2　1994～2014 年我国煤炭及非化石能源所占比重

3.1.2　我国碳排放量

碳排放量根据能源消费来近似测算。根据中国能源统计年鉴，将能源划分为煤炭、焦炭、原油、汽油、煤油、柴油、燃料油、液化石油气及天然气。通过各能源消费量以及标准煤系数与碳排放转换系数，近似测算碳排放量。由图 3-3 可知，2000 年以来，我国碳排放总量及工业行业碳排放量均呈上升趋势，碳排放总量由 2000 年的 48 505.8 万吨增长到 2013 年的 132 673.83 万吨，工业行业碳排放量由 2000 年的 32 430.9 万吨增长到 2013 年的 93 267 万吨，其中 2003～2007 年碳排放量增长幅度较大，主要因该阶段我国经济发展形势较好，经济的快速发展增加了对能源的需求，而能源消费结构中化石能源占绝大比重，因此导致碳排放总量的增加。工业行业的碳排放量与我国碳排放总量增长趋势相近，且为碳排放的主要行业，因此应针对工业行业实施节能减排。

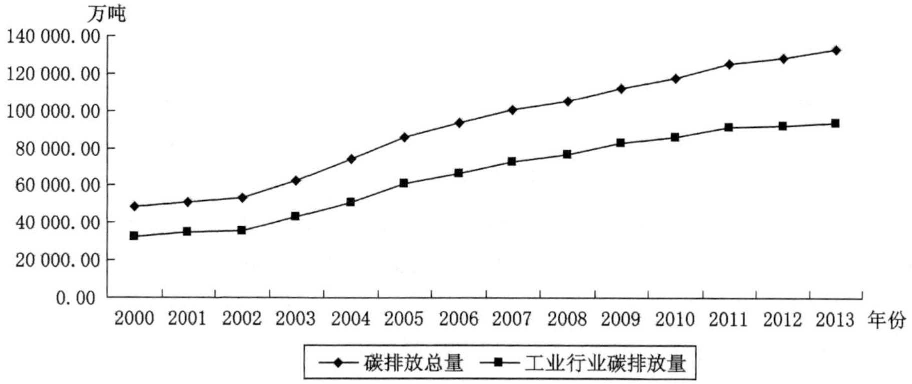

图 3-3　2000～2013 年我国碳排放总量及工业行业碳排放量

碳排放强度为碳排放量与 GDP 的比值。2000～2013 年 GDP 通过 2000 年不变价 GDP 计算。由图 3-4 可知，2000 年以来，我国万元 GDP 碳排放量总体呈上升趋势，其中 2003～2006 年有所下降，但 2007 年以来我国万元 GDP 碳排放量逐渐增加。因此在经济增长的同时，应注重经济的可持续发展，提高能源利用率，降低单位 GDP 能耗。

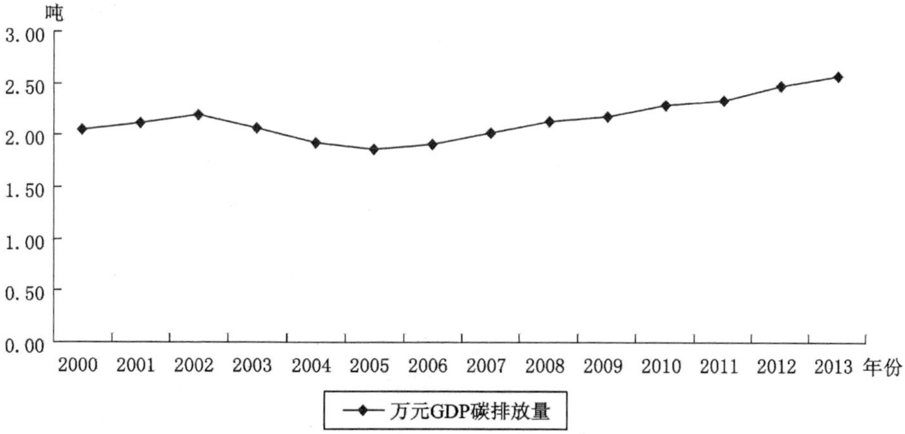

图 3-4　1994～2013 年我国碳排放强度

3.1.3 金融支持低碳经济发展现状

(1) 金融发展现状

随着经济的发展和金融体系的完善，我国金融行业得到较快的发展，由图3-5可知，2002～2013年我国社会融资规模总体呈上升趋势，由2002年的20 112亿元增长到2013年的173 168亿元，社会融资规模包括银行贷款、企业债券及股票融资等，其中2003～2004年及2010～2011年社会融资规模有所下降，2011年以来社会融资规模增长幅度较大。从绝对量来看，2002～2013年我国环境污染治理投资呈逐年增加趋势，主要源于经济发展观念的转变。从其相对值来看，2002年环境污染治理投资占社会融资规模比重为6.80%，2013年其比重为5.22%。其相对值下降，反映环境污染治理投资的增长速度较小，投资力度不够，距离可改善环境质量的水平相差较远。

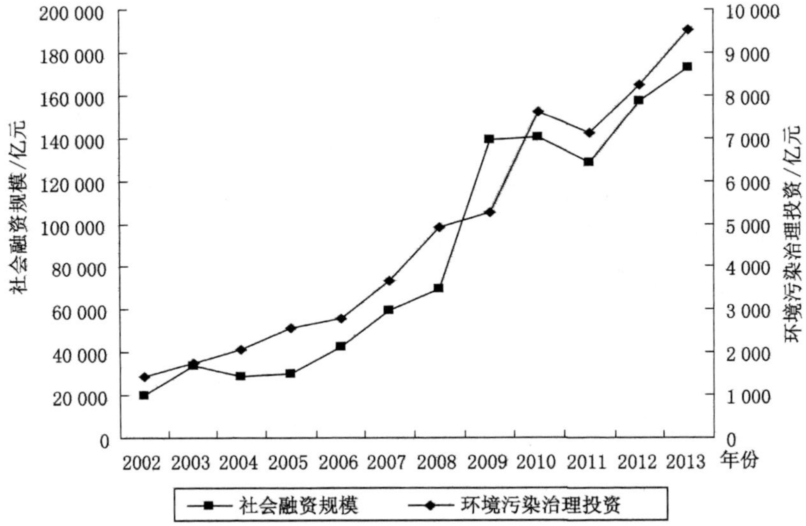

图3-5　2002～2013年我国环境污染治理投资及社会融资规模

由图3-6及图3-7可知，我国社会融资规模中，2002～2013年各项贷款所占比重总体呈下降趋势，由2002年的96.37%下降到2013年的80.06%；非金融企业境内股票融资所占比重变动较小，企业债券所占比重总体呈上升趋势，由2002年的1.82%上升到2013年的10.46%，反映近年来我国融资结构呈现多元化特征，有利于提高金融对资源的配置效率。虽然融资结构呈现多元化趋势，但各项贷款仍占绝大比重，因此贷款对实体经济的发展具有较强的解释力度。

现阶段应积极引导金融机构的贷款投向，增加对低碳环保产业的信贷投放，有效发展金融资源配置作用，促进低碳经济的发展；同时应促进融资结构的多元化，提高资本市场的配置效率，为低碳企业提供融资便利与支持。

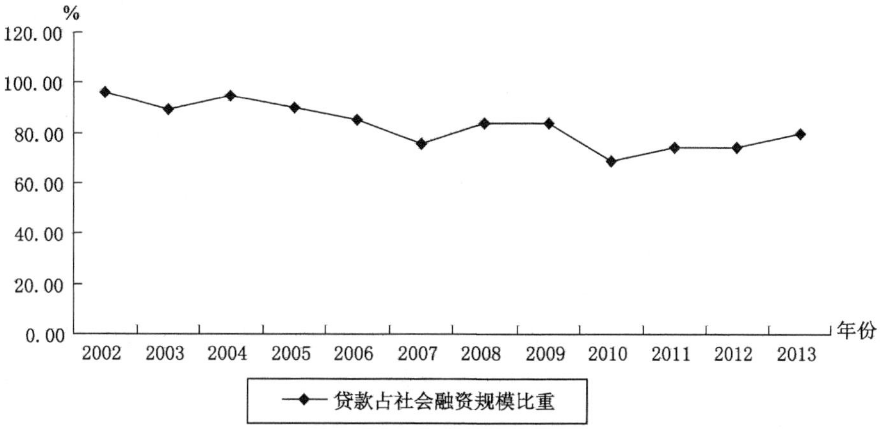

图 3-6　2002～2013 年我国各项贷款占社会融资规模比重

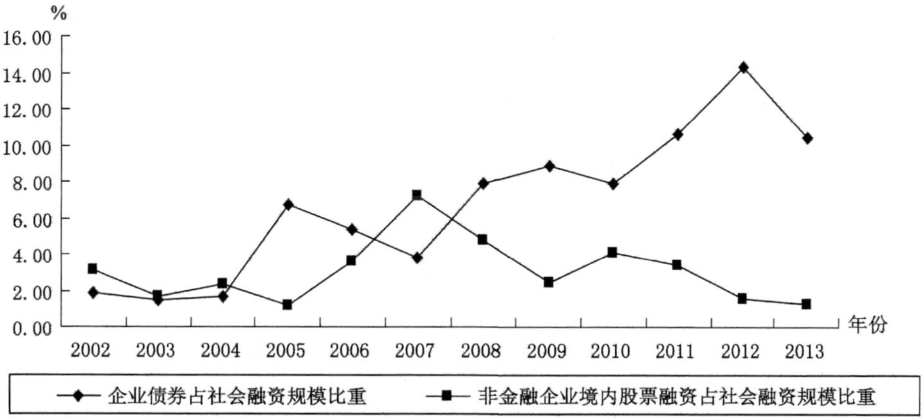

图 3-7　2002～2013 年我国企业债券及非金融企业股票融资比重

（2）我国绿色信贷业务现状

2007 年 7 月，国家环保总局、中国人民银行及中国银监会发布《关于落实环保政策法规防范信贷风险的意见》，该意见标志着绿色信贷在我国正式起步，制定了绿色信贷业务的具体实施要求。随着国家对经济发展转型的重视，绿色信贷业务成为银行履行社会责任、促进低碳经济发展的重要方式，为此银行业积极探索碳金融业务，引导企业行为，一方面减少对高能耗、高排放、高污染企业提供贷款；另一方面加大对低碳环保、节能减排等企业及项目的融资，促进“两高一剩”行业向低碳转型。截至 2014 年末，银行机构绿色信贷总额为 7.59 万亿元，节能环保贷款余额为 1.87 万亿元，同比增长 16.85%，共计支持 15 718 个节能环保项目。其中，21 家主要银行机构绿色信贷总额达 6.01 万亿元，占其各项贷款的 9.33%。通过对环保、节能减排项目的支持，其预计每年可节约 1.67 亿吨标准煤、9.34 亿吨水，并产生 4 亿吨碳减排量。同时，银行业逐步减少对“两高一剩”行业贷款额，截至 2014 年末“两高一剩”行业贷款额为 2.3 万亿元。

(3) 我国碳排放权交易市场现状

我国碳交易市场的发展最先以项目为基础的交易为主。我国经济发展对能源需求不断增加，而能源消费结构以煤炭为主，能源利用率较低，在清洁发展机制(CDM)项目上具有较大的发展潜力，与发达国家相比具有较低的减排成本。因此通过引进外资，一方面可降低发达国家的减排成本；另一方面可促进我国低碳技术的研发，提高能源利用率，减少碳排放。

由于较低的减排成本、良好的投资环境以及政府的支持，我国 CDM 项目发展较为迅速。据中国清洁发展机制网 CDM 项目数据统计，截至 2015 年 5 月 5 日，国家发改委批准的 CDM 项目有 5 073 项，其中新能源和可再生能源项目占 73.59%，节能和提高能效项目占 12.46%，甲烷回收利用项目占 9.38%，可见我国 CDM 项目以新能源和可再生能源为主，已签发的减排量为 781 625 642 吨。

随着项目交易市场的发展，我国对配额交易市场也进行了积极的尝试。2011 年，我国批准在北京、天津、上海、湖北、重庆、广东、深圳 7 个省市开展碳排放权交易试点工作。2013 年 7 省市的碳交易市场陆续开启，各省交易系统运转稳定，交易规模逐渐扩大。自 2015 年 6 月以来，北京市碳排放配额成交量为 1 377 257 吨，成交额 73 302 225.89 元，其中线上成交量 639 204 吨，成交额 28 633 703.3 元，协议转让成交量为 735 750 吨，成交额44 668 522.59元。

3.2 高耗能行业金融发展现状

金融发展能够为技术进步与实体经济发展提供资金来源。较多学者从不同角度研究了金融发展对碳排放的影响，目前有较多金融发展水平的衡量指标，本研究主要从贷款规模、外商投资以及股票市值进行分析。由于金融机构为各行业科技活动提供的贷款数据仅到 2008 年，受数据来源限制，银行贷款规模与利用外资仅从固定资产投资角度进行分析。首先分析贷款规模，从表 3-1 来看，电力热力的生产和供应业贷款规模明显高于其他高耗能行业，且总体呈现上升趋势，从2004年的2 222.4亿元增长到2016年的4 913.91亿元；化学原料及化学制品制造业、非金属矿物制品业贷款规模也较高，2004～2014年贷款规模逐年增加，2015年以来有所下降；而石油加工、炼焦及核燃料加工业、黑色金融冶炼及压延加工业、有色金融冶炼及压延加工业贷款规模较少，其中石油加工、炼焦及核燃料加工业贷款规模最少且2011年以来呈现下降趋势；有色金融冶炼及压延加工业贷款规模自2013年以来有所下降。从贷款规模来看，近年来多数高耗能行业银行融资额有所减少。从银行贷款年均增长率来看，非金属矿物制品业贷款规模年均增长率为15.78%；有色金融冶炼及压延加工业为13.84%；石油加工、炼焦及核燃料加工业为12.73%；化学原料及化学制品制造业为11.84%；电力热力的生产和供应业为6.84%；黑色金融冶炼及压延加工业为5.72%。

表3-1　　2004～2016年固定资产投资中银行贷款　　单位：亿元

年份	石油加工、炼焦及核燃料加工业	化学原料及化学制品制造业	非金属矿物制品业	黑色金融冶炼及压延加工业	有色金融冶炼及压延加工业	电力热力的生产和供应业
2004年	89.3	368.9	164.4	224.2	95.4	2 222.4
2005年	151.1	402.8	169.2	336.3	120.6	2 966.7
2006年	157.6	411.8	184.3	347.3	131.2	3 386.7
2007年	208.4	563.1	227.7	397.3	185.2	3 463.4
2008年	317.7	710	321.1	374.6	277.5	3 874.2
2009年	352.9	988.4	625.6	353.1	313.9	4 298.5
2010年	379.3	1089.9	713.8	459.3	402.6	4 499.6
2011年	439.2	1 226.2	836.9	496.6	450.5	4 418.3
2012年	419.6	1 497.1	860.6	568	708.5	4 295.3
2013年	401.9	1 563.7	1 119.8	488.5	688.9	4 360.6
2014年	380.5	1 846.3	1 299.1	403.8	654.2	4 788.8
2015年	217.8	1 390.5	1 181.8	463.9	513.9	4 767.4
2016年	375.96	1 412.68	953.71	437.02	452.1	4 913.91

从利用外资情况来看，高耗能行业通过外商融资规模远低于银行贷款融资。化学原料及化学制品制造业利用外资融资额最高，石油加工、炼焦及核燃料加工业、黑色金融冶炼及压延加工业、有色金融冶炼及压延加工业、电力热力的生产和供应业利用外资规模差异较小，且2012年以来各高耗能行业利用外资规模总体呈现下降趋势。（图3-8）

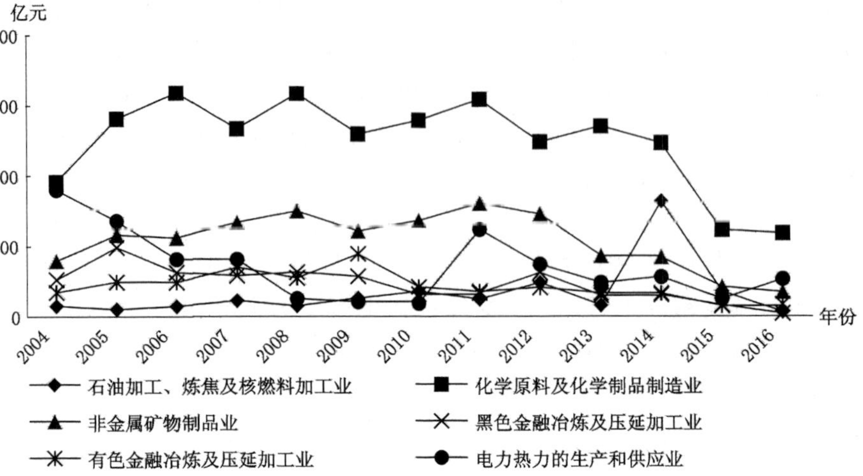

图 3-8 2004～2016 年固定资产投资中利用外资情况

从年末股票总市值来看，各高耗能行业年末股票总市值总体呈现波动上升趋势，其中 2006 年与 2007 年上升幅度较大，主要原因为 2005 年以来我国股市规模发展迅速。从各行业股票市值来看，化学原料及化学制品制造业、电力热力的生产和供应业股票市值规模较大，非金属矿物制品业、黑色金融冶炼及压延加工业、有色金融冶炼及压延加工业股票市值规模差异性较小，而石油加工炼焦及核燃料加工业股票市值规模最小。（图 3-9）

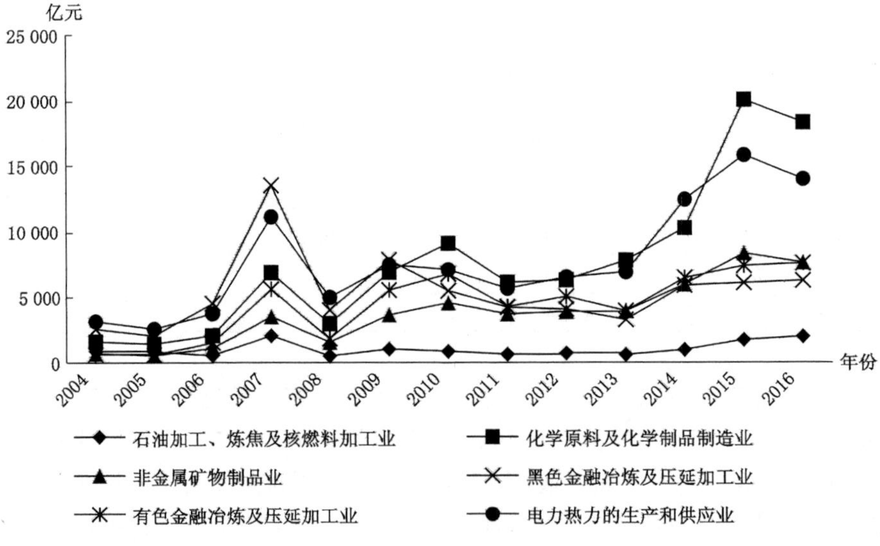

图 3-9 2004～2016 年高耗能行业股票市值

从金融发展来看,高耗能行业贷款规模与股票市值规模较大,而利用外资规模较小,且利用外资规模近年来呈下降趋势。从各行业来看,化学原料及化学制品制造业、电力热力的生产和供应业贷款规模与股票市值规模均较大,表明其行业发展获得的金融市场融资较多;而石油加工、炼焦及核燃料加工业贷款规模与股票市值规模均最小,相比其他高耗能行业,该行业发展获得的金融市场融资较少。

3.3 高耗能行业技术进步现状

技术进步是推动碳减排的重要因素。技术进步通过促进低碳技术的研发与应用、清洁能源的开发与利用等能够提高能源利用率、改善能源消费结构从而促进二氧化碳排放量的减少。下面主要从 R&D 人员数、R&D 经费支出和专利申请数等方面分析高耗能行业技术进步状况。(表 3-2)

表 3-2　　2004～2016 年高耗能行业技术进步状况

	年份	石油加工、炼焦及核燃料加工业	化学原料及化学制品制造业	非金属矿物制品业	黑色金融冶炼及压延加工业	有色金融冶炼及压延加工业	电力热力的生产和供应业	总计
R&D人员全时当量/人	2011 年	13 638	132 036	53 107	81 788	44 746	21 344	346 659
	2012 年	15 550	150 192	59 216	100 753	55 169	25 339	406 219
	2013 年	13 993	170 087	73 646	107 190	57 560	26 873	449 349
	2014 年	16 554	182 051	80 459	114 220	59 276	21 236	473 796
	2015 年	15 859	183 489	79 031	95 674	61 883	20 683	456 619
	2016 年	14 196	178 870	84 337	91 291	65 324	22 366	456 384
R&D经费支出/亿元	2011 年	62.54	469.92	139.72	512.65	190.19	42.81	1 417.84
	2012 年	81.64	553.60	163.57	627.85	271.15	46.79	1 744.59
	2013 年	89.32	660.37	215.03	633.04	301.11	58.45	1 957.32
	2014 年	106.57	746.54	246.46	642.05	330.55	61.90	2 134.07
	2015 年	100.84	794.46	277.62	561.23	371.55	81.43	2 187.12
	2016 年	119.63	840.75	323.08	537.71	406.82	81.57	2 309.56

续表 3-2

	年份	石油加工、炼焦及核燃料加工业	化学原料及化学制品制造业	非金属矿物制品业	黑色金融冶炼及压延加工业	有色金融冶炼及压延加工业	电力热力的生产和供应业	总计
专利申请数/项	2011 年	1 055	18 436	9 136	8 381	6 519	6 716	50 243
	2012 年	1 441	23 143	11 711	12 112	8 026	13 515	69 948
	2013 年	1 600	27 165	15 369	13 874	9 022	17 537	84 567
	2014 年	2 078	30 482	16 627	15 419	9 820	20 068	94 494
	2015 年	1 912	28 778	16 243	14 085	10 146	20 735	91 899
	2016 年	1 805	34 739	18 777	13 262	11 173	20 065	99 821

从 R&D 人员全时当量来看，2011～2014 年高耗能行业 R&D 人员总体量逐年增加，2015 年与 2016 年有所减少。从分行业来看，各行业 R&D 人员数量差距较大，其中化学原料及化学制品制造业 R&D 人员数量最多，且 2011～2015 年 R&D 人员数量不断增加；其次黑色金融冶炼及压延加工业、非金属矿物制品业 R&D 人员数量较多；有色金融冶炼及压延加工业 R&D 人员数量少于前三个行业，但其人员数量逐渐增加；而电力热力的生产和供应业、石油加工、炼焦及核燃料加工业 R&D 人员数量最少。

从 R&D 经费支出来看，2011～2016 年高耗能行业 R&D 经费总体支出呈上升趋势，反映随着国家对低碳技术研发与创新的重视，近年来高耗能行业 R&D 经费支出不断增加，但各行业 R&D 经费支出差距较大。其中化学原料及化学制品制造业 R&D 经费支出最高，而石油加工、炼焦及核燃料加工业与电力热力的生产和供应业 R&D 经费支出较少。

从专利申请数来看，2011～2016 年高耗能业专利申请总体数量呈上升趋势，由 2011 年的 50 243 项增长到 2016 年的 99 821 项。从分行业来看，各行业专利申请数量差距较大，其中化学原料及化学制品制造业专利数量最多，由 2011 年的 18 436 项增长到 2016 年的 34 739 项；电力热力的生产和供应业与非金属矿物制品业专利申请量较多且逐年增加；而石油加工、炼焦及核燃料加工业专利申请量最少且 2015 年以来有所减少。

总体来看，高耗能行业总体 R&D 经费支出与专利申请量逐年增加，反映其技术发展水平不断提高。从分行业来看，化学原料及化学制品制造业 R&D 人员数量、R&D 经费支出与专利申请量均最高，反映其技术发展水平较高；而石油加工、炼焦及核燃料加工业 R&D 人员数量、R&D 经费支出与专利申请量均较低，反映该行业技术发展水平较低。

3.4　高耗能行业碳减排现状与影响因素

3.4.1　碳减排情况

准确地测算各高耗能行业二氧化碳排放量是本研究实证研究的关键。由于化石燃料在我国能源消费结构中所占比重较大，而清洁能源在能源消费结构中所占比重较小，故本研究在测算各高耗能行业二氧化碳排放量时以 9 种主要的化石燃料（原煤、焦炭、原油、汽油、煤油、柴油、燃料油、液化石油气、天然气）的终端消费量为依据。各能源终端消费量数据来源于 2005～2017 年的《中国能源统计年鉴》，参考联合国政府间气候变化专门委员会（IPCC）提供的方法估算二氧化碳排放量：

$$CE = \sum_{i=1}^{n} CE_i = \sum_{i=1}^{n} E_i \times NCV_i \times CEF_i \times COF_i \times \frac{44}{12} \tag{3-1}$$

CE 为各种能源的二氧化碳排放量；i 表示能源消费种类；E 表示各能源终端消费量；NCV 为能源平均低位发热量；CEF 为碳排放系数；COF 为碳氧化率；$NCV_i \times CEF_i \times COF_i \times \frac{44}{12}$ 为二氧化碳排放系数，各能源的二氧化碳排放系数见表 3-3。

表 3-3　　各能源二氧化碳排放系数

能源	平均低位发热量	碳排放系数	碳氧化率	二氧化碳排放系数
原煤	20 908	26.37	0.94	1.900 3
焦炭	29 435	29.5	0.93	2.860 4
原油	41 816	20.1	0.98	3.020 2
燃料油	41 816	21.1	0.98	3.170 5
汽油	43 070	18.9	0.98	2.925 1
煤油	43 070	19.5	0.98	3.017 9
柴油	42 652	20.2	0.98	3.095 9
液化石油气	50 179	17.2	0.98	3.101 3
天然气	38 931	15.3	0.99	2.162 2

注：平均低位发热量来源于《中国能源统计年鉴》；碳排放系数及碳氧化率来源于《省级温室气体清单编制指南（试行）》。原煤、焦炭的平均低位发热量的单位是 kJ/kg，其余表中能源的平均低位发热量单位是 kJ/m^3；表中所有能源的碳排放系数的单位是吨碳/TJ；原煤、焦炭的二氧化碳排放系数的单位是 kg-CO_2/kg，其余表中能源的二氧化碳排放系数的单位是 kg-CO_2/m^3。

表3-4和图3-10、图3-11为2004～2016年六大高耗能行业二氧化碳排放量情况，各行业二氧化碳排放量差距较大。从二氧化碳排放总量来看，化学原料及化学制品制造业、非金属矿物制品业、黑色金属冶炼及压延加工业二氧化碳排放量较高，其中黑色金属冶炼及压延加工业二氧化碳排放量最高；石油加工、炼焦及核燃料加工业、有色金属冶炼及压延加工业、电力、热力的生产和供应业的二氧化碳排放量较少，其中电力热力的生产和供应业二氧化碳排放量最少。

表3-4　高耗能行业二氧化碳排放量　单位：万吨

年份	石油加工、炼焦及核燃料加工业	化学原料及化学制品制造业	非金属矿物制品业	黑色金属冶炼及压延加工业	有色金属冶炼及压延加工业	电力热力的生产和供应业
2004年	5 838.114	28 636.46	35 680.81	52 856.83	3 687.498	3 397.7
2005年	5 274.768	33 240.23	40 362.39	71 244.97	4 306.079	4 064.686
2006年	5 772.101	36 817.09	42 448.5	79 007.14	5 387.154	3 336.19
2007年	6 574.387	39 962.92	46 491.7	86 806.43	6 022.723	3 589.029
2008年	6 207.855	39 969.36	48 410.91	91 926.69	6 276.757	4 381.841
2009年	6 557.802	40 771.13	49 973.89	105 780.6	6 593.519	4 517.214
2010年	5 920.686	40 683.4	50 474.12	113 546.8	6 245.673	5 374.103
2011年	6 128.437	45 521.27	56 305.64	121 650.3	6 521.663	5 209.125
2012年	6 186.514	46 197.67	53 517.7	130 263.5	6 151.239	4 855.905
2013年	5 982.399	48 393.79	54 170.39	134 198.2	6 185.773	3 895.745
2014年	6 157.227	48 971.53	54 141.12	135 214.9	6 199.239	2 347.978
2015年	6 641.219	53 074.07	49 786.12	126 227.9	5 908.224	2 051.408
2016年	5 058.18	47 785.43	39 989.67	129 243.5	5 704.054	1 899.598

从二氧化碳排放量年度变化来看，2004～2016年石油加工、炼焦及核燃料加工业二氧化碳排放波动幅度较小；化学原料及化学制品制造业二氧化碳排放量总体呈上升趋势，2016年有所下降；2004～2011年非金属矿物制品业和2004～2010年电力热力的生产和供应业二氧化碳排放量逐渐上升，之后其二氧化碳排放呈逐年下降趋势，近年来这两个行业碳减排取得成效，其中电力热力的生产和供应业二氧化碳排放下降幅度较大，减排效果更明显；黑色金属冶炼及压延加工业二氧化碳排放量最高，且呈现总体上升趋势，反映该行业能源消费量大，工业生产能耗较高，碳减排未取得显著成效；2004～2009年有色金属冶炼及压延加工业二氧化碳排放逐年上升，且增速较快，2010年以来增速缓慢且二氧

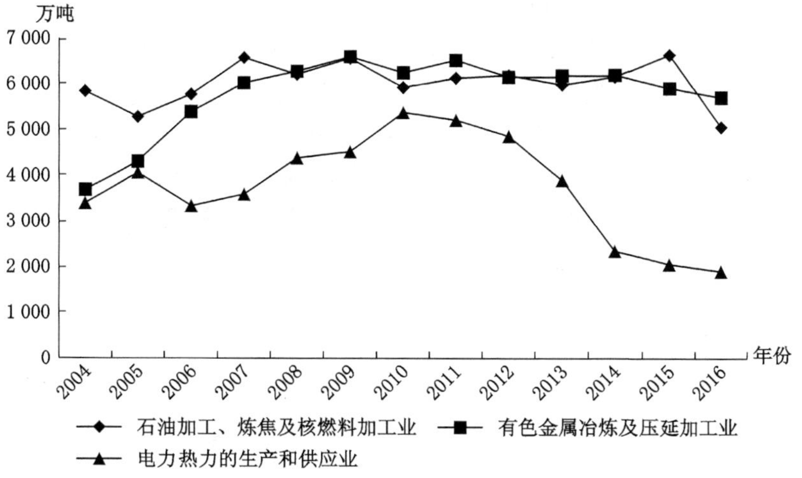

图 3-10 高耗能行业二氧化碳排放量(1)

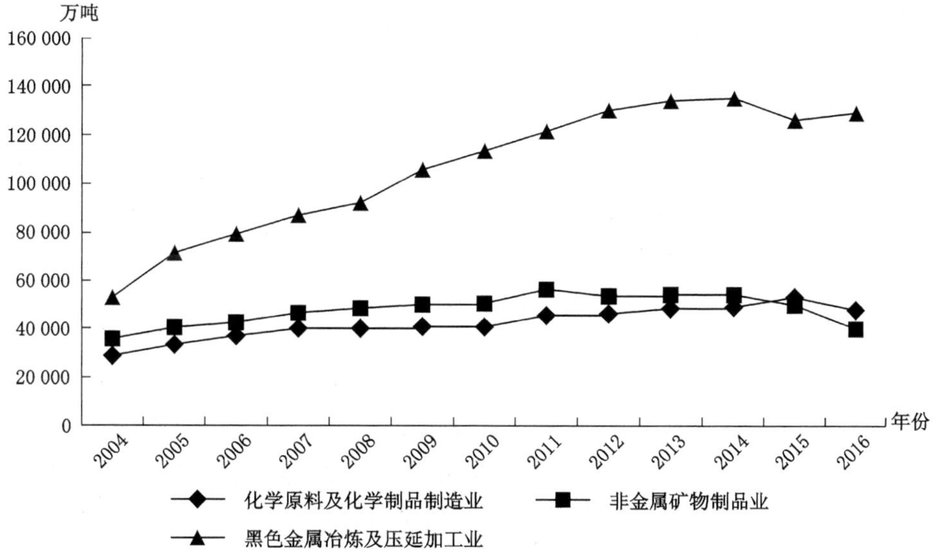

图 3-11 高耗能分行业二氧化碳排放量(2)

化碳排放呈现下降趋势。

综上所述,高耗能行业间二氧化碳排放量差距较大,黑色金属冶炼及压延加工业二氧化碳排放量最高,且呈现总体上升趋势,其面临较大的减排压力。从碳减排情况来看,近年来电力热力的生产和供应业二氧化碳排放量较少,且近年来呈下降趋势，反映其减排效果较为明显。

图 3-12 和图 3-13 为 2004～2016 年六大高耗能行业碳排放强度情况，从图中来看，各行业碳排放强度差距较大。化学原料及化学制品制造业、非金属矿物制品业、黑色金属冶炼及压延加工业的碳排放强度较高，其中黑色金属冶炼及压延加工业的碳排放强度最高；而石油加工、炼焦及核燃料加工业，有色金属冶炼及压延加工业、电力热力的生产和供应业的碳排放强度较低，其中电力热力的生产和供应业碳排放强度最低。

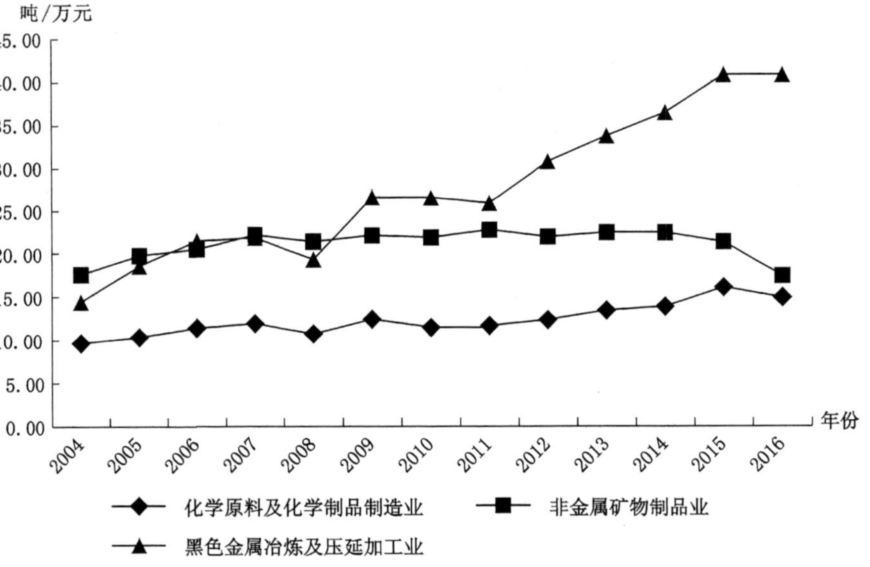

图 3-12　高耗能分行业碳排放强度(1)

从碳排放强度变化情况来看，2004～2016 年黑色金属冶炼及压延加工业、化学原料及化学制品制造业、有色金属冶炼及压延加工业碳排放强度总体呈上升趋势，且 2012 年以来黑色金属冶炼及压延加工业碳排放强度增长幅度较大。2004～2016 年间非金属矿物制品业碳排放强度变化幅度较小，石油加工、炼焦及核燃料加工业碳排放强度整体为下降趋势，2014 年以来有所增加。2011 年以来电力热力的生产和供应业碳排放强度不断下降，反映其工业碳减排发展趋势不断增强。

综上所述，高耗能行业间碳排放强度差距较大，从碳减排情况来看，近年来电力热力的生产和供应业碳排放强度呈下降趋势，反映该行业减排效果较为明显；而黑色金属冶炼及压延加工业碳排放强度最高，近年来其碳排放强度增长幅度较大，面临较大的减排压力。

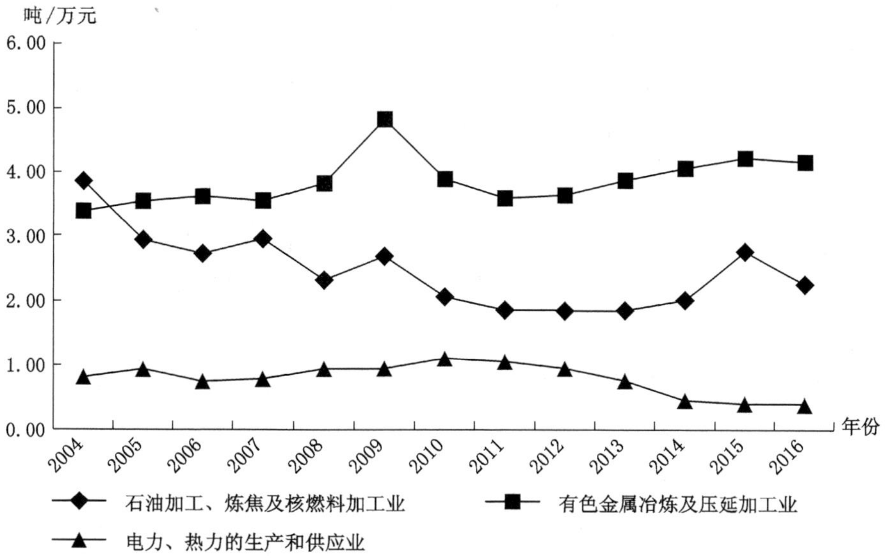

图 3-13 高耗能分行业碳排放强度(2)

对二氧化碳排放量的比较分析,能够从绝对量上分析高耗能行业二氧化碳排放是否减少,对碳排放强度的比较分析,能够从相对量角度分析每单位工业增加值所对应的碳排放是否减少。通过高耗能行业二氧化碳排放量与碳排放强度的分析,能够从不同角度了解其碳减排状况,但无法测算其工业发展过程中经济增长与碳排放的关系是否弱化。

3.4.2 碳排放脱钩

高耗能行业发展的目标并非仅实现二氧化碳排放量的减少。由于工业规模的缩减、工业增加值减少也可能使得二氧化碳排放减少,因此在经济增长的同时实现碳减排为高耗能行业发展的最优状况。为分析高耗能行业发展状况,衡量其经济发展与碳排放之间的关系,本研究运用脱钩模型进行分析。根据环境库兹涅茨曲线假说,通常经济增长需要更多的资源消耗,会产生更大的环境压力,但当采取有效政策并运用新技术时,将有可能以较少的资源消耗和较低的环境压力带来更有效的经济增长,该过程被称为"脱钩"。碳排放脱钩用于测算工业发展过程中经济增长与二氧化碳排放量之间的关系,当实现经济增长,且二氧化碳排放量增速为负或者小于经济增速时,经济增长与二氧化碳排放实现脱钩。长期以来我国高耗能行业能源消费具有高碳特征,工业能耗强度较高,工业经济增长与二氧化碳排放之间容易存在挂钩现象。而工业经济增长与碳排放之间脱钩能够为高耗能行业经济增长赢得更大的空间。

本研究运用 Tapio(2005)提出的脱钩指标，分析我国六大高耗能行业经济增长与碳排放之间的脱钩关系，脱钩弹性指数公式如下：

$$T=\frac{\Delta CE/CE}{\Delta GDP/GDP} \tag{3-2}$$

公式(3-2)中，T 为脱钩弹性指数，CE 为二氧化碳排放量，GDP 为高耗能行业工业增加值，$\Delta CE/CE$、$\Delta GDP/GDP$ 分别为碳排放增长率和工业增加值增长率。

Tapio 脱钩模型将脱钩情况分为三大类脱钩指标八小类脱钩状态，如表 3-5 所示。

表 3-5　　Tapio 脱钩指标体系

状态		$\Delta CE/CE$	$\Delta GDP/GDP$	弹性 e	碳排放与经济增长的脱钩状态特征
负脱钩	扩张负脱钩	>0	>0	>1.2	经济增长，二氧化碳排放增加，二氧化碳排放增加速度大于经济增长率
	强负脱钩	>0	<0	<0	经济增长率为负，二氧化碳排放增加
	弱负脱钩	<0	<0	$0<e<0.8$	经济增长率为负，二氧化碳排放量减少，二氧化碳排放下降率小于经济衰退的速度
脱钩	弱脱钩	>0	>0	$0<e<0.8$	经济增长，二氧化碳排放增加，二氧化碳排放增加的速度小于经济增长的速度
	强脱钩	<0	>0	<0	经济增长的同时二氧化碳排放量减少
	衰退脱钩	<0	<0	>1.2	经济负增长，二氧化碳排放量减少，二氧化碳排放下降速度大于经济衰退速度
连结	增长连结	>0	>0	$0.8<e<1.2$	经济增长的同时二氧化碳排放增加，二氧化碳排放增长速度接近于经济增长速度
	衰退连结	<0	<0	$0.8<e<1.2$	经济负增长，二氧化碳排放量减少，二氧化碳排放下降速度接近于经济衰退幅度

利用 Tapio 脱钩模型，根据高耗能工业行业 2005～2016 年工业增加值(上一年为基期)和二氧化碳排放量，计算出高耗能行业工业发展与二氧化碳脱钩弹性，并对脱钩状态进行分类，结果见表 3-6～表 3-11。

表 3-6　　石油加工、炼焦及核燃料加工业碳排放脱钩情况

年份	ΔCE/吨	ΔCE/CE/%	ΔGDP/万元	ΔGDP/GDP/%	碳排放脱钩弹性	碳排放脱钩状态
2005 年	−563.35	−9.65	279.01	18.40	−0.52	强脱钩
2006 年	497.33	9.43	542.98	30.24	0.31	弱脱钩
2007 年	802.29	13.90	91.61	3.92	3.55	扩张负脱钩
2008 年	−366.53	−5.58	1 295.73	53.32	−0.10	强脱钩
2009 年	349.95	5.64	−181.75	−4.88	−1.16	强负脱钩
2010 年	−637.12	−9.72	847.91	23.93	−0.41	强脱钩
2011 年	207.75	3.51	1 138.81	25.93	0.14	弱脱钩
2012 年	58.08	0.95	352.59	6.38	0.15	弱脱钩
2013 年	−204.11	−3.30	207.24	3.52	−0.94	强脱钩
2014 年	174.83	2.92	−28.01	−0.46	−6.35	强负脱钩
2015 年	483.99	7.86	−1 046.44	−17.26	−0.46	强负脱钩
2016 年	−1 583.04	−23.84	10.25	0.20	−116.68	强脱钩

从表 3-6 中可以看出 2005～2016 年石油加工、炼焦及核燃料加工业碳排放与经济增长脱钩情况，除 2007 年为扩张负脱钩以及 2009 年、2014 年、2015 年为强负脱钩外，其余年份均处于脱钩状态，只是程度上有所不同。大多数年份二氧化碳排放增长速度低于工业增加值增长速度，说明在工业发展的同时，其碳排放也得到了不同程度的抑制。该行业经济增长与碳减排呈现协调发展趋势。

表 3-7　　化学原料及化学制品制造业碳排放脱钩情况

年份	ΔCE/吨	ΔCE/CE/(%)	ΔGDP/万元	ΔGDP/GDP/(%)	碳排放脱钩弹性	碳排放脱钩状态
2005 年	4 603.77	16.08	252.05	8.50	1.89	扩张负脱钩
2006 年	3 576.87	10.76	1 192.20	37.06	0.29	弱脱钩
2007 年	3 145.82	8.54	1 194.46	27.09	0.32	弱脱钩
2008 年	6.44	0.02	2 558.60	45.66	0.00	弱脱钩
2009 年	801.77	2.01	−252.22	−3.09	−0.65	强负脱钩
2010 年	−87.73	−0.22	1 880.13	23.77	−0.01	强脱钩
2011 年	4 837.87	11.89	2 625.70	26.82	0.44	弱脱钩
2012 年	676.40	1.49	1 267.44	10.21	0.15	弱脱钩
2013 年	2 196.12	4.75	1 180.40	8.63	0.55	弱脱钩
2014 年	577.75	1.19	1 538.12	10.35	0.12	弱脱钩
2015 年	4 102.53	8.38	477.28	2.91	2.88	扩张负脱钩
2016 年	−5 288.64	−9.96	1 086.02	6.43	−1.55	强脱钩

从表 3-7 中可以看出 2005～2016 年化学原料及化学制品制造业碳排放与经济增长脱钩情况，除 2005 年、2009 年及 2015 年外，其余年份均处于脱钩状态，且大多数年份表现为弱脱钩。该行业在大多数年份中碳排放增长速度低于工业增加值增长速度，经济增长与碳排放实现弱脱钩，但整体脱钩情况较低，工业增加值与碳排放都呈现出增长的趋势，工业发展的同时仍未实现碳排放总量的有效减少。

表 3-8　　非金属矿物制品业碳排放脱钩情况

年份	ΔCE/吨	$\Delta CE/CE$/%	ΔGDP/万元	$\Delta GDP/GDP$/%	碳排放脱钩弹性	碳排放脱钩状态
2005 年	4 681.58	13.12	12.15	0.60	21.87	扩张负脱钩
2006 年	2 086.12	5.17	812.66	39.89	0.13	弱脱钩
2007 年	4 043.20	9.52	853.69	29.95	0.32	弱脱钩
2008 年	1 919.21	4.13	1 528.55	41.27	0.10	弱脱钩
2009 年	1 562.99	3.23	878.14	16.78	0.19	弱脱钩
2010 年	500.23	1.00	1 045.41	17.11	0.06	弱脱钩
2011 年	5 831.53	11.55	2 072.44	28.96	0.40	弱脱钩
2012 年	−2 787.95	−4.95	1 390.35	15.07	−0.33	强脱钩
2013 年	652.69	1.22	945.06	8.90	0.14	弱脱钩
2014 年	−29.27	−0.05	1 052.29	9.10	−0.01	强脱钩
2015 年	−4 355.00	−8.04	690.66	5.47	−1.47	强脱钩
2016 年	−9 796.45	−19.68	652.36	4.90	−4.01	强脱钩

从表 3-8 中可以看出 2005～2016 年非金属矿物制品业碳排放与经济增长脱钩情况，除 2005 年外，2006～2016 年均为脱钩状态，只是程度上有所不同，2006～2011 年为弱脱钩；2012 年以来强脱钩状态逐渐明显，脱钩情况呈现加强趋势。发展状况由二氧化碳排放增长率低于工业增加值增长率转变为工业增加值增长的同时二氧化碳排放量减少，反映了近年来该行业经济增长与二氧化碳排放关系逐渐弱化，在经济增长的同时二氧化碳排放量得到了有效抑制，且抑制程度逐渐加强，工业发展可持续性增长增强。该行业经济增长与碳减排间呈现协调发展趋势。

表 3-9　　黑色金属冶炼及压延加工业碳排放脱钩情况

年份	ΔCE/吨	ΔCE/CE/(%)	ΔGDP/万元	ΔGDP/GDP/(%)	碳排放脱钩弹性	碳排放脱钩状态
2005 年	18 388.14	34.79	171.93	4.70	7.40	扩张负脱钩
2006 年	7 762.17	10.90	1 715.81	44.80	0.24	弱脱钩
2007 年	7 799.29	9.87	2 011.98	36.28	0.27	弱脱钩
2008 年	5 120.26	5.90	3 223.75	42.65	0.14	弱脱钩
2009 年	13 853.91	15.07	−994.08	−9.22	−1.63	强负脱钩
2010 年	7 766.19	7.34	1 764.93	18.03	0.41	弱脱钩
2011 年	8 103.49	7.14	2 603.54	22.54	0.32	弱脱钩
2012 年	8 613.26	7.08	−187.03	−1.32	−5.36	强负脱钩
2013 年	3 934.68	3.02	763.82	5.47	0.55	弱脱钩
2014 年	1 016.65	0.76	71.32	0.48	1.56	扩张负脱钩
2015 年	−8 986.97	−6.65	−1 707.71	−11.54	0.58	弱负脱钩
2016 年	3 015.61	2.39	1 052.29	8.04	0.30	弱脱钩

从表 3-9 中可以看到 2005～2016 年黑色金属冶炼及压延加工业碳排放与经济增长脱钩情况，其脱钩情况没有呈现明显规律。2011 年以前总体呈现弱脱钩状态，而 2012 年以来其脱钩规律不明显，负脱钩趋势加强，除 2015 年外，2012 以来该行业经济增长的同时二氧化碳排放量不断增加，2015 年虽然二氧化碳排放量有所降低，但降低幅度低于工业增加值降低幅度，因此该年二氧化碳排放的减少很大程度上是由于工业规模的缩小和对能源消费需求量的下降。总体来看，近年来该行业经济增长的同时二氧化碳排放量未得到有效抑制，且从二氧化碳排放总量与碳排放强度来看。该行业二氧化碳排放量与碳排放强度均最高，工业发展面临严重的碳减排压力。

表 3-10　　有色金属冶炼及压延加工业碳排放脱钩情况

年份	ΔCE/吨	ΔCE/CE/(%)	ΔGDP/万元	ΔGDP/GDP/(%)	碳排放脱钩弹性	碳排放脱钩状态
2005 年	618.58	16.78	127.43	11.70	1.43	扩张负脱钩
2006 年	1 081.07	25.11	1 147.27	94.31	0.27	弱脱钩
2007 年	635.57	11.80	1 278.70	54.09	0.22	弱脱钩
2008 年	254.03	4.22	691.80	18.99	0.22	弱脱钩
2009 年	316.76	5.05	−274.87	−6.34	−0.80	强负脱钩
2010 年	−347.85	−5.28	1 311.78	32.31	−0.16	强脱钩

续表 3-10

年份	ΔCE/吨	ΔCE/CE/(%)	ΔGDP/万元	ΔGDP/GDP/(%)	碳排放脱钩弹性	碳排放脱钩状态
2011 年	275.99	4.42	1 499.43	27.92	0.16	弱脱钩
2012 年	−370.42	−5.68	466.22	6.79	−0.84	强脱钩
2013 年	34.53	0.56	429.76	5.86	0.10	弱脱钩
2014 年	13.47	0.22	913.07	11.76	0.02	弱脱钩
2015 年	−291.01	−4.69	266.54	3.07	−1.53	强脱钩
2016 年	−204.17	−3.46	811.79	9.07	−0.38	强脱钩

从表 3-10 中可以看到 2005～2016 年有色金属冶炼及压延加工业碳排放与经济增长脱钩情况可以看到，除 2005 和 2009 年外，其余年份均为脱钩状态，只是程度上有所不同，2006～2008 年该行业经济增长与二氧化碳排放脱钩程度较低，2010 年以来脱钩程度呈现加强趋势。这反映了该行业在经济增长的同时，其碳排放得到了一定程度的抑制，且抑制程度呈现加强趋势。该行业经济增长与碳减排呈现协调发展趋势。

表 3-11　　电力热力的生产和供应业碳排放脱钩情况

年份	ΔCE/吨	ΔCE/CE/(%)	ΔGDP/万元	ΔGDP/GDP/(%)	碳排放脱钩弹性	碳排放脱钩状态
2005 年	666.99	19.63	175.23	4.20	4.67	扩张负脱钩
2006 年	−728.50	−17.92	1 532.61	35.25	−0.51	强脱钩
2007 年	252.84	7.58	1 184.59	20.15	0.38	弱脱钩
2008 年	792.81	22.09	1 932.10	27.35	0.81	增长连结
2009 年	135.37	3.09	1 008.20	11.21	0.28	弱脱钩
2010 年	856.89	18.97	812.39	8.12	2.34	扩张负脱钩
2011 年	−164.98	−3.07	1 382.01	12.78	−0.24	强脱钩
2012 年	−353.22	−6.78	1 703.78	13.97	−0.49	强脱钩
2013 年	−960.16	−19.77	933.31	6.71	−2.95	强脱钩
2014 年	−1 547.77	−39.73	802.70	5.41	−7.34	强脱钩
2015 年	−296.57	−12.63	136.27	0.87	−14.50	强脱钩
2016 年	−151.81	−7.40	−412.60	−2.62	2.83	衰退脱钩

从表 3-11 中可以看出 2005～2016 年电力热力的生产和供应业二氧化碳排放与工业发展脱钩情况可以看到，除 2005 年、2008 年及 2010 年外，其余年份均为脱钩状态；2010 年以前脱钩情况未呈现明显趋势，2011 年以来强脱钩趋势明

显，经济增长与碳排放脱钩程度较高。这反映了近年来该行业在工业发展的同时，其碳排放得到了有效抑制，且抑制程度较高，工业发展的可持续性增长增强。该行业经济增长与二氧化碳排放关系弱化，经济增长与碳减排呈协调发展趋势。

3.4.3 碳减排因素分解

目前较多学者从多方面对碳排放影响因素进行了分析，本章主要对高耗能各行业碳排放量进行因素分解，从能源结构、能源强度、经济结构、经济增长四因素层面分析其对碳排放量的影响。

(1) 方法介绍

LMDI 是基于扩展的 Kaya 恒等式模型，能够很好地解决残差项及“零值”问题。本研究首先选取原料煤、焦炭、原油、汽油、煤油、柴油、燃料油、液化石油气、天然气 9 种能源消费量测算出各行业二氧化碳排放量，进一步采用 LMDI 指数分解法，重点分析能源碳排放、能源利用率、能源消费结构、经济结构及经济总量对各行业二氧化碳排放的影响，采用以下方法进行分析：

$$CE = \sum_{ij} \frac{CE_{ij}}{E_{ij}} \times \frac{E_{ij}}{E_i} \times \frac{E_i}{GDP_i} \times \frac{GDP_i}{GDP} \times GDP \tag{3-3}$$

其中，i 表示高耗能各行业；j 表示能源消费种类；CE 为二氧化碳排放量，CE_{ij} 表示 i 行业第 j 类能源的二氧化碳排放量；E_{ij} 表示 i 行业第 j 类能源的消费量；E_i 表示 i 行业的能源消费量；GDP_i 表示 i 行业的工业增加值；GDP 表示高耗能行业总的工业增加值。

令 $F_{ij}=\frac{CE_{ij}}{E_{ij}}, S_{ij}=\frac{E_{ij}}{E_i}, I_i=\frac{E_i}{GDP_i}, G_i=\frac{GDP_i}{GDP}, Q=GDP$，则有：

$$CE = F_{ij} \times S_{ij} \times I_i \times G_i \times Q \tag{3-4}$$

其中，F_{ij} 表示 i 行业消费的第 j 类能源的碳排放系数；S_{ij} 表示 i 行业中第 j 类能源的消费比重；I_i 表示 i 行业的能耗强度；G_i 表示 i 行业工业增加值所占比重；Q 表示高耗能行业总的工业增加值。

本研究采用“加法分解”对式(3-4)进行分解：

首先，同时对式(3-4)两边时间 t 求导数：

$$\frac{\mathrm{d}CE}{\mathrm{d}t} = \sum_{ij} \frac{\mathrm{d}\,F_{ij}}{\mathrm{d}t} \times S_{ij} \times I_i \times G_i \times Q + \frac{\mathrm{d}\,S_{ij}}{\mathrm{d}t} \times F_{ij} \times I_i \times G_i \times Q + \frac{\mathrm{d}\,I_{ij}}{\mathrm{d}t} \times F_{ij} \times S_{ij} \times G_i \times Q + \frac{\mathrm{d}\,G_{ij}}{\mathrm{d}t} \times F_{ij} \times S_{ij} \times I_i \times Q + \frac{\mathrm{d}Q}{\mathrm{d}t} \times F_{ij} \times S_{ij} \times I_i \times G_i \tag{3-5}$$

两边同时除以 CE 得

$$\frac{1}{CE}\times\frac{\mathrm{d}CE}{\mathrm{d}t}=\sum_{ij}\frac{1}{CE}\Big(\frac{\mathrm{d}\,F_{ij}}{\mathrm{d}t}\times S_{ij}\times I_i\times G_i\times Q+\frac{\mathrm{d}\,S_{ij}}{\mathrm{d}t}\times F_{ij}\times I_i\times G_i\times Q+\frac{\mathrm{d}\,I_{ij}}{\mathrm{d}t}\times F_{ij}\times S_{ij}\times G_i\times Q+\frac{\mathrm{d}\,G_{ij}}{\mathrm{d}t}\times F_{ij}\times S_{ij}\times I_i\times Q+\frac{\mathrm{d}Q}{\mathrm{d}t}\times F_{ij}\times S_{ij}\times I_i\times G_i\Big) \tag{3-6}$$

由式(3-4)得：

$$CE=F_{ij}\times S_{ij}\times I_i\times G_i\times Q \tag{3-7}$$

将式(3-7)代入式(3-6)得：

$$\begin{aligned}\frac{\mathrm{dln}CE}{\mathrm{d}t}&=\sum_{ij}\frac{1}{CE}(\frac{\mathrm{d}F_{ij}}{\mathrm{d}t}\times\frac{CE_i}{F_{ij}}+\frac{\mathrm{d}S_{ij}}{\mathrm{d}t}\times\frac{CE_i}{S_{ij}}+\frac{\mathrm{d}I_{ij}}{\mathrm{d}t}\times\frac{CE_i}{I_{ij}}+\frac{\mathrm{d}G_{ij}}{\mathrm{d}t}\times\frac{CE_i}{G_{ij}}+\frac{\mathrm{d}Q}{\mathrm{d}t}\times\frac{CE_i}{Q})\\&=\sum_{ij}\frac{CE_i}{CE}(\frac{\mathrm{dln}\,F_{ij}}{\mathrm{d}t}+\frac{\mathrm{dln}\,S_{ij}}{\mathrm{d}t}+\frac{\mathrm{dln}\,I_i}{\mathrm{d}t}+\frac{\mathrm{dln}\,G_i}{\mathrm{d}t}+\frac{\mathrm{dln}Q}{\mathrm{d}t})\end{aligned} \tag{3-8}$$

令$w_i=\dfrac{CE_i}{CE}$，那么二氧化碳排放量 CE 在时期 $t\in(0,T)$ 的变化量可以表示为：

$$\begin{aligned}\Delta CE&=CE_T-CE_0\\&=\int_0^T\sum_{ij}w_i\times\frac{\mathrm{dln}\,F_{ij}}{\mathrm{d}t}+\int_0^T\sum_{ij}w_i\times\frac{\mathrm{dln}\,S_{ij}}{\mathrm{d}t}+\int_0^T\sum_{i}w_i\times\frac{\mathrm{dln}\,I_i}{\mathrm{d}t}+\int_0^T\sum_{i}w_i\times\frac{\mathrm{dln}\,G_i}{\mathrm{d}t}+\int_0^T\sum_{i}w_i\times\frac{\mathrm{dln}Q}{\mathrm{d}t}\end{aligned} \tag{3-9}$$

依据 Ang 等研究确定权重，利用对数平均权重函数对式(3-9)中右边的各积分项求解，令：

$$w_i^*=\frac{CE_i^T-CE_i^0}{\ln CE_i^T-\ln CE_i^0} \tag{3-10}$$

将式(3-10)代入式(3-9)得：

$$\Delta CE=\sum_{ij}w^*\times\frac{\ln F_{ij,T}}{\ln F_{ij,0}}+\sum_{ij}w^*\times\frac{\ln S_{ij,T}}{\ln S_{ij,0}}+\sum_{ij}w^*\times\frac{\ln I_{i,T}}{\ln I_{i,0}}+\sum_{ij}w^*\times\frac{\ln G_{i,T}}{\ln G_{i,0}}+\sum_{ij}w^*\times\frac{\ln Q_T}{\ln Q_0} \tag{3-11}$$

将基期到报告期的二氧化碳排放量差值 ΔCE 作为总效应，将其分解为碳排放因子效应 ΔF，能源结构效应 ΔS、能源强度效应 ΔI，经济结构效应 ΔG 和经济增长效应 ΔQ，总效应可表示为：

$$\Delta CE=\Delta F+\Delta S+\Delta I+\Delta G+\Delta Q \tag{3-12}$$

由于各能源碳排放系数在各时期基本不变，所以 $\Delta F=0$，加法分解模式下，各个分解因素的表达式为：

能源结构效应：

$$\Delta S = \sum_{ij} \left(\frac{CE_{ij}^T - CE_{ij}^0}{\ln CE_{ij}^T - \ln CE_{ij}^0} \right) \times \ln \frac{S_{ij}^T}{S_{ij}^0} \tag{3-13}$$

能源强度效应：

$$\Delta I = \sum_{ij} \left(\frac{CE_{ij}^T - CE_{ij}^0}{\ln CE_{ij}^T - \ln CE_{ij}^0} \right) \times \ln \frac{I_i^T}{I_i^0} \tag{3-14}$$

经济结构效应：

$$\Delta G = \sum_{ij} \left(\frac{CE_{ij}^T - CE_{ij}^0}{\ln CE_{ij}^T - \ln CE_{ij}^0} \right) \times \ln \frac{G_i^T}{G_i^0} \tag{3-15}$$

经济增长效应：

$$\Delta Q = \sum_{ij} \left(\frac{CE_{ij}^T - CE_{ij}^0}{\ln CE_{ij}^T - \ln CE_{ij}^0} \right) \times \ln \frac{Q^T}{Q^0} \tag{3-16}$$

(2) 数据来源及说明

选取 6 个高耗能工业行业面板数据作为研究对象，数据时间跨度为 2004～2016 年。分行业的各类能源终端消费量(标准量)来源于 2005～2017 年《中国能源统计年鉴》，分行业工业增加值与国内生产总值来源于国家统计局，为保证数据的可比性，分行业工业增加值及国内生产总值采用以 2004 年为基期的不变价。

(3) 计算结果与分析

基于 LMDI 模型分别对石油加工炼焦及核燃料加工业、化学原料及化学制品制造业、非金属矿物制品业、黑色金属冶炼及压延加工业、有色金属冶炼及压延加工业及电力热力的生产和供应业 6 个高耗能行业 2005～2016 年二氧化碳排放量进行分解分析。

表 3-12　石油加工、炼焦及核燃料加工业二氧化碳排放量因素分解分析　　单位：万吨

年份	ΔS	ΔI	ΔG	ΔQ	ΔCE
2004～2005 年	−12.73	−1 487.83	335.05	592.96	−572.55
2005～2006 年	29.32	−556.16	252.48	660.31	385.96
2006～2007 年	44.17	310.80	−518.73	819.07	655.31
2007～2008 年	35.74	−1 583.59	590.05	586.91	−370.89
2008～2009 年	−95.29	761.78	−1 156.74	571.14	80.89
2009～2010 年	142.48	−1 991.91	389.17	626.95	−833.32

续表 3-12

年份	ΔS	ΔI	ΔG	ΔQ	ΔCE
2010～2011 年	−130.27	11.34	286.21	545.35	712.63
2011～2012 年	−94.50	−836.37	−367.62	465.27	−833.22
2012～2013 年	−123.85	−100.23	−681.20	452.74	−452.54
2013～2014 年	−140.69	726.23	−750.71	426.99	261.83
2014～2015 年	38.41	2 591.48	−1 971.17	425.94	1 084.66
2015～2016 年	−320.11	−620.83	−769.68	372.47	−1 338.16

表 3-12 为石油加工、炼焦及核燃料加工业二氧化碳排放量因素分解分析表。从年度变化来看，各年度的能源结构效应为负值的有 7 个，正值的有 5 个，且为负值时引起的二氧化碳排放量变化较大。从 2011 年以来，能源结构因素与二氧化碳排放之间的负向关系趋势逐渐明显，反映了近年来能源消费结构不断优化，对促进二氧化碳排放量的减少具有积极作用。各年度的能源强度效应在大部分年份中为负值，表明该行业低碳技术水平得到发展，能源利用率的提高能够有效促进碳减排。从 2012 年以来各年度的经济结构效应均为负值，反映近年来经济结构不断优化，高耗能行业进行转型升级，能够有效抑制二氧化碳排放；各年度经济增长效应均为正值，反映经济总量的增长能够促进二氧化碳排放量的增加，但 2010 年以来，经济增长效应对二氧化碳排放的正向作用逐渐减弱。

2005～2016 年石油加工炼焦及核燃料加工业二氧化碳排放量累计减少 1 219.40万吨，其中能源结构效应使得二氧化碳排放减少 627.31 万吨，占碳排放总变动的 51.44％；能源强度效应使得二氧化碳排放减少 2 775.28 万吨，对碳排放起到 227.59％的抑制作用；经济结构效应使得二氧化碳排放减少 4 362.89 万吨，对碳排放起到 357.79％的抑制作用；经济增长效应使得二氧化碳排放增加 6 546.08 万吨，对碳排放起到 536.83％的促进作用。

图 3-14 反映了各因素对该行业二氧化碳排放的累积效应。从图中可看到，能源结构效应、能源强度效应、经济结构效应为二氧化碳排放的主要抑制因素，经济增长效应为二氧化碳排放增长的主要拉动因素。能源强度因素的累积效应一直为负且总体呈现下降趋势；能源结构和经济结构因素的累积效应近年来也均为负值，对二氧化碳排放起到抑制作用。能源强度累积效应绝对值明显大于二氧化碳累积增量，其抑制作用最为显著，经济结构的抑制作用强于能源结构。而经济增长的累积效应均为正值且呈上升趋势，且均高于二氧化碳排放的累积增量，为促进二氧化碳排放增长的主要因素，但其对二氧化碳排放的拉动作用低于能源强度效应、经济结构效应和能源结构效应的抑制作用。

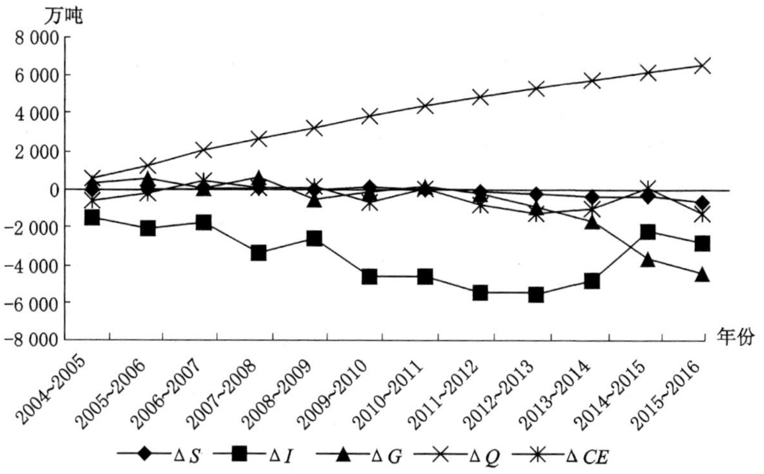

图 3-14　石油加工、炼焦及核燃料加工业二氧化碳排放量因素分解累积效应图

无论是年度变化或是累积变化，总体来看，能源结构、能源强度和经济结构因素对该行业碳排放总体表现为负效应，能够对二氧化碳排放起到抑制作用，且能源强度效应的影响力最强，而经济增长因素对二氧化碳排放表现为正效应，起到较大的拉动作用。

表 3-13　　化学原料及化学制品制造业二氧化碳排放量因素分解分析　　单位：万吨

年份	ΔS	ΔI	ΔG	ΔQ	ΔCE
2004～2005 年	260.92	1 752.30	−812.49	3 329.00	4 529.73
2005～2006 年	119.05	2 435.29	−4 046.78	4 186.36	2 693.92
2006～2007 年	−86.01	791.77	−3 672.74	5 103.16	2 136.18
2007～2008 年	399.97	−4 664.61	559.14	3 681.40	−24.10
2008～2009 年	−120.62	4 147.49	−8 739.83	3 626.07	−1 086.89
2009～2010 年	−62.39	−8 644.51	−981.70	4 114.66	−5 573.95
2010～2011 年	−116.83	1 968.86	103.29	3 914.91	5 870.24
2011～2012 年	−54.18	3 083.80	−5 337.85	3 466.67	1 158.43
2012～2013 年	−394.82	2 741.92	−5 313.96	3 531.78	564.92
2013～2014 年	153.22	4 027.80	−4 405.56	3 423.60	3 199.06
2014～2015 年	831.47	7 043.59	−6 931.54	3 398.92	4 342.45
2015～2016 年	−5 246.19	−6 040.05	−4 697.57	3 269.66	−12 714.16

从表 3-13 中可以看出化学原料及化学制品制造业二氧化碳排放量因素分解年度变化情况，能源结构在大多数年份为负向影响，但影响较小；能源强度效应在大多数年份为正向影响，在多数年份内促进了二氧化碳排放量的增加；经济增长效应均为正向影响，且正向影响较大，经济总量的增长对二氧化碳排放具有拉动作用；而经济结构效应总体呈现负向影响，且负向效应较强，反映该行业经济结构不断优化，能够显著抑制二氧化碳排放。该行业大多数年份二氧化碳排放增量为正值，能源强度和经济增长的正向促进作用大于经济结构和能源结构的抑制作用。

2005～2016 年化学原料及化学制品制造业二氧化碳排放量累计增加 509 583 万吨，其中能源结构效应使得二氧化碳排放减少 4 316.43 万吨，占碳排放总变动的－84.71％；经济结构效应使得二氧化碳排放减少 44 277.60 万吨，对碳排放起到 808.90％的抑制作用；能源强度效应使得二氧化碳排放增加 8 643.66 万吨，占碳排放总变动的 169.62％；经济增长效应使得二氧化碳排放增加 45 046.20 万吨，对碳排放起到 883.98％的促进作用。

图 3-15 反映了各因素对该行业二氧化碳排放的累积效应，从图中可看到，二氧化碳排放累积增量总体呈上升趋势。经济结构因素为二氧化碳排放的主要抑制因素，经济增长为二氧化碳排放增长的主要因素。其中经济结构的累积效应逐年下降且均为负值，其累积效应绝对值明显大于二氧化碳排放累积增量，其负向作用较大，为碳排放的主要抑制因素；经济增长和能源强度因素的累积效应总体为增长趋势且绝大多数为正值，其中经济增长的累积效应最强，均高于二氧化碳排放的累积增量，为促进二氧化碳排放增长的主要因素。

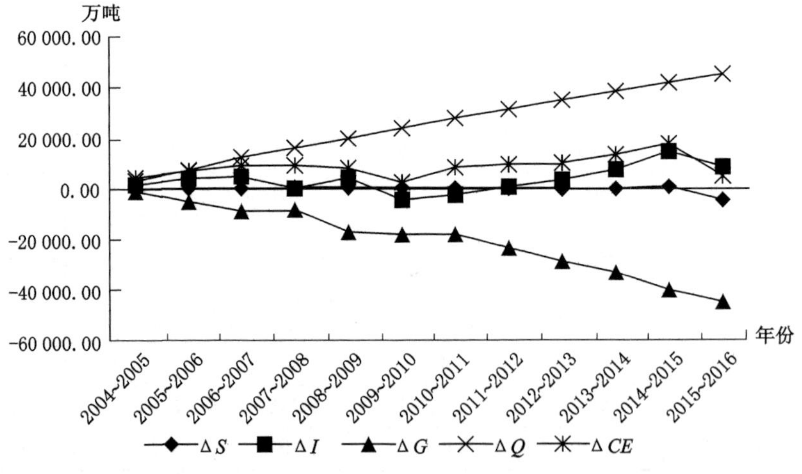

图 3-15　化学原料及化学制品制造业二氧化碳排放量因素分解累积效应图

无论是年度变化或是累积变化，总体来看，能源强度和经济增长因素对该行业二氧化碳排放总体表现为正向效应，对二氧化碳排放具有拉动作用，且经济增长效应的拉动作用较强。而能源结构、经济结构因素对二氧化碳排放表现为负效应，能够抑制二氧化碳排放。能源结构、经济结构的抑制作用小于能源强度和经济增长因素的拉动作用。

表 3-14 为非金属矿物制品业二氧化碳排放量因素分解分析表，从年度变化来看，2005～2016 年能源结构因素对二氧化碳排放量的影响较小；能源强度效应大多数年份为负，能够显著抑制二氧化碳排放量的增加；经济结构效应均为负值，且对二氧化碳排放的影响较大，能够显著促进碳减排；经济增长效应均为正值，且对二氧化碳排放的拉动作用较大。近年来二氧化碳排放年度增量均为负值，反映了能源结构、能源强度和经济结构对二氧化碳排放的抑制作用大于经济增长的拉动作用。

表 3-14　　非金属矿物制品业二氧化碳排放量因素分解分析　　单位：万吨

年份	ΔS	ΔI	ΔG	ΔQ	ΔCE
2004～2005 年	−33.64	4 370.79	−3 869.48	4 096.56	4 564.23
2005～2006 年	72.33	42.68	−4 338.98	4 955.15	731.18
2006～2007 年	−36.27	1 840.48	−5 338.46	5 912.40	2 378.15
2007～2008 年	−239.04	−1 495.69	−764.72	4 370.04	1 870.59
2008～2009 年	147.59	−1 575.79	−4 466.68	4 417.48	−1 477.40
2009～2010 年	125.43	−2 532.33	−4 031.71	5 075.24	−1 363.36
2010～2011 年	239.75	7 141.51	−1 147.88	4 849.33	11 082.72
2011～2012 年	−10.68	−1 722.97	−4 924.66	4 150.85	−2 507.46
2012～2013 年	−45.21	−2 366.04	−4 563.49	4 022.41	−2 952.34
2013～2014 年	−145.24	−2 512.96	−3 814.31	3 814.31	−2 658.20
2014～2015 年	98.49	−1 651.01	−5 314.84	3 464.84	−3 402.52
2015～2016 年	152.14	−7 822.00	−3 581.47	2 906.07	−8 345.26

2005～2016 年非金融矿物制品业二氧化碳排放量累计减少 2 079.65 万吨，其中能源结构效应使得二氧化碳排放增长 325.67 万吨，占碳排放总变动的−15.66%；能源强度效应使得二氧化碳排放减少 8 283.32 万吨，对碳排放起到

398.30%的抑制作用；经济结构效应使得二氧化碳排放减少 46 156.67 万吨，对碳排放起到 2 219.44%的抑制作用；经济增长效应使得二氧化碳排放增加 52 034.67万吨，对碳排放起到 2 502.09%的促进作用。

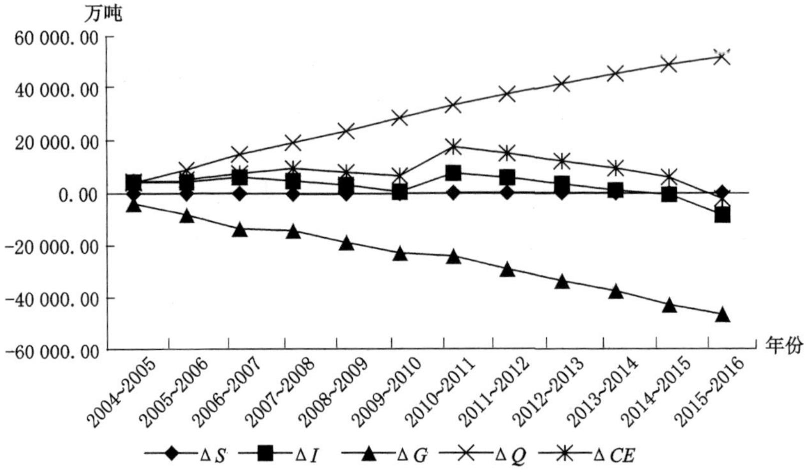

图 3-16　非金属矿物制品业二氧化碳排放量因素分解累积效应图

图 3-16 反映了各因素对该行业二氧化碳排放的累积效应，从图中可看出二氧化碳排放累积增量呈下降趋势，反映近年来该行业减排效果显著。经济结构的累积效应均为负值且呈下降趋势，能够显著促进二氧化碳减排，其累积效应绝对值明显大于二氧化碳排放累积增量，对二氧化碳排放起到较强的抑制作用；2011 年以来能源强度累积效应呈下降趋势，反映近年来能源强度能够促进二氧化碳排放量的减少；而经济增长效应的累积效应均为正值，且均高于二氧化碳排放的累积增量，为促进二氧化碳排放增长的主要因素，但其对二氧化碳排放的拉动作用低于能源强度和经济结构因素的抑制作用。

无论是年度变化或是累积变化，总体来看，能源结构对二氧化碳排放的影响较小，能源强度和经济结构因素对该行业碳排放总体表现为负效应，能够对二氧化碳排放起到抑制作用，且经济结构因素的影响力最强，而经济增长因素对二氧化碳排放表现为正效应，起到较大的拉动作用。但能源结构、能源强度和经济结构因素对二氧化碳排放的抑制作用大于经济增长因素的拉动作用，因此该行业近年来二氧化碳排放量呈现减少趋势。

表 3-15　黑色金属冶炼及压延加工业二氧化碳排放量因素分解分析　单位:万吨

年份	ΔS	ΔI	ΔG	ΔQ	ΔCE
2004～2005 年	647.41	14 884.83	−3 814.39	6 640.49	18 358.34
2005～2006 年	−5.71	10 117.39	−12 049.79	8 986.05	7 047.93
2006～2007 年	181.11	1 239.02	−4 723.80	11 022.74	7 719.06
2007～2008 年	−383.46	−10 572.87	7 829.76	8 232.29	5 105.72
2008～2009 年	273.66	29 896.89	−26 187.79	8 865.22	12 847.98
2009～2010 年	−78.53	571.86	−3 253.85	11 078.67	8 318.14
2010～2011 年	−613.90	−584.05	282.47	10 706.15	9 790.67
2011～2012 年	336.36	21 379.88	−22 505.76	9 521.14	8 731.62
2012～2013 年	73.48	10 882.82	−18 059.64	9 878.60	2 775.25
2013～2014 年	306.92	9 410.73	−18 829.32	9 487.84	376.17
2014～2015 年	−69.87	14 624.51	−32 590.95	8 717.87	−9 318.43
2015～2016 年	84.81	1 026.47	−5 151.33	8 304.74	4 264.70

从表 3-15 中可以看出黑色金属冶炼及压延加工业二氧化碳排放量因素分解年度变化情况，能源结构、能源强度效应在大多数年份为正向影响，在多数年份内促进了二氧化碳排放量的增加；经济增长效应均为正向影响，且正向影响较大，反映了在经济发展的同时导致了二氧化碳排放量的增加；而经济结构效应总体呈现负向影响，且负向效应较强，反映该行业经济结构不断优化，能够显著抑制二氧化碳排放。总体来看，除 2014～2015 年外，该行业二氧化碳排放各年增量均为正值，反映了经济结构的抑制作用小于能源结构、能源强度和经济增长因素的拉动作用。

2005～2016 年黑色金属冶炼及压延加工业二氧化碳排放量累计增加 76 017.15万吨。其中能源结构效应使得二氧化碳排放增加 752.27 万吨，占碳排放总变动的 0.989 6%；能源强度效应使得二氧化碳排放增加 102 877 万吨，对碳排放起到 135.33.33%的拉动作用；经济结构效应使得二氧化碳排放减少 139 054.39 万吨，对碳排放起到 182.93%的抑制作用；经济增长效应使得二氧化碳排放增加 111 441.80 万吨，对碳排放起到 146.60%的促进作用。

图 3-17 反映了各因素对该行业二氧化碳排放的累积效应。从图中可看到，二氧化碳排放累积增量总体呈上升趋势，反映了该行业二氧化碳排放量不断增加，经济结构效应为该行业二氧化碳排放主要抑制因素，能源强度和经济结构为主要拉动因素。经济结构的累积效应均为负值且呈下降趋势，反映经济结构因素能够抑制碳排放；能源结构累积效应变动较小，对碳排放的影响力度较弱；经济增长和能源强度因素的累积效应均为正值且呈增长趋势，二者显著促进了二

氧化碳排放，为促进碳排放增长的主要因素。

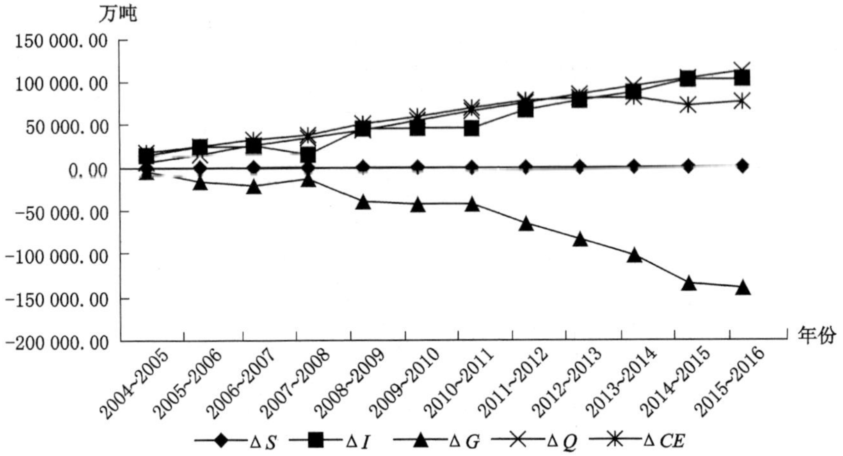

图 3-17　黑色金属冶炼及压延加工业二氧化碳排放量因素分解累积效应图

无论是年度变化或是累积变化，总体来看，能源结构、能源强度和经济增长因素对该行业二氧化碳排放总体表现为正向效应，对二氧化碳排放具有拉动作用，其中能源结构的影响较小，能源强度和经济增长效应的拉动作用较强。而经济结构因素对二氧化碳排放表现为负效应，能够抑制二氧化碳排放。

表 3-16　有色金属冶炼及压延加工业二氧化碳排放量因素分解分析表　　单位：万吨

年份	ΔS	ΔI	ΔG	ΔQ	ΔCE
2004～2005 年	36.62	133.15	10.85	429.22	609.84
2005～2006 年	−49.36	32.21	400.85	576.79	960.49
2006～2007 年	54.15	−312.68	−16.54	757.58	482.51
2007～2008 年	−25.67	474.80	−766.45	566.52	249.21
2008～2009 年	67.09	1 130.47	−1 743.66	577.27	31.18
2009～2010 年	−55.51	−1 689.36	375.21	648.42	−721.25
2010～2011 年	16.87	−348.23	198.55	580.94	448.12
2011～2012 年	−56.64	317.28	−931.24	478.70	−191.90
2012～2013 年	−56.82	−215.79	−803.03	460.72	−614.92
2013～2014 年	8.47	434.98	−714.78	436.15	164.83
2014～2015 年	1.70	405.20	−928.27	403.85	−117.52
2015～2016 年	−20.63	250.87	−494.73	377.47	112.97

从表3-16中可以看出有色金属冶炼及压延加工业二氧化碳排放量因素分解年度变化情况，能源结构效应对二氧化碳排放量的影响较小；各年度能源强度效应为负值的有4个，为正值的有8个，大多数年份内能源强度因素对二氧化碳排放具有拉动作用；经济增长效应均为正值，对二氧化碳排放具有明显的正向影响；经济结构效应多数年份内为负值，对二氧化碳排放具有明显的抑制作用。大多数年份内二氧化碳排放年度增量为正，反映了经济结构对二氧化碳排放的抑制作用小于能源强度和经济增长效应的促进作用。

2005～2016年有色金属冶炼及压延加工业二氧化碳排放量累计增加1 413.55万吨。其中能源结构效应使得二氧化碳排放减少79.72万吨，占碳排放总变动的－5.64％；能源强度效应使得二氧化碳排放增加612.90万吨，对碳排放起到43.36％的拉动作用；经济结构效应使得二氧化碳排放减少5 413.26万吨，对碳排放起到382.96％的抑制作用；经济增长效应使得二氧化碳排放增加6 293.62万吨，对碳排放起到445.24％的促进作用。

图3-18反映了各因素对该行业二氧化碳排放的累积效应。从图中可看到，能源结构累积效应变动较小，对碳排放影响较小；能源强度效应总体为增长趋势，对二氧化碳排放具有一定的拉动作用；经济结构累积效应均为负值且总体为下降趋势，反映其对二氧化碳排放具有明显的抑制作用；经济增长效应均为正值且为增长趋势，其2008年以后其累积效应均高于二氧化碳排放的累积增量，很大程度上促进了二氧化碳排放量的增长。

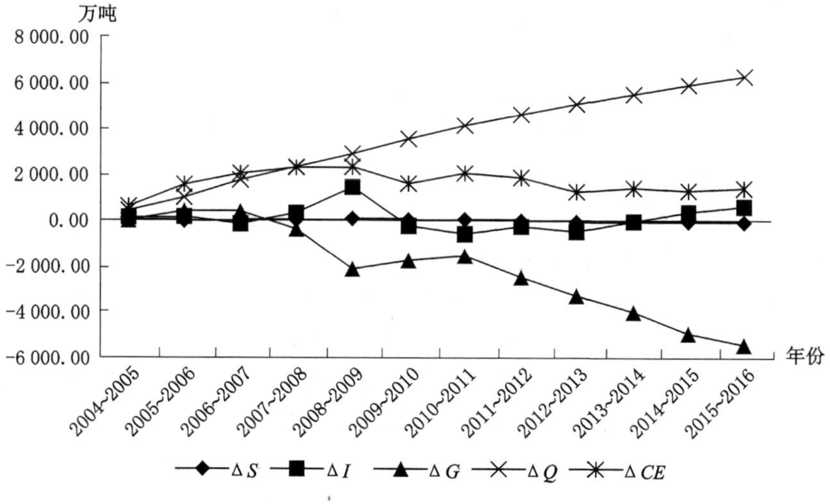

图3-18　有色金属冶炼及压延加工业二氧化碳排放量因素分解累积效应图

无论是年度变化或是累积变化，总体来看，能源结构效应较小；能源强度和经济增长因素对该行业碳排放总体表现为正效应，能够促进二氧化碳排放，且经济增长效应高于能源强度效应；经济结构因素对二氧化碳排放表现为负效应，起到较大的抑制作用。能源强度和经济增长的拉动效应大于经济结构因素的抑制效应。

表 3-17　电力热力的生产和供应业二氧化碳排放量因素分解分析表　单位：万吨

年份	ΔS	ΔI	ΔG	ΔQ	ΔCE
2004～2005 年	14.40	490.17	−245.88	397.36	656.06
2005～2006 年	−3.48	−941.19	−335.81	436.48	−844.00
2006～2007 年	−1.84	50.06	−385.10	460.39	123.51
2007～2008 年	−6.90	720.92	−291.07	365.76	788.72
2008～2009 年	5.17	−249.74	−293.85	399.24	−139.17
2009～2010 年	41.33	−352.62	−399.88	497.31	−213.86
2010～2011 年	−0.29	−492.34	−397.71	481.64	−408.70
2011～2012 年	−35.79	−1238.90	−197.44	379.98	−1 092.15
2012～2013 年	7.96	407.11	−316.51	325.21	423.77
2013～2014 年	−69.74	−1 626.53	−206.71	212.74	−1 690.23
2014～2015 年	−16.55	−302.54	−175.25	146.52	−347.82
2015～2016 年	8.21	111.12	−190.56	128.39	57.16

从表 3-17 中可以看出电力热力的生产和供应业二氧化碳排放量因素分解年度变化情况，能源结构效应多数年份内为负值，对二氧化碳排放具有负向作用，但其影响较小；能源强度效应在多数年份中为负值，能够促进二氧化碳排放量的减少且影响较强；各年度经济结构效应均为负值，能够有效抑制二氧化碳排放；各年度经济增长效应均为正值，反映经济总量的增长能够明显促进二氧化碳排放量的增加。大多数年份二氧化碳排放增量为负值，总体来看，经济结构的抑制作用大于能源结构、能源强度和经济增长的拉动作用。

2005～2016 年石油加工炼焦及核燃料加工业二氧化碳排放量累计减少 2 686.72万吨。其中能源结构效应使得二氧化碳排放减少 57.52 万吨，占碳排放总变动的 2.14%；能源强度效应使得二氧化碳排放减少 3 424.48 万吨，对碳排放起到 127.46%的抑制作用；经济结构效应使得二氧化碳排放减少 3 435.76 万吨，对碳排放起到 127.88%的抑制作用；经济增长效应使得二氧化碳排放增加 4 231.03 万吨，对碳排放起到 157.48%的促进作用。

图 3-19 反映了各因素对该行业二氧化碳排放的累积效应。从图中可看到，二氧化碳排放累积增量总体呈下降趋势，反映近年来二氧化碳排放增量为负。能源强度和经济结构的累积效应呈下降趋势，近年来二者累积效应绝对值均大于二氧化碳排放累积增量，为二氧化碳排放的主要抑制因素，且经济结构的碳减排作用强于能源强度；经济增长效应的累积效应呈上升趋势，均为正值，且高于二氧化碳排放的累积增量，为促进二氧化碳排放增长的主要因素。

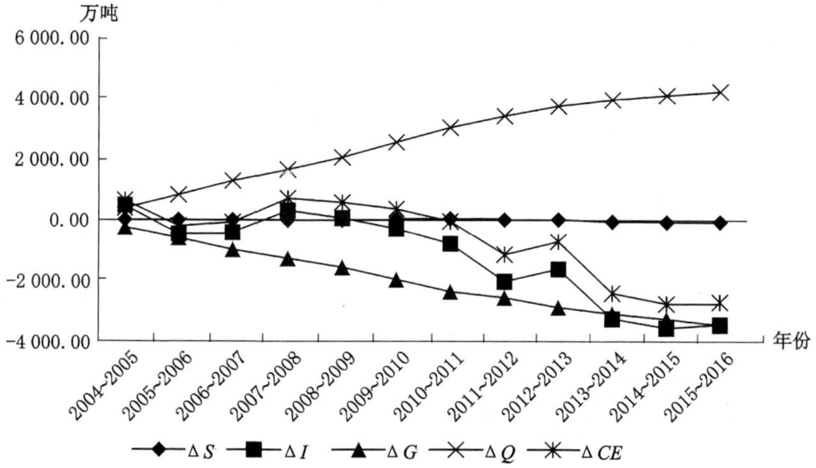

图 3-19 电力热力的生产和供应业二氧化碳排放量因素分解累积效应图

无论是年度变化或是累积变化，总体来看，能源结构、能源强度和经济结构因素对该行业碳排放总体表现为负效应，能够对二氧化碳排放起到抑制作用。能源强度与经济结构效应较强，而经济增长因素对二氧化碳排放表现为正效应，起到较大的拉动作用；但能源结构、能源强度和经济结构因素对二氧化碳排放的抑制作用大于经济增长因素的拉动作用。因此，该行业近年来二氧化碳排放量呈现减少趋势。

3.5 本章小结

首先，本章对高耗能行业金融发展、技术进步与碳减排情况进行分析，分析结果如下：

① 通过对金融发展现状进行分析，可知高耗能行业贷款规模与股票市值规模较大，而利用外资规模较小，且利用外资规模近年来呈下降趋势。从分行业来看，化学原料及化学制品制造业、电力热力的生产和供应业贷款规模与股票市值

规模均较大，表明其行业发展获得的金融市场融资较多；而石油加工、炼焦及核燃料加工业贷款规模与股票市值规模均最小，相比其他高耗能行业，该行业发展获得的金融市场融资较少。

② 通过对技术进步现状进行分析，可知高耗能行业总体 R&D 经费支出与专利申请量逐年增加，技术发展水平不断提高。从分行业来看，化学原料及化学制品制造业 R&D 人员数量、R&D 经费支出与专利申请量均最高，反映其技术发展水平较高；而石油加工、炼焦及核燃料加工业 R&D 人员数量、R&D 经费支出与专利申请量均较低，反映该行业技术发展水平较低。

通过分析可看出，化学原料及化学制品制造业发展所获得金融市场融资较多且技术发展水平较高，而石油加工、炼焦及核燃料加工业发展所获得金融市场融资较少且技术发展水平较低。

③ 从碳减排情况来看，高耗能各行业二氧化碳排放量与碳排放强度差异性较大，其中黑色金属冶炼及压延加工业二氧化碳排放量最大、碳排放强度最高，且从年度变化来看二氧化碳排放量与碳排放强度均为上升趋势；而电力热力的生产和供应业二氧化碳排放量与碳排放强度均较低，且近年来呈下降趋势，减排效果显著。

其次，本章通过脱钩方法分析 2005～2016 年高耗能行业经济增长与碳排放情况。结果表明：多数年份内，石油加工、炼焦及核燃料加工业、化学原料及化学制品制造业和有色金属冶炼及压延加工业经济增长与碳排放处于脱钩状态，碳排放增长速度低于工业增加值增长速度，在工业发展的同时，其二氧化碳排放也得了一定程度的抑制；非金属矿物制品业和电力热力的生产和供应业脱钩情况由弱脱钩变为强脱钩，脱钩程度较高，经济增长的同时二氧化碳排放量减少；而黑色金属冶炼及压延加工业近年来其脱钩状况并不明显，2012 年负脱钩趋势加强，在其经济增长的同时二氧化碳排放总量增加，二氧化碳排放量未得到有效抑制，且该行业二氧化碳排放量与碳排放强度均最高，工业发展面临严重的碳减排压力。

最后，本章对碳减排影响因素进行分析，通过 LMDI 因素分解法，将碳排放分解为能源结构效应、能源强度效应、经济结构效应和经济增长效应，分析高耗能各行业二氧化碳排放的拉动因素与抑制因素，结果如下：

对于石油加工炼焦及核燃料加工业，能源结构、能源强度和经济结构因素为该行业二氧化碳排放的抑制因素，且能源强度的抑制效应最强；经济增长因素为该行业二氧化碳排放的拉动因素。

对于化学原料及化学制品制造业，能源强度和经济增长因素为该行业二氧化碳排放的拉动因素，其中经济增长的拉动效应最强；经济结构和能源结构为该行业二氧化碳排放的抑制因素，其中经济结构抑制作用最强。能源强度和经济增长的正向促进作用大于经济结构和能源结构的抑制作用。

对于非金属矿物制品业，能源结构、能源强度和经济结构因素为该行业二氧化碳排放的抑制因素，且经济结构的抑制效应最强；经济增长因素为该行业二氧化碳排放的拉动因素。其能源结构、能源强度和经济结构对二氧化碳排放的抑制作用大于经济增长的拉动作用。

对于黑色金属冶炼及压延加工业，能源结构、能源强度和经济增长因素为该行业二氧化碳排放的拉动因素，能源强度和经济增长效应的拉动作用较强；经济结构因素为该行业二氧化碳排放的主要抑制因素。经济结构的抑制作用小于能源结构、能源强度和经济增长因素的拉动作用。

对于有色金属冶炼及压延加工业，能源结构效应较小；能源强度和经济增长因素为该行业二氧化碳排放的拉动因素，经济增长效应高于能源强度效应；经济结构因素为该行业二氧化碳排放的主要抑制因素。能源强度和经济增长的拉动效应大于经济结构因素的抑制效应。

对于电力热力的生产和供应业，能源结构、能源强度和经济结构因素为该行业二氧化碳排放的抑制因素，且能源强度与经济结构因素的抑制效应较强；经济增长因素为促进二氧化碳排放主要拉动因素。能源结构、能源强度和经济结构因素对二氧化碳排放的抑制作用大于经济增长因素的拉动作用。

4 金融发展对高耗能行业碳减排的影响

4.1 基于技术中介效应的金融发展对高耗能行业碳减排的影响

以上理论研究中对金融发展通过技术进步影响碳减排的路径进行了分析，说明了金融发展能够通过优化资源配置、分散风险、促进 FDI 技术外溢、提高人力资本水平等方式推动技术进步，而技术进步能够通过促进能源利用效率提高、优化能源消费结构、促进产业结构调整等方式对碳减排产生积极作用。为了考察金融发展是否通过影响技术进步进而对高耗能行业碳减排发挥作用，本研究选取技术指标人均专利数与 R&D 经费支出作为中介变量进行中介效应分析。

4.1.1 方法介绍

中介变量是指在自变量对因变量的影响过程中发挥中介作用的变量。即在自变量 X 对因变量 Y 的影响过程中，如果变量 X 经过变量 M 来影响因变量 Y，则 M 为中介变量。假设所有变量已经过标准化处理，中介效应可通过下列的方程来说明。

$$Y = cX + e_1 \tag{4-1}$$

$$M = aX + e_2 \tag{4-2}$$

$$Y = c'X + bM + e_3 \tag{4-3}$$

其中，系数 c 是自变量 X 对因变量 Y 的总效应，系数 a 是自变量 X 对中介变量 M 的效应，系数 b 是在控制了自变量 X 的影响后，中介变量 M 对因变量 Y 的效应，c' 是在控制了中介变量 M 的影响后，自变量 X 对因变量 Y 的直接效应，ab 是自变量 X 经过中介变量 M 对因变量 Y 的中介效应，e_1、e_2、e_3 为误差项。总效应与中介效应、直接效应的关系可表示为：

$$c = c' + ab \tag{4-4}$$

目前，大多数中介效应分析方法采用 Baron 和 Kenny(1986)年提出的因果逐步回归方法，但近年来，不少学者对该检验方法的有效性以及检验程序的合理性方面提出质疑（MacKinnon 等. 2002；Preacher 和 Hayes，2004；Hayes，2009；Zhao 等，2010；Iacobucci，2012）。因此，本研究通过 Zhao 等（2010）提出的中介效应检验程序，并使用 Preacher 和 Hayes（2004）提出的 Bootstrap 方法进行中介效应检验。

第一，检验中介路径 ab。

是否存在中介效应并不需要检验主效应是否显著。首先中介效应检验应当确定中介路径是否存在，应检验 ab 的显著性。若 ab 显著，表明中介路径是存在的；若 ab 不显著，则不存在中介路径。

第二，对中介情况进行深入探讨。

（1）对中介路径存在的情况进行分析

ab 显著时表明存在中介路径，在确定中介路径显著后，需要检验系数 c'。若 c' 不显著，表明该模型存在完全中介效应，且该中介变量是唯一的，模型中不存在其他的中介变量。若 c' 显著，则表明直接效应显著，存在部分中介效应，并且该模型可能存在其他中介变量，并可分析可能存在的其他中介变量与模型中的中介效应方向是否相同，如果 $a \cdot b \cdot c' > 0$，表明可能还存在一个中介变量，且其中介效应的方向与模型中中介效应方向相同，此时遗漏的中介为互补中介；如果 $a \cdot b \cdot c' < 0$，则可能还存在一个与模型中中介效应方向相反的中介变量，此时遗漏的中介为竞争中介。

（2）对中介路径不存在的情况进行分析

ab 不显著时表明不存在中介路径。此时，若 c' 显著，表明直接效应显著，自变量对因变量存在直接影响，但中介路径不存在，应探讨其他的中介路径。若 c' 不显著，则直接效应也不显著，自变量对因变量也不存在直接影响，需要考虑对模型进行修正。

4.1.2 数据来源及说明

选取 2004～2016 年我国六大高耗能工业行业的面板数据，选取变量分别为碳排放强度（es）、贷款规模（li）、利用外资（fi）、股票市值（mc）、R&D 经费支出（rd）、人均专利数（ps）、能源强度（ci）、能源结构（cp）、经济结构（is）。

根据以上理论部分分析，金融发展可能会通过技术进步的中介作用对碳减排产生影响。因此本研究运用中介效应检验方法，选择相关控制变量，以贷款规模为金融发展变量，R&D 经费支出为技术进步变量为例，模型设定为

$$es_{it} = \propto_0 + cli_{it} + \propto_1 ci_{it} + \propto_2 cp_{it} + \propto_3 is_{it} + u_{it} \tag{4-5}$$

$$rd_{it} = \beta_0 + a\, li_{it} + \beta_1\, ci_{it} + \beta_2\, cp_{it} + \beta_3\, is_{it} + u_{it} \tag{4-6}$$

$$es_{it} = \gamma_0 + c' li_{it} + b rd_{it} + \gamma_1 ci_{it} + \gamma_2 cp_{it} + \gamma_3 is_{it} + u_{it} \tag{4-7}$$

具体指标分析见表 4-1。

表 4-1　　变量来源及说明

变量		数据来源及说明
碳减排指标	碳排放强度(*es*)	以二氧化碳排放量与工业增加值的比值来表示，工业增加值以 2004 年为基期的不变价进行计算，分行业工业增加值及工业生产者出厂价格指数数据来源于国家统计局
金融发展指标	贷款规模(*li*)	由于高耗能各细分行业数据来源限制，金融机构为各行业科技活动提供的贷款数据仅到 2008 年，因此选取各高耗能工业行业固定资产投资中银行贷款额与工业增加值的比值来代表贷款规模，固定资产投资中银行贷款额来源于国家统计局。2008 年及以后分行业工业增加值数据计算参考程时雄，计算公式为 2008 年现价工业增加值＝(1＋2008 年 12 月工业增加值累计增长速度)×2007 年现价工业增加值×2008 年工业生产者出厂价格指数
	利用外资(*fi*)	借鉴严成樑、李涛等(2016)用 FDI 与 GDP 的比值表示从国外融资角度衡量的金融发展水平，本研究选取各高耗能工业行业固定资产投资中利用外资占固定资产投资总额的比重来衡量金融发展水平，数据均来源于国家统计局
	股票市值(*mc*)	以各高耗能工业行业年末股票市值与工业增加值的比值来表示，高耗能工业行业年末股票市值来源于瑞思数据库
技术进步指标	R&D 经费支出(*rd*)	借鉴张翠菊(2015)以 R&D 经费支出作为技术进步指标，用各高耗能行业 R&D 经费支出与工业增加值的比值来表示，数据来源于 2005～2017《中国统计年鉴》
	人均专利数(*ps*)	借鉴严成樑(2016)用人均专利数衡量技术进步，以专利申请数量与 R&D 人员全时当量的比值表示，数据来源于 2005～2017《中国科技统计年鉴》
控制变量	能源强度(*ci*)	用能源消耗总量与工业增加值的比值表示能耗强度，能源消耗总量来源于 2017《中国能源统计年鉴》
	能源结构(*cp*)	用高耗能工业行业原煤终端消费量占工业行业能源终端消费量的比重来表示，数据均来源于 2005～2017《中国能源统计年鉴》
	经济结构(*is*)	用各高耗能行业工业增加值占国内生产总值的比重来表示产业结构

4.1.3　实证结果与分析

利用 Stata12.0 软件以及 Bootstrap 方法，分别以人均专利数和 R&D 经费支出为技术进步变量，衡量技术进步在金融发展与高耗能行业碳减排关系中的中介效应。在贷款规模对碳排放强度的影响中，以人均专利数为中介变量时，检验结果见表 4-2，首先检验中介路径是否存在，Bootstrap 检验结果显示中介效应对应 P 值为 0.451，且对应的 95%的置信区间包含 0，因此中介效应不显著。在中介路径不存在的情况下，检验直接效应系数 c'，直接效应为 0.089 0，对应 P 值在 5%的显著性水平下显著，且 95%的置信区间不包含 0，因此直接效应显著，贷款规模对碳排放强度具有直接影响，贷款规模每增加 1%，促进碳排放强度增加 0.089 0%。但人均专利数的中介路径不存在，可能存在其他中介变量。

表 4-2　　*li*、*ps*、*es* 的 Bootstrap 检验结果

	系数	标准差	z	$P>\|z\|$	95%的置信区间
中介效应	0.007 4	0.009 8	0.75	0.451	[−0.011 8,0.266 0]
直接效应	0.089 0	0.040 7	2.19	0.029	[0.009 2,0.168 7]

选取 R&D 经费支出为中介变量，衡量其在贷款规模与碳排放强度间的中介效应。检验结果见表 4-3 与表 4-4，方程(1)衡量贷款规模对高耗能行业碳排放强度的总效应，方程(2)衡量贷款规模对技术进步的影响，方程(3)衡量贷款规模对高耗能行业碳减排的直接效应以及技术进步对碳减排的影响。

表 4-3　　R&D 经费支出在贷款规模与碳排放强度关系中的中介效应

变量	方程(1)	方程(2)	方程(3)
li	−0.016 7	0.412 3***	0.039 8
	(−1.26)	(3.36)	(1.00)
rd			−0.137 1***
			(−3.88)
ci	0.987 8***	0.434 0***	1.047 3***
	(25.02)	(3.62)	(26.68)
cp	0.047 8*	−0.380 3***	−0.004 3
	(1.86)	(−4.88)	(−0.16)
is	0.115 7***	0.211 0**	0.144 7***
	(3.6)	(2.16)	(4.76)
R^2	0.955 5	0.589 8	0.962 7

注：()内为 t 检验统计值；***、**、* 分别表示在 1%、5%、10%的显著性水平下显著。

表 4-4　　　　　　li、rd、es 的 Bootstrap 检验结果

	系数	标准差	z	$P>\|z\|$	95%的置信区间
中介效应	−0.056 5	0.023 1	−2.45	0.014	[−0.101 7 −0.011 3]
直接效应	0.039 8	0.041 3	0.96	0.335	[−0.041 1 0.120 7]

首先检验中介路径是否存在，中介效应回归与 Bootstrap 检验结果显示中介效应为−0.056 5，对应 P 值为 0.014，且 95%的置信区间不包含 0，因此中介路径显著存在。其次，在中介效应显著情况下，检验系数 c'。由方程(3)可知，系数 c'对应 P 值不显著，且 95%的置信区间包含 0，因此直接效应不显著，存在完全中介效应。R&D 经费支出在贷款规模与碳排放强度关系中具有负向中介效应，方程(2) 中系数 a 为 0.412 3，在 5%的显著性水平下显著，贷款规模每增加 1%，技术进步水平提高 0.412 3%，方程(3)中系数 b 为−0.137 1，在 5%的显著性水平下显著，技术进步水平提高 1%，促进碳排放强度降低 0.137 1%。因此贷款规模能够通过推动技术进步促进高耗能行业碳排放强度降低 0.056 5%。反映了金融发展水平提高，通过为高耗能行业先进技术研发及设备更新等提供贷款，能够有效提高高耗能行业整体技术水平，且技术进步能够促进低碳生产设备的推广，提高能源利用率，促进新能源的开发，对碳减排具有积极作用。

在利用外资与碳排放强度的关系中，以人均专利数为中介变量时，检验结果见表 4-5。首先检验中介路径是否存在，Bootstrap 检验结果显示中介效应对应 P 值为 0.137，且对应的 95%的置信区间包含 0，因此中介效应不显著。在中介路径不存在的情况下，检验直接效应系数 c'，直接效应为 0.044 3，对应 P 值为 0.088，且 95%的置信区间包含 0，因此直接效应不显著。人均专利数在利用外资与碳排放强度的关系中的中介路径不存在。

表 4-5　　　　　　fi、ps、es 的 Bootstrap 检验结果

	系数	标准差	z	$P>\|z\|$	95%的置信区间
中介效应	−0.015 7	0.010 5	−1.49	0.137	[−0.036 3,0.005 0]
直接效应	0.044 3	0.259 6	1.71	0.088	[−0.006 6,0.095 2]

以 R&D 经费支出为中介变量时，检验结果见表 4-6 与表 4-7。首先，检验中介路径是否存在。中介效应回归与 Bootstrap 检验结果显示中介效应为−0.025 9，对应 P 值为 0.021，且 95%的置信区间不包含 0，因此中介路径显著存在。其次，在中介效应显著情况下，检验系数 c'。由方程(3)可知，系数 c'为 0.054 5，对应 P 值显著，且 95%的置信区间包含 0，因此直接效应显著，存在部

分中介效应。此外,由于中介效应与直接效应方向相反,$a \cdot b \cdot c' < 0$,表明可能还存在与该中介效应方向相反的中介变量。

表 4-6 R&D 经费支出在利用外资与碳排放强度关系中的中介效应

变量	方程(1)	方程(2)	方程(3)
fi	0.028 7	0.156 0*	0.054 5 **
	(2.27)	(1.06)	(−1.86)
rd			−0.165 8***
			(−5.07)
ci	0.920 4***	0.764 1***	1.047 2***
	(34.56)	(9.27)	(30.82)
cp	0.048 0*	−0.498 1***	−0.034 5
	(1.70)	(−5.69)	(−1.17)
is	0.166 7***	−0.005 3	0.167 6***
	(6.61)	(0.07)	(7.68)
R^2	0.952 7	0.547 8	0.964 7

注:()为 t 检验统计值;***、**、*分别表示在 1%、5%、10%的显著性水平下显著。

表 4-7 *fi*、*rd*、*es* 的 Bootstrap 检验结果

	系数	标准差	z	P>｜z｜	95%的置信区间
中介效应	−0.025 9	0.011 24	−2.30	0.021	[−0.047 9,−0.003 8]
直接效应	0.054 5	0.023 72	2.30	0.022	[0.008 0,0.101 0]

R&D 经费支出在利用外资与碳排放强度关系中具有负向中介效应,利用外资增加 1%,通过推动技术进步促进碳排放强度降低 0.025 9%。其中方程(2)中系数 a 为 0.156 0,在 10%的显著性水平下显著,利用外资增加 1%,R&D 经费支出增加 0.156 0%。方程(3)中系数 b 为−0.165 8,在 5%的显著性水平下显著,R&D 经费支出增加 1%,碳排放强度降低 0.165 8%。通过分析可见,利用外资的增加能够显著推动技术进步,而技术进步能够促进碳排放强度的降低,表明外商投资对本国二氧化碳的减排作用通过技术进步来实现。外商投资不仅能够为具有发展前景的技术研发与创新项目提供资金,而且能够通过其溢出效应以较低的成本引入国外先进生产技术,从而促进高耗能行业向低能耗、低污染、低排放方向发展,促进碳减排。

在股票市值对碳排放强度影响中,分别选取人均专利数与 R&D 经费支出为中介变量，检验结果见表4-8与表4-9。

表 4-8 mc、ps、es 的 Bootstrap 检验结果

	系数	标准差	z	P>|z|	95%的置信区间
中介效应	0.004 2	0.006 3	0.66	0.511	[−0.008 3,0.016 6]
直接效应	0.034 3	0.027 7	−1.24	0.215	[−0.088 5,0.020 0]

表 4-9 mc、rd、es 的 Bootstrap 检验结果

	系数	标准差	z	P>|z|	95%的置信区间
中介效应	−0.018 5	0.014 3	−1.29	0.196	[−0.046 4,0.009 5]
直接效应	0.011 7	0.023 1	−0.50	0.614	[−0.059 6,0.033 6]

首先检验中介路径是否存在。由Bootstrap检验结果可知，以人均专利数为中介变量时，其中介效应为0.004 2，但对应P值不显著，且95%的置信区间包含0，因此中介效应不显著；以R&D经费支出为中介变量，中介效应为−0.018 5，但对应P值也不显著，且95%的置信区间包含0，因此中介效应也不显著。在中介路径不存在的情况下，检验系数c'，以人均专利数和R&D经费支出为中介变量，其直接效应对应的p值均不显著，且95%的置信区间均包含0，因此直接效应也不显著。通过分析来看，股票市值并未对碳排放强度产生显著的直接效应与间接效应，这反映了资本市场发展不成熟，对实体经济作用渠道尚不完善，未对高耗能行业碳减排发挥有效作用。

通过分析可知，以人均专利数为代表的技术进步均未在金融发展对高耗能行业碳减排的影响中发挥有效中介效应。以R&D经费支出为代表的技术进步，在贷款规模对高耗能行业碳减排的影响中发挥完全中介效应，且为负向中介效应；在利用外资对高耗能行业碳减排的影响中发挥部分中介效应，且中介效应为负；在股票市值对高耗能行业碳减排的影响中未发挥显著的中介效应。这反映了信贷资金支持以及外商投资能够通过推动技术进步促进高耗能行业碳减排。而我国资本市场发展仍需不断完善，以更好地促进资源配置，引导资金流向低碳环保与技术研发项目，促进高耗能行业提高能源利用率，减少二氧化碳排放。

4.1.4 中介效应结论

利用2004～2016年中国高耗能行业面板数据，研究技术进步在金融发展对高耗能行业碳减排影响中的中介效应，实证结果显示：

以人均专利数为代表的技术进步均未在金融发展对高耗能行业碳减排的影

响中发挥有效中介效应。以 R&D 经费支出为代表的技术进步，在贷款规模对高耗能行业碳减排的影响中发挥完全中介效应，且为负向中介效应；在利用外资对高耗能行业碳减排的影响中发挥部分中介效应，且中介效应为负；在股票市值对高耗能行业碳减排的影响中未发挥显著的中介效应。这反映了信贷资金支持以及外商投资能够通过推动技术进步促进高耗能行业碳减排。而我国资本市场发展仍需不断完善，以更好地促进资源配置，引导资金流向低碳环保与技术研发项目，促进高耗能行业提高能源利用率，减少二氧化碳排放。

4.2 金融发展对高耗能行业碳减排的面板门槛效应

技术中介效应模型分析了技术进步变量在金融发展对高耗能行业碳减排影响的过程中是否发挥了中介效应。中介效应分析结果表明，以 R&D 经费支出为中介变量时，其在贷款规模与利用外资对高耗能行业碳减排影响过程中均发挥了负向中介效应，即金融发展能够通过影响技术进步对高耗能行业碳减排产生积极影响。中介效应模型从总体上对金融发展、技术进步与碳减排之间的线性关系进行了分析。

目前关于金融发展和二氧化碳排放之间关系的研究大致可分为两类。部分文献认为金融发展水平会导致二氧化碳排放量增加。Zhang(2011)从金融发展规模与效率、股票市场、金融中介、FDI 等多方面研究金融发展对中国碳排放的影响，研究表明金融发展是导致中国碳排放增加的重要推动因素，且金融中介作用更为显著。郭郡郡等(2012)研究多国金融发展与碳排放之间的关系，研究发现二者之间存在正向相关关系。部分学者认为，金融发展水平提高能够促进碳减排。Jalil 等(2011)认为中国的金融发展不仅没有对环境造成危害，反而有利于环境保护。严成樑等(2016)运用面板数据分析金融发展对碳排放强度的影响，结果表明信贷规模与我国碳排放强度之间存在倒 U 形关系，FDI 规模与我国碳排放强度之间存在 U 形关系，金融市场融资规模对我国碳排放强度的影响为负向。

根据相关学者研究，金融发展对碳排放的影响具有双向性，既有可能促进碳排放量的增加，也有可能促进碳减排。一方面，金融发展对碳排放的影响具有规模效应。对于高耗能行业，金融发展能够为企业融资带来便利，使企业通过融资购买新的生产设备，开展新业务，新建生产线，从而扩大生产经营规模，而生产规模的扩大必然会导致碳排放量的增加。另一方面，金融发展对碳排放的影响具有技术效应和结构效应。金融市场的繁荣能够为低碳技术研发与创新提供更多的资金支持，并吸引外商直接投资，引进先进技术和生产方式，促进技术进步，从而提高能源利用效率，并减少碳排放，表现为金融发展对碳排放的技术效应。此外，在经济发展及政策支持的环境下，发达的金融市场能够积极为节能减排、环境友好型项目提供优惠与融资支持，促进行业技术改进和转型升级，表现为金融发展对碳排放的结构效应。

因此，金融发展对碳排放的影响可以是正向的，也可以是负向的，在不同的发展阶段，金融发展对碳排放可能产生不同的影响。因此通过面板门槛模型主要考察金融发展对高耗能行业碳排放的影响是否存在门槛效应。

4.2.1 理论模型的设定

为分析金融发展对碳排放的影响，通过采用 Hansen(1999)介绍的面板门槛模型进行分析。单一门槛模型设定为：

$$y_{it} = u_{it} + \propto Z_{it} + \beta_1 x_{it} I(q_{it} \leqslant \gamma) + \beta_2 x_{it} I(q_{it} > \gamma) + \varepsilon_{it} \tag{4-8}$$

其中，y_{it}和x_{it}分别为被解释变量和解释变量，下标 i，t 分别表示个体变量和时间变量，通过 u_{it}来表示个体效应，ε_{it}为随机干扰项，且 $\varepsilon_{it} \sim \text{iid}N(0,\sigma^2)$。$Z_{it}$为控制变量，$\propto$为各控制变量相应的系数向量。$\beta_1$和$\beta_2$表示回归系数，$q_{it}$为门槛变量，$\gamma$为特定的门槛值。I(・)表示指示性函数，其取值为 0 和 1，当对应条件成立时，取值为 1，不成立时取值为 0。当门槛变量处于特定门槛值划分的不同区间时，解释变量对被解释变量的影响程度不同，表现解释变量回归系数的差异，因此，式(4-8)可直观地表示为：

$$y_{it} = \begin{cases} u_{it} + \propto Z_{it} + \beta_1 x_{it} + \varepsilon_{it}, q_{it} \leqslant \gamma \\ u_{it} + \propto Z_{it} + \beta_2 x_{it} + \varepsilon_{it}, q_{it} > \gamma \end{cases} \tag{4-9}$$

(1) 模型的估计

构建面板门槛模型进行分析时，要对模型进行估计，首先要确定参数的估计值。为消除个体效应的影响，用每一个观测值减去其组内平均值，式(4-8)经过转换后可得到：

$$y_{it}^* = u_{it}^* + \propto Z_{it}^* + \beta_1 x_{it}^* I(q_{it} \leqslant \gamma) + \beta_2 x_{it}^* I(q_{it} > \gamma) + \varepsilon_{it}^* \tag{4-10}$$

其中，

$$\begin{cases} y_{it}^* = y_{it} - \bar{y}_i = y_{it} - \dfrac{1}{T}\sum_{t=1}^{T} y_{it} \\ x_{it}^*(\gamma) = x_{it}(\gamma) - \bar{x}_i(\gamma) = x_{it}(\gamma) - \dfrac{1}{T}\sum_{t=1}^{T} x_{it}(\gamma) \\ e_{it}^* = e_{it} - \bar{e}_i = e_{it} - \dfrac{1}{T}\sum_{t=1}^{T} e_{it} \end{cases} \tag{4-11}$$

进一步将所有个体观察值进行累叠，并通过矩阵形式将式(4-9)转换为：

$$Y^* = X^*(\gamma)\beta + \varepsilon^* \tag{4-12}$$

对于给定的门槛值 γ,采用普通最小二乘法进行估计,得到 β 的估计值为:

$$\beta(\gamma) = (X^*(\gamma)'X^*(\gamma))^{-1} X^*(\gamma)'Y^* \tag{4-13}$$

相应的残差向量为:

$$\hat{e}^*(\gamma) = Y^* - X^*(\gamma)\beta^*(\gamma) \tag{4-14}$$

相应的残差平方和为:

$$S_1(\gamma) = \hat{e}^*(\gamma)'\hat{e}^*(\gamma) \tag{4-15}$$

门槛值 γ 的估计采用最小二乘法,即为残差平方和最小时的 γ 值,$\hat{\gamma} = \operatorname{argmin} S_1(\gamma)$,从而可得到 β 的估计值,即 $\beta = \beta(\hat{\gamma})$,残差向量的估计值为$\hat{e}^* = \hat{e}^*(\gamma)$。

(2) 假设检验

① 门槛效应的检验。

在设定模型时,假设存在门槛效应,但其在统计上是否具有显著性,需进行假设检验。门槛效应显著性检验的原假设为不存在门槛效应:

$$H_0: \beta_1 = \beta_2$$

备择假设为:

$$H_1: \beta_1 \neq \beta_2$$

其检验统计量为:

$$F_1 = \frac{S_0 - S_1(\hat{\gamma})}{\hat{\sigma}^2} \tag{4-16}$$

在原假设下,不存在门槛效应,门槛值 γ 无法识别,传统 F 检验统计量不服从标准正态分布,Hansen(1996)建议通过"自抽样法"模拟其渐进分布,从而构造其 P 值,如果其 P 值小于选定的显著性水平,则拒绝原假设,认为存在门槛效应。

② 门槛估计值的渐进分布特征。

在存在显著存在门槛效应的前提下,通过似然比统计量来构建门槛值的置信区间,以检验门槛估计值是否与真实值相等。原假设为:

$$H_0: \hat{r} = r_0$$

似然比统计量为:

$$LR_1(\gamma) = \frac{S_1(\gamma) - S_1(\hat{\gamma})}{\hat{\gamma}^2} \tag{4-17}$$

似然比统计量的分布是非标准的,Hansen(1999)指出在给定显著性水平$\propto$下,当 $LR_1(\gamma_0) > C(\alpha)$时(其中,$C(\propto) = -2\ln(1 - \sqrt{1-\propto})$),拒绝原假设。

模型设定中假设仅存在一个门槛值,但在很多情况下会存在很多个门槛,多重门槛的检验与单一门槛检验类似，先对多重门槛模型进行估计，确定其参数估计值，然后进行假设检验，包括门槛效应的显著性检验和构造门槛参数的置信区间。

4.2.2 数据来源及说明

选取2004～2016年高耗能行业面板数据，因变量为二氧化碳排放量的对数（*lnce*），金融发展指标仍选取贷款规模（*li*）、利用外资（*fi*）、股票市值（*mc*），门槛变量选取技术指标R&D经费支出（*rd*），此外碳排放因素分解中，能源强度、能源结构和经济结构也是影响二氧化碳排放的重要因素，因此分别选取能源强度（*ci*）、能源结构（*cp*）和经济结构（*is*）为门槛变量。

4.2.3 实证结果与分析

面板门槛模型要求变量为平稳序列，因此在进行面板门槛效应分析前，先对变量进行平稳性检验，采用IPS、ADF、PP三种检验方法。根据单位根检验结果，在三种检验方法下，各变量均在5%的显著性水平上拒绝存在单位根的原假设，为平稳序列，因此可构建面板门槛模型，面板门槛效应通过Stata 12.0软件进行分析。

表4-10　　单位根检验结果

检验方法	*lnce*	*li*	*fi*	*mc*	*rd*	*ci*	*cp*	*is*
IPS	−9.618 8***	−2.994 6***	−2.441 0***	−4.260 6***	−32.929 3***	−30.827 6***	−5.093 8***	−6.144 2***
	(0.000 0)	(0.001 4)	(0.007 3)	(0.000 0)	(0.000 0)	(0.000 0)	(0.000 0)	(0.000 0)
ADF	62.500 4***	31.309 5***	25.335 6**	38.440 2***	36.007 2***	48.717 2***	44.325 5***	52.661 5***
	(0.000 0)	(0.001 8)	(0.013 3)	(0.000 1)	(0.000 3)	(0.000 0)	(0.000 0)	(0.000 0)
PP	66.249 8***	29.947 5***	21.447 7**	43.409 9***	52.109 0***	45.210 6***	57.379 3***	52.081 6***
	(0.000 0)	(0.002 8)	(0.044 2)	(0.000 0)	(0.000 0)	(0.000 0)	(0.000 0)	(0.000 0)

注：()为*t*检验统计值；***、**、*分别表示在1%、5%、10%的显著性水平下显著。

4.2.3.1 贷款规模对高耗能行业碳减排的面板门槛效应分析

(1) 门槛值估计

在设定模型时，假设存在门槛效应，因此在分析之前，首先要对贷款规模与二氧化碳排放量之间是否存在门槛效应进行检验，并确定其门槛个数。通过Hansen(1999)提出的门槛效应检验方法，以贷款规模为核心解释变量，分别将

R&D经费支出、能源强度、能源结构和经济结构变量作为门槛变量对模型进行估计，依次对只存在一个门槛值、存在两个门槛值和存在三个门槛值进行检验，门槛效应检验结果如表4-11。

表4-11　贷款规模与碳排放的门槛效应检验结果

门槛变量	模型	F值	P值	BS次数	临界值		
					1%	5%	10%
rd	单一门槛模型	26.438***	0.007	300	24.607	14.333	8.172
	双门槛模型	9.505	0.827	300	36.923	29.434	24.820
	三门槛模型	7.053	0.155	200	13.702	10.252	8.344
ci	单一门槛模型	17.756***	0.000	300	7.727	4.489	3.112
	双门槛模型	3.578*	0.0620	300	7.241	3.832	2.742
	三门槛模型	3.243*	0.057	200	7.911	3.513	1.820
cp	单一门槛模型	152.977***	0.000	300	101.800	62.894	30.346
	双门槛模型	7.542	0.177	300	21.450	13.981	9.848
	三门槛模型	2.679	0.135	200	7.418	4.123	3.334
is	单一门槛模型	39.214***	0.010	300	37.249	23.083	16.860
	双门槛模型	12.691**	0.043	300	17.744	12.564	9.653
	三门槛模型	5.932	0.110	200	12.949	7.819	6.451

注：***、**、*分别表示在1%、5%、10%的显著性水平下显著。

表4-11显示，以贷款规模(li)为核心解释变量构建的模型中，以R&D经费支出(rd)为门槛变量时，在存在一个门槛值的原假设下，F统计量的值为26.438，通过了5%的显著性检验；双门槛模型的F值为9.505，在5%的显著性水平下拒绝两个门槛值的原假设，因此存在一个门槛值。以能源强度(ci)为门槛变量时，单一门槛模型的F值为17.756，在5%的显著性水平下显著；双门槛模型的F值为3.578，未通过5%的显著性检验，因此存在一个门槛值。以能源结构(cp)为门槛变量时，单一门槛模型在5%的显著性水平下显著，双门槛模型的F值为7.542，在5%的显著性水平下拒绝两个门槛值的原假设，因此存在一个门槛值。以经济结构(is)为门槛变量时，双门槛模型的F值为12.691，在5%的显著性水平下显著，三门槛模型在5%的显著性水平下未通过检验，因此接受存在两个门槛值的原假设。

图 4-1 为 LR 值和门槛参数关系图，水平虚线为 5% 显著性水平的临界值，临界值以下的 LR 值曲线对应的门槛参数取值区间为门槛值的置信区间，门槛估计值为置信区间内 LR 最小值。

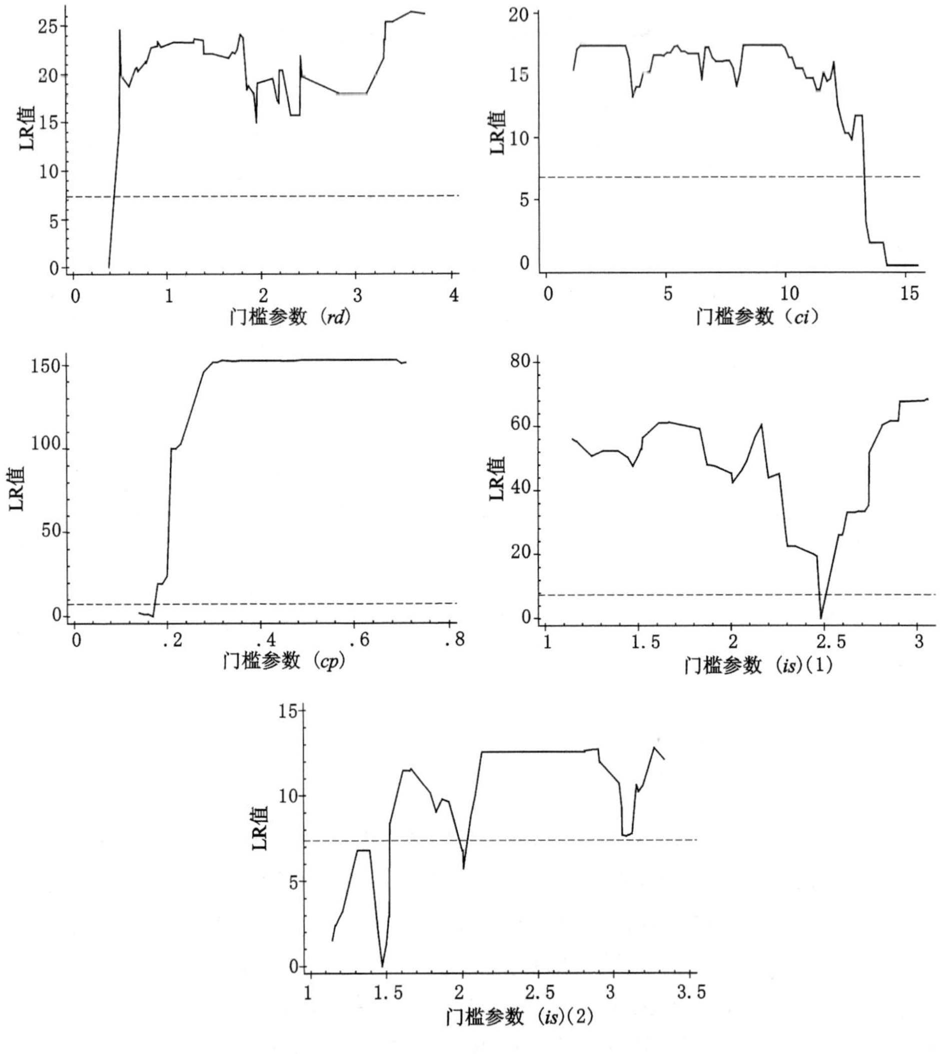

图 4-1　贷款规模与碳排放的 LR 值和门槛参数关系图

表 4-12 为各模型门槛值估计结果与置信区间，从表 4-12 与 LR 值和门槛参数关系图可知，以贷款规模（*li*）为核心解释变量构建的模型中，以 R&D 经费支出（*rd*）为门槛变量时，门槛估计值为 0.387，95% 的置信区间为[0.387，0.387]；以能源强度（*ci*）为门槛变量时，门槛估计值为 14.206，95% 的置信区间为

[13.337,15.510]；以能源结构(*cp*)为门槛变量时，门槛估计值为 0.170，95%的置信区间为[0.140,0.170]；以经济结构(*is*)为门槛变量时，两个门槛估计值分别为2.482和 1.472，95%的置信区间分别为[2.482.2.482]和[1.146,2.008]，两个门槛估计值均不在另一置信区间。各门槛值在其置信区间内均是显著的。

表 4-12　　贷款规模与碳排放的门槛估计结果及置信区间

门槛变量	门槛值	估计值	95%的置信区间
rd	γ	0.387	[0.387,0.387]
ci	γ	14.206	[13.337,15.510]
cp	γ	0.170	[0.140,0.170]
is	γ_1	2.482	[2.482,2.482]
	γ_2	1.472	[1.146,2.008]

(2) 门槛模型估计与分析

根据门槛值的检验结果，为衡量金融发展对高耗能工业碳减排的影响，以贷款规模(*li*)为核心解释变量，分别以 R&D 经费支出(*rd*)、能源强度(*ci*)、能源结构(*cp*)为门槛变量，构建单一门槛模型；以经济结构(*is*)为门槛变量，构建双重门槛模型，估计结果见表 4-13。

表 4-13　　贷款规模与碳排放的门槛模型回归结果

	门槛变量			
	is	*rd*	*ci*	*cp*
rd		0.179 7***	−0.164 5	0.067 6
		(4.990 6)	(−0.77)	(1.65)
ci	0.078 8***		0.073 1***	0.051 1***
	(10.35)		(9.35)	(4.38)
cp	0.885 5***	1.927 2***		1.241 8***
	(2.93)	(4.536 8)		(3.02)
is	0.316 3***	0.426 2***	0.249 1***	
	(7.16)	(7.731 9)	(7.40)	
*li*_1	−1.134 5***	−1.321 6***	−3.610 6***	−5.592 4***
	(−3.21)	(−2.683 0)	(−8.62)	(−5.18)
*li*_2	−2.585 6***	12.288 1***	−1.241 3***	−2.517 8***
	(−5.35)	(3.681 8)	(−4.29)	(−4.29)

续表 4-13

	门槛变量			
	is	*rd*	*ci*	*cp*
li_3				−0.619 9
				(−1.33)
cons	8.414 9***	7.946 8***	8.885 4***	9.033 0***
	(39.65)	(37.84)	(88.74)	(53.77)
R^2	0.9288	0.751 8	0.923 9	0.802 2

注：()为 t 检验统计值；***、**、*分别表示在 1%、5%、10%的显著性水平下显著。

从门槛模型回归结果可以看到，以 R&D 经费支出（*rd*）为门槛变量构建的模型中，贷款规模（*li*）与二氧化碳排放量（*lnce*）负相关，表明贷款规模对二氧化碳排放量具有负间接效应。且其负向效应随着 R&D 经费支出所处不同区间而不同。由于对因变量取对数，自变量未取对数，其经济含义解释为自变量变化一单位导致因变量变化的百分比。当 R&D 经费支出（*rd*）低于 0.387 时，贷款规模（*li*）每增加 1 个单位，促进二氧化碳排放量（*lnce*）减少113.45%；当 R&D 经费支出（*rd*）高于 0.387 时，贷款规模的减排作用加强，贷款规模（*li*）每增加 1 个单位，促进二氧化碳排放量（*lnce*）减少 258.56%。以上结果表明贷款规模对二氧化碳排放的影响显著存在基于技术进步的门槛效应，且贷款规模对二氧化碳排放影响的大小与方向均取决于技术进步水平的高低。由于样本区间较短，样本区间内，贷款规模具有显著的减排作用，且随着技术进步水平的提高并超过特定门槛值后，贷款规模的减排作用加大。这表明随着经济的发展，人们认识到保护环境的重要性，低碳经济与可持续发展日益受到重视，政府的支持及低碳技术的进步使得低碳经济逐步发展，且为适应低碳经济发展趋势，金融行业日益重视碳金融业务的发展，不断创新，改变传统信贷政策，逐步减少传统三高企业的信贷资金，增加对从事环境保护及研发清洁能源等低碳企业及项目的信贷资金支持，因此，技术进步与金融发展水平的提高，对高耗能行业碳减排具有积极作用。

技术进步是减少二氧化碳排放的重要途径。首先，技术进步水平提高，低碳技术得到发展，能源利用率提高，从而降低单位工业增加值的二氧化碳排放；其次技术进步水平提高，能够生产出更多的新产品，替代能耗大的投入品，从而减少二氧化碳排放。魏巍贤、杨芳（2010）及涂正革（2012）研究表明，我国 R&D 支出增加和技术进步对二氧化碳排放都具有抑制作用。在技术水平较高时，金融发展水平越高，越有利于企业进行 R&D 融资，从而使得金融发展能够有效通过技术进步的渠道促进碳减排。

实证结果还显示，以能源强度（*ci*）为门槛变量构建的模型中，贷款规模（*li*）与二氧化碳排放量（*lnce*）之间呈正V形关系。当能源强度（ci）低于14.206时，贷款规模（*li*）与二氧化碳排放量（*lnce*）之间为负向关系，贷款规模（*li*）每增加1个单位，促进二氧化碳排放量（*lnce*）减少132.16%；当能源强度（*ci*）高于14.206时，贷款规模（*li*）对二氧化碳排放量（*lnce*）的影响为正向，贷款规模（*li*）每增加1个单位，使得二氧化碳排放量（*lnce*）增加1 228.81%。通过分析可见，当能源强度较高时，贷款规模能够导致二氧化碳排放量的增加，而随着能源强度的降低并低于特定门槛值时，贷款规模能够促进二氧化碳排放量的减少。在单位工业增加值能耗较高时工业行业存在能源利用率低且污染排放较高的现象，金融信贷资金的支持在促进工业行业发展的同时导致二氧化碳排放量的增加；当能源强度较低并低于特定门槛值时，贷款规模能够促进二氧化碳排放量的减少，主要因此时经济发展较为成熟，技术水平较高，低碳技术的研发与创新使得能源利用率不断提高，因此金融发展与信贷资金支持对高耗能行业二氧化碳排放量的减少具有促进作用。

以能源结构（*cp*）为门槛变量构建的模型中，贷款规模（*li*）对二氧化碳排放量（*lnce*）的影响为负向。当能源结构（*cp*）高于0.17时，贷款规模（*li*）每增加1个单位，促进二氧化碳排放量（*lnce*）减少124.13%；当能源结构（*cp*）低于0.17时，贷款规模的减排作用加大，贷款规模（*li*）每增加1个单位，促进二氧化碳排放量（*lnce*）减少361.06%。通过分析可见，当煤炭消费比重较低时，贷款规模将发生显著的减排作用，且随着煤炭消费比重的降低，其他低碳能源及清洁能源比重将增加，贷款规模的减排作用显著扩大。

以经济结构（*is*）为门槛变量构建的模型中，贷款规模（*li*）与二氧化碳排放量（*lnce*）的关系为负。当经济结构（*is*）高于2.482时，贷款规模与二氧化碳排放量（*lnce*）的作用关系不显著；当经济结构（*is*）高于1.472且低于2.482时，贷款规模发生显著的减排作用，贷款规模（*li*）每增加1个单位，二氧化碳排放量（*lnce*）减少251.78%；当经济结构低于1.472时，贷款规模的减排作用加大，贷款规模（*li*）每增加1个单位，其减排效应由251.78%增加到559.24%。通过分析可见，在高耗能行业工业增加值比重较高时，贷款规模对二氧化碳排放未产生显著的减排效果，高耗能行业具有明显的高能耗、高污染和高排放特征，工业生产过程中对高碳能源需求量大，在其工业增加值比重较高时，其工业发展所需能源消耗量大，金融发展未发挥显著的减排效应；随着高耗能行业工业增加值比重的降低，贷款规模的减排作用逐渐显著，且减排作用随着工业增加值比重的降低而扩大，此时低碳技术逐步提高，高耗能产业逐步转型，贷款规模的扩大对节能减排具有积极的促进作用。

4.2.3.2 利用外资比重对高耗能工业行业碳减排的面板门槛效应分析

(1) 门槛值估计

在设定模型时，假设存在门槛效应，因此在分析之前，首先要对利用外资（*fi*）与二氧化碳排放量（*lnce*）之间是否存在门槛效应进行检验，并确定其门槛个数。通过 Hansen(1999)提出的门槛效应检验方法，以利用外资（*fi*）为核心解释变量，分别将 R&D 经费支出（*rd*）、能源强度（*ci*）和经济结构（*is*）作为门槛变量对模型进行估计，依次对只存在一个门槛值、存在两个门槛值和存在三个门槛值进行检验，门槛效应检验结果如表 4-14。

表 4-14　　利用外资与碳排放的门槛效应检验结果

门槛变量	模型	*F* 值	*P* 值	BS 次数	临界值		
					1%	5%	10%
rd	单一门槛模型	10.947***	0.005	300	8.575	4.575	2.785
	双门槛模型	2.462	0.131	300	8.789	4.458	2.917
	三门槛模型	0.822	0.345	200	7.141	3.687	2.613
ci	单一门槛模型	12.215**	0.050	300	19.175	12.526	8.995
	双门槛模型	5.084	0.213	300	23.800	16.708	11.404
	三门槛模型	3.188	0.160	200	6.858	5.479	4.224
is	单一门槛模型	8.921**	0.016	300	9.745	4.366	2.611
	双门槛模型	4.864**	0.026	300	7.308	3.764	2.866
	三门槛模型	3.409*	0.0620	200	7.853	3.869	2.745

注：***、**、*分别表示在 1%、5%、10%的显著性水平下显著。

表 4-14 显示，以利用外资（*fi*）为核心解释变量构建的模型中，以 R&D 经费支出（*rd*）为门槛变量时，在存在一个门槛值的原假设下，*F* 统计量的值为 10.947，通过了 5%的显著性检验；双门槛模型的 *F* 值为 2.462，在 5%的显著性水平下拒绝两个门槛值的原假设，因此存在一个门槛值。以能源强度（*ci*）为门槛变量时，单一门槛模型的 *F* 值为 12.215，在 5%的显著性水平下显著；双门槛模型的 *F* 值为 5.084，未通过 5%的显著性检验，因此存在一个门槛值。以经济结构（*is*）为门槛变量时，双门槛模型的 *F* 值为 4.864，在 5%的显著性水平下显著，三门槛模型的 *F* 值为 3.409，在 5%的显著性水平下未通过检验，因此接受存在两个门槛值的原假设。

表 4-15 为各模型门槛值估计结果与置信区间，从图 4-2 及表 4-15 可知以利用外资（*fi*）为核心解释变量构建的模型中，以 R&D 经费支出（*rd*）为门槛变量

时，门槛估计值为 0.262；以能源强度（ci）为门槛变量时，门槛估计值为 3.640；以经济结构（is）为门槛变量时，两个门槛估计值分别为 2.301 和 0.937。各门槛值在其置信区间内均是显著的。

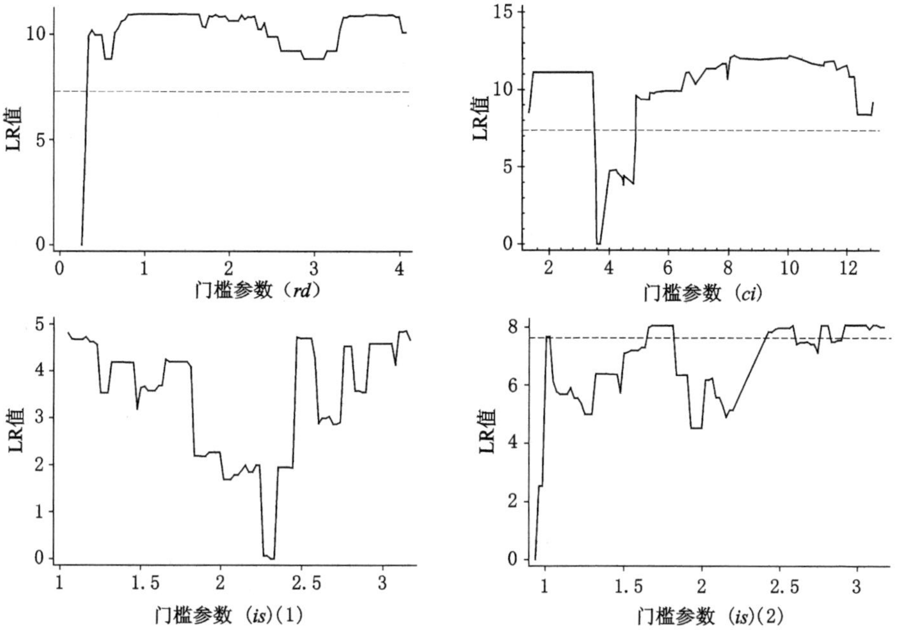

图 4-2　利用外资与碳排放的 LR 值和门槛参数关系图

表 4-15　　　利用外资与碳排放的门槛估计结果及置信区间

门槛变量	门槛值	估计值	95%的置信区间
rd	γ	0.262	[0.262,0.300]
ci	γ	3.640	[3.560,4.880]
is	γ_1	2.301	[1.050,3.165]
	γ_2	0.937	[0.937,0.982]

(2) 门槛模型估计与分析

根据门槛值的检验结果，为衡量金融发展对高耗能工业碳减排的影响，以利用外资（fi）为核心解释变量，分别以 R&D 经费支出（rd）、能源强度（ci）为门槛变量，构建单一门槛模型；以经济结构（is）为门槛变量，构建双重门槛模型，估计结果见表 4-16。

表 4-16　　利用外资与碳排放的门槛模型回归结果

	门槛变量		
	is	*rd*	*ci*
rd		0.150 8***	0.042 1
		(4.2)	(1.058 0)
ci	0.082 8***		0.042 5***
	(9.000 2)		(3.775 4)
cp	2.235 2***	3.152 9***	2.887 8***
	(7.119 7)	(7.71)	(7.900 1)
is	0.345 8***	0.114 6*	
	(6.556 9)	(1.94)	
*fi*_1	−0.193 5***	−0.103 0***	−0.131 4***
	(−3.792 2)	(−5.02)	(−5.690 3)
*fi*_2	−0.025 9**	−0.049 9***	−0.069 2***
	(−2.625 9)	(−4.1)	(−6.593 3)
*fi*_3			−0.046 7***
			(−4.117 7)
cons	7.867 0***	8.332 4***	8.580***
	(43.16)	(40.51)	(55.65)
R^2	0.780 8	0.640 6	0.751

注：()为 *t* 检验统计值；***、**、*分别表示在 1%、5%、10%的显著性水平下显著。

从门槛模型回归结果可以看到，以 R&D 经费支出(*rd*)为门槛变量构建的模型中，利用外资(*fi*)与二氧化碳排放量(*lnce*)之间的关系为负向。利用外资与二氧化碳排放量之间的关系受到 R&D 经费支出高低的影响。当 R&D 经费支出(*rd*)低于 0.262 时，利用外资(*fi*)每增加 1 个单位，促进二氧化碳排放量(*lnce*)减少 19.35%；当 R&D 经费支出(*rd*)高于 0.262 时，利用外资(*fi*)每增加 1 个单位，促进二氧化碳排放量(*lnce*)减少 2.59%。通过分析可见外商投资对二氧化碳排放的影响显著存在基于技术进步的门槛效应，在 R&D 经费支出较低时代表的技术进步水平较低，外商投资由于具有低成本的溢出效应，可较短时间内引进先进生产设备，因此对碳减排的作用较明显；而随着 R&D 经费支出不断增加并超过特定门槛值，此时代表的技术水平较高，由于外商投资规模较小，其外商投资企业并未将其核心技术引进我国，对我国前沿技术的提升作用较小，其减排作用显著减少。

实证结果还显示，以能源强度（*ci*）为门槛变量构建的模型中，利用外资（*fi*）对二氧化碳排放量（*lnce*）的影响为负向。当能源强度（*ci*）高于3.640时，利用外资（*fi*）每增加1个单位，促进二氧化碳排放量（*lnce*）减少4.99%；当能源强度（*ci*）低于3.640时，利用外资（*fi*）对二氧化碳排放量（*lnce*）的减排作用由4.99%增加到10.30%。通过分析可见，外商投资能够促进高耗能行业二氧化碳排放量的减少，且其碳减排作用随着能耗强度的降低而增强。

以经济结构（*is*）为门槛变量构建的模型中，利用外资（*fi*）对二氧化碳排放量（*lnce*）的影响为负向。当经济结构（*is*）高于2.301时，利用外资（*fi*）每增加1个单位，二氧化碳排放量（*lnce*）减少4.67%；当经济结构（*is*）高于0.937且低于2.301时，利用外资（*fi*）的减排作用加强，利用外资（*fi*）每增加1个单位，二氧化碳排放量（*lnce*）减少6.92%；当经济结构低于0.937时，利用外资（*fi*）的减排作用进一步加大，利用外资（*fi*）每增加1个单位，二氧化碳排放量（*lnce*）减少13.14%。通过分析可见，外商投资对高耗能行业碳减排具有积极的促进作用，且其减排效应随着高耗能行业工业增加值比重的降低而加强。

4.2.3.3　股票市值对高耗能工业行业碳减排的面板门槛效应分析

（1）门槛值估计

在设定模型时，假设存在门槛效应，因此在分析之前，首先要对股票市值（*mc*）与二氧化碳排放量（*lnce*）之间是否存在门槛效应进行检验，并确定其门槛个数。通过Hansen（1999）提出的门槛效应检验方法，以股票市值（*mc*）为核心解释变量，分别将R&D经费支出（*rd*）、能源强度（*ci*）和能源结构（*cp*）作为门槛变量对模型进行估计，依次对只存在一个门槛值、存在两个门槛值和存在三个门槛值进行检验，门槛效应检验结果如表4-17。

表4-17　股票市值与碳排放的门槛效应检验结果

门槛变量	模型	*F*值	*P*值	BS次数	临界值		
					1%	5%	10%
rd	单一门槛模型	21.514**	0.017	300	22.067	18.211	10.747
	双门槛模型	0.000	0.990	300	3.584	2.021	1.523
	三门槛模型	1.918	0.375	200	16.242	7.682	5.521
ci	单一门槛模型	21.892***	0.010	300	21.601	15.540	9.215
	双门槛模型	16.297**	0.047	300	20.316	15.421	10.384
	三门槛模型	5.811	0.135	200	13.692	9.761	7.404

续表 4-17

门槛变量	模型	F 值	P 值	BS 次数	临界值		
					1%	5%	10%
cp	单一门槛模型	50.558***	0.000	300	24.006	15.709	12.209
	双门槛模型	1.500	0.283	300	11.755	7.996	4.746
	三门槛模型	1.403	0.405	200	10.029	8.133	6.219

注：***、**、*分别表示在1%、5%、10%的显著性水平下显著。

表 4-17 显示，以股票市值(*mc*)为核心解释变量构建的模型中，以 R&D 经费支出(*rd*)为门槛变量时，在存在一个门槛值的原假设下，*F* 统计量的值为 21.514，通过了 5%的显著性检验；双门槛模型的 *F* 值为 0.000，在 5%的显著性水平下拒绝两个门槛值的原假设，因此存在一个门槛值。以能源强度(*ci*)为门槛变量时，双门槛模型的 *F* 值为 16.297，在 5%的显著性水平下显著；三门槛模型的 *F* 值为 5.811，未通过 5%的显著性检验，因此存在两个门槛值。以能源结构(*cp*)为门槛变量时，单一门槛模型的 *F* 值为 50.558，在 5%的显著性水平下显著；双门槛模型的 *F* 值为 1.500，在 5%的显著性水平下未通过检验，因此接受存在一个门槛值的原假设。

表 4-18 为各模型门槛值估计结果与置信区间，从图 4-3 与表 4-18 可知，以股票市值(*mc*)为核心解释变量构建的模型中，以 R&D 经费支出(*rd*)为门槛变量时，门槛估计值为 0.610；以能源强度(*ci*)为门槛变量时，门槛估计值分别为 3.640 和 14.130；以能源结构(*cp*)为门槛变量时，门槛估计值为 0.170。且各门槛值在其置信区间内均是显著的。

(2) 门槛模型估计与分析

根据门槛值的检验结果，为衡量金融发展对高耗能工业碳减排的影响，以股票市值(*mc*)为核心解释变量，分别以 R&D 经费支出(*rd*)、能源结构(*cp*)为门槛变量，构建单一门槛模型；以能源强度(*ci*)为门槛变量，构建双重门槛模型，估计结果见表 4-19。

从门槛模型回归结果可以看到，以 R&D 经费支出(*rd*)为门槛变量构建的模型中，股票市值(*mc*)与二氧化碳排放量(*lnce*)之间的关系为负向，表明股票市值对二氧化碳排放量的影响存在负间接效应。当 R&D 经费支出(*rd*)低于 0.610时，股票市值(*mc*)每增加 1 个单位，促进二氧化碳排放量(*lnce*)减少 55.86%；当 R&D 经费支出(*rd*)高于 0.610 时，股票市值(*mc*)与二氧化碳排放量(*lnce*)的负向关系不显著。随着 R&D 经费支出的增加，技术进步水平的提高，股票市值未显著促进碳减排，反映我国资本市场发展不完善。

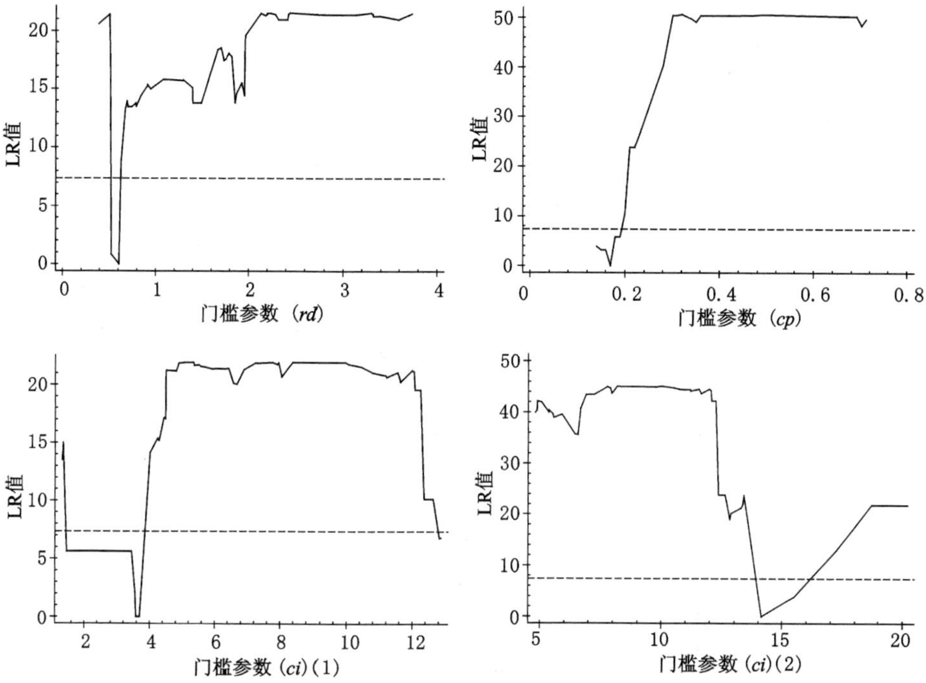

图 4-3 股票市值与碳排放的 LR 值和门槛参数关系图

表 4-18　　股票市值与碳排放的门槛估计结果及置信区间

门槛变量	门槛值	估计值	95%的置信区间
rd	γ_1	0.610	[0.525,0.610]
ci	γ_1	3.640	[1.450,3.700]
	γ_2	14.130	[14.130,15.510]
cp	γ_1	0.170	[0.140,0.190]

表 4-19　　股票市值与碳排放的门槛模型回归结果

	门槛变量		
	cp	*rd*	*ci*
rd		0.191 0***	−0.041 3
		(6.28)	(−1.55)
ci	0.089 9***		0.085 5***
	(12.99)		(8.83)

续表 4-19

	门槛变量		
	cp	*rd*	*ci*
cp	1.167 2***	1.797 6***	
	(5.09)	(5.05)	
is	0.379 7***	0.290 1***	0.321 6***
	(9.87)	(5.76)	(7.93)
*mc*_1	−0.558 6***	−0.520 4***	−0.380 7***
	(−5.10)	(−4.18)	(−7.06)
*mc*_2	−0.053 5	0.031 3	−0.017 2
	(−1.02)	(0.635)	(−0.30)
*mc*_3		0.666 2***	
		(3.72)	
cons	7.959 5***	8.225 2***	8.550 1***
	(51.57)	(40.53)	(78.89)
R^2	0.910 5	0.768 2	0.865 7

注：()为 t 检验统计值；***、**、*分别表示在 1%、5%、10%的显著性水平下显著。

以能源强度(*ci*)为门槛变量构建的模型中，股票市值(*mc*)与二氧化碳排放量(*lnce*)的关系呈正 V 形。当能源强度(*ci*)低于 3.640 时，股票市值(*mc*)对二氧化碳排放量(*lnce*)的影响为负，股票市值(*mc*)每增加 1 个单位，促进二氧化碳排放量(*lnce*)减少 52.04%；当能源强度(*ci*)高于 3.640 且低于 14.130 时，股票市值(*mc*)对二氧化碳排放量(*lnce*)的影响并不显著；当能源强度(*ci*)高于 14.130，股票市值(*mc*)对二氧化碳排放量(*lnce*)的影响转为正向，股票市值(*mc*)每增加 1 个单位，促进二氧化碳排放量(*lnce*)增加 66.62%。通过分析可见，能耗强度较高时，反映的技术水平较低，股票市值的增加导致二氧化碳排放量的增加；而能耗强度较低时，反映的技术水平较高，股票市值对高耗能行业二氧化碳排放具有积极的减排作用。

以能源结构(*cp*)为门槛变量构建的模型中，股票市值(*mc*)对二氧化碳排放量(*lnce*)的影响为负向。当能源结构(*cp*)低于 0.170 时，股票市值(*mc*)每增加 1 个单位，二氧化碳排放量(*lnce*)减少 38.07%；当能源结构(*cp*)高于 0.170 时，股票市值(*mc*)与二氧化碳排放量(*lnce*)的负向关系并不显著。通过分析可见，当煤炭在能源消费中所占比重较高时，股票市值的碳减排作用并不显著；当煤炭在能源消费中所占比重较低时，股票市值能够显著促进高耗能行业碳减排。

4.2.4 面板门槛效应结论

本章利用 2004～2016 年中国高耗能行业面板数据，运用面板门槛模型研究金融发展对高耗能行业碳减排的影响，结果显示：

以贷款规模为核心解释变量构建的模型中，以 R&D 经费支出为门槛变量时，贷款规模与高耗能行业二氧化碳排放量之间为负向关系，贷款规模具有显著的减排作用，并随着 R&D 经费支出的增加，贷款规模的减排作用加大。以能源强度为门槛变量时，贷款规模与二氧化碳排放量之间呈正 V 形关系，当能耗强度较高时，贷款规模的扩大能够导致二氧化碳排放量的增加，当能源强度较低并低于特定门槛值时，贷款规模能够发挥显著的减排作用。贷款规模的扩大对高耗能行业二氧化碳排放量的减少具有积极的促进作用；以能源结构为门槛变量构建的模型中，贷款规模对二氧化碳排放量的影响为负向，贷款规模存在显著的减排作用，且随着煤炭在能源消费中比重的降低，贷款规模对高耗能行业的减排作用显著扩大。以产业结构为门槛变量时，在高耗能行业工业增加值比重较高时，贷款规模对二氧化碳排放未产生显著的减排效果，随着高耗能行业工业增加值比重的降低并低于特定门槛值时，贷款规模的减排作用逐渐显著，且减排作用随着高耗能行业工业增加值比重的降低而扩大。

以利用外资比重为核心解释变量构建的模型中，以 R&D 经费支出为门槛变量时，利用外资与高耗能行业二氧化碳排放量之间为负向关系，但在 R&D 经费支出增加并超过特定门槛值时，其减排作用降低。这主要由于外商投资具有低成本的溢出效应，可较短时间内引进先进生产设备，因此能够显著促进碳减排，而随着 R&D 经费支出不断增加并超过特定门槛值，此时代表的技术水平较高，由于外商投资规模较小，其外商投资企业并未将其核心技术引进我国，对我国前沿技术的提升作用较小，其减排作用显著减少。以能源强度为门槛变量时，利用外资比重与二氧化碳排放量之间为负向关系，外商投资能够促进高耗能行业二氧化碳排放量的减少，且其碳减排效应随着能源强度的降低而增强。以产业结构为门槛变量时，利用外资比重对二氧化碳排放量的影响为负向，外商投资对高耗能行业碳减排具有积极的促进作用，且其减排效应随着高耗能行业工业增加值比重的降低而加强。

以股票市值为核心解释变量构建的模型中，在 R&D 经费支出较低时，股票市值能够促进高耗能行业二氧化碳排放量的减少，但随着 R&D 经费支出的增加，技术进步水平的提高，股票市值未显著促进碳减排，反映我国资本市场发展不完善。以能源强度为门槛变量时，股票市值与二氧化碳排放量之间呈正 V 形关系，当能源强度较高时，股票市值的增加能够导致高耗能行业二氧化碳排放量的增加，当能源强度较低并低于特定门槛值时，股票市值能够发挥显著的减排作用。以能源结构为门槛变量构建的模型中，当煤炭在能源消费中所占比重较高时，股票市值的减排作用并不显著，当煤炭在能源消费中所占比重较低时，股票市值能够显著促进高耗能行业二氧化碳排放量的减少。

通过面板门槛模型分析，金融发展对二氧化碳排放的影响存在门槛效应，在门槛变量处于不同取值区间时，金融发展对二氧化碳排放量的影响存在差异。从碳减排效果来看，贷款规模减排效果最强，股票市值与利用外资减排效果较弱。从技术进步视角来看，金融发展对二氧化碳排放的影响存在基于技术进步的门槛效应，贷款规模的碳减排作用随着技术发展水平的提高而增加；利用外资的碳减排作用随着技术发展水平的提高有所减少；股票市值在技术发展水平较低时能够发挥显著的减排作用，而技术水平较高时，其作用关系不显著，反映我国资本市场仍需不断完善，以更好地促进资源配置。

4.3 本章小结

本章利用技术中介效应模型分析了技术进步变量在金融发展对高耗能行业碳减排影响的过程中是否发挥了中介效应。中介效应分析结果表明，以 R&D 经费支出为中介变量时，其在贷款规模与利用外资对高耗能行业碳减排影响过程中均发挥了负向中介效应，即金融发展能够通过影响技术进步对高耗能行业碳减排产生积极影响。中介效应模型从总体上对金融发展、技术进步与碳减排之间的线性关系进行了分析。在此基础上，运用面板门槛模型进一步分析金融发展对高耗能行业碳减排的影响，研究结果表明，在门槛变量处于不同取值区间时，金融发展对二氧化碳排放量的影响存在差异，贷款规模减排效果最强，从技术进步视角来看，金融发展对二氧化碳排放的影响存在基于技术进步的门槛效应。

5 金融支持、技术进步对我国省域碳排放影响的空间效应

5.1 金融支持、技术进步及省域碳排放现状

党的十九大将“生态文明建设”上升至国家战略高度，各级政府、企业积极重视提高生产技术，发展可再生能源，建立健全全国碳排放权交易市场以促进碳减排。《巴黎气候变化协定》中我国提出到2030年单位GDP二氧化碳排放量比2005年下降60%～65%。虽然我国在减少碳排放方面做出很大努力，但是随着社会发展，能源消费激增，开发与消费能源过程中温室气体不断累积，二氧化碳排放总量始终保持在高位。根据国际能源署数据，2016年我国碳排放量约为91.23亿吨，为全球第一大二氧化碳排放国。二氧化碳排放总量的增加，将成为制约我国经济快速健康发展的因素之一。在经济增长的同时降低碳排放量，需要改变原有高碳能源扩张发展模式，以推动社会经济和环境可持续发展。

减排技术、能源利用技术等低碳技术对提升我国碳减排效率，改变我国高碳产业结构产生重要影响，如垃圾焚烧发电技术可增发电量2%～10%，实现碳减排约765万吨。数据显示，2006～2015年，我国能源利用效率技术如富氧燃烧碳减排技术、提升能源加工转换效率的技术、可再生能源利用技术分别实现碳减排约13.45亿吨、2.44亿吨和8.5亿吨。我国已经意识到技术创新的重要性，2017年全社会研发投入年均增长11%，科技进步贡献率由52.2%提高到57.5%，专利申请量达138.2万件，同比增长14.2%，淘汰退出一部分高耗能、高耗水、高污染产业，并促使企业引进节能减排技术，实施惠普性支持政策，不断打造掌握核心技术知识产权的先进企业。

金融支持起到了资金融通的作用，引导了资源的优化配置，是经济发展的重要媒介和推动力，统计数据显示，截至2018年3月份，金融资产总量约247.95万亿人民币，本外币贷款余额130.45万亿元，同比增长11.9%；本外币存款余额174.44万亿元，同比增长8.4%。降低经济发展中的碳排放量离不开金融的

支持，金融发展有利于推动技术进步，进而对提升能源利用效率、降低碳排放量等方面起到重要影响。2017 年末我国专利质押融资额超过 720 亿元，重点产业专利运营基金募集资金约 42.8 亿元。同时，金融发展模式逐渐向碳金融模式转变，据统计 2017 年我国绿色融资总额约 9 万亿元，在绿色债券、绿色基金以及其他碳衍生产品方面进行积极探索与创新，碳交易市场的流动性逐渐增强，为节能减排、环境治理和经济结构调整做出积极贡献。基于此，深入研究我国省域碳排放的空间特征，探究金融发展、技术进步对碳排放的影响具有重要现实意义。

5.2 相关文献述评

碳排放问题已成为气候变化问题的重要议题，我国碳减排效应评估和路径研究较多是从经济、技术、环境、能源等维度进行，并借助相关模型方法度量对碳排放的影响程度，涉及经济增长、贸易开放、金融支持、资源配置、技术进步、碳减排效率、人口结构等指标。

关于贸易开放、人口规模、环境、人力资本、人均产出、产业结构、总产值、能源结构和能源强度等对碳排放影响因素的研究，李锴、齐绍洲(2016)运用1997～2008 年 30 个省市面板数据，基于贸易开放、经济增长和碳排放之间的相关理论，深入研究国际贸易的环境效应，发现国际贸易对我国环境质量呈现负向影响。Bassem Kahouli(2017) 通过对 1995～2015 年南地中海国家的面板数据进行分析，建立自回归分布滞后模型和向量误差修正模型，把贸易、资本和城市化作为控制变量，重点研究经济增长、能源消耗和金融发展的长、短期因果关系，发现大多数国家三者之间是单向影响，并提出增加金融发展、减少能源不合理消费、在经济增长的同时保护环境，降低二氧化碳排放量的建议。Yang Yu，Feifan Chen(2017)运用 2000～2010 年中国和韩国数据，建立“输入－输出”模型，实证检验贸易与碳排放之间的关系。结果显示，中国和韩国之间贸易转移对减少全球碳排放起到积极作用，并且认为纺织、皮革、化工和金属贸易行为是增加碳排放的主要原因。Sun Bing(2011)利用 2000～2009 年四川省面板数据，实证检验人口、经济和技术因素对四川省低碳经济的影响。结果表明，人口规模对碳排放影响大于人口结构，并提出控制人口增长，倡导低碳生活方式和消费模式。陈诗一(2009)分别从能源和环境两个维度探讨以高能耗和高碳排放为特征的中国工业可持续发展问题，结果显示能源和资本是驱动中国工业增长的主要因素，实现中国工业完全可持续发展还需进一步提高节能减排技术。Sadia Bano，Yuhuan Zhao，Ashfaq Ahmad 等(2018)运用 1971～2014 年巴基斯坦的面板数据，建立自回归分布滞后模型和向量误差修正模型分析人力资本和碳排放之间的关系。结果表明，人力资本改善能够降低碳排放，但不会抑制经济增长。欧元明、周少甫(2015)使用 STIRPAT 模型对全国省域人均碳排放因素进行研究，结果表明，人均产出、对外贸易、能源强度、能源结构等导致人均碳排放量增加，而人口密度、产业结构、城市化率能够抑制碳排放。鲁万波、仇婷婷、杜磊(2013)从产业结构的角度研究六大产业部门对碳排放的贡献度，发现工业部门对碳排放量增长的贡献最大；进一步探讨能源结构、能源强度、产业结构和总产值对碳排放的影响，发现总产值和产业结构是碳排放的助长因素，而能源强度和能源结构能抑制碳排放量的增长。

关于交通运输、公路建设、建筑业、旅游发展等对碳排放影响的研究，Lu Xiaoli，Lv Xiaofei(2015)通过运用夏普里分解方法分析辽宁省交通运输业对辽宁省碳排放的影响，研究发现提高交通运输利用率能减少交通运输业造成的碳排放。Xie Rui 等(2017)基于我国 2003～2013 年间 283 个城市的面板数据，建立 STRIPAT 模型研究交通基础设施对城市碳排放的影响。结果表明，大中型城市相较于小城市，其交通基础设施建设导致碳排放量增加更显著。Peng Bo 等(2017)研究发现中国多个省份公路建设施工中沥青加热和集料干燥环节是碳排放的重要原因。王凯、邵海琴、周婷婷等(2018)利用扩展的环境库兹涅茨曲线(EKC)方法研究旅游发展对区域碳排放的影响，数据分析发现旅游业发展会导致碳排放增加，而旅游服务专业化水平提高能减轻经济发展的环境压力。

同时，金融支持、技术进步也受到越来越多的关注。关于金融支持技术创新的研究，严成樑等(2016)在金融发展与二氧化碳排放强度之间存在倒 U 形关系的理论模型基础上，利用中国 30 个省份 1997～2012 年间的面板数据构建包含金融发展、创新与二氧化碳强度等变量的内生增长模型，提出金融发展既能够直接促进低碳经济的发展，又能够通过技术创新等渠道间接促进低碳化的观点。关于技术进步降低碳排放的研究，张伟等(2013)基于生产理论，建立碳减排效率的 DEA 模型，并对影响碳减排效率的因素进行分解，研究发现碳减排技术、能源利用技术对碳减排效率有较强正向影响，并建议提高能源使用和碳减排技术水平。Su Wensong 等(2018)等运用空间相关性分析、马尔可夫链过渡矩阵、动态面板模型和广义矩估计对 19 个国家的面板数据实证分析城市碳排放的影响因素。结果发现人口聚集、技术进步、贸易开放度等因素均抑制碳排放量，并认为优化产业结构、简化投资、提高技术水平是节能减排的有效途径。

借鉴国内外学者对碳排放影响因素的研究经验，结合我国经济发展实际，进一步探究金融支持、技术进步与二氧化碳排放之间的关系，对推动经济可持续健康发展具有重要研究意义。本研究以我国 30 个省(自治区、直辖市)为研究对象,从空间分析视角,结合我国 2003～2016 年省际面板数据,实证分析金融支持和技术进步要素在空间上对碳排放强度的冲击方向和冲击程度。

5.3 模型设定与数据说明

5.3.1 模型设定

由于金融支持和技术进步与地理区位相联系,因此模型构建应该注意区域金融发展程度和区域技术水平存在异质性。由于我国区域社会经济发展不平衡,而且区域金融发展和技术提高是动态渐进的累积过程,地区金融发展和技术提高不仅与本地区的经济、政治和社会环境等因素的增长相关,还与相邻地区的金融发展和技术水平有关,从而使得我国区域金融发展和技术水平在区域间和区域内部都存在较大差距。(郑少智、黄梦云,2015;汪克亮等,2015)

为解决上述问题,准确揭示出金融支持和技术进步对碳排放强度的影响,将模型初步设定如下:

$$\mathrm{CO_2}/GDP_{it} = \alpha_k X_{itk} + \mu_i + \nu_t + \varepsilon_{it} \tag{5-1}$$

式(5-1)中,i 和 t 分别表示第 i 个地区和第 t 年,$\mathrm{CO_2}$/GDP 表示碳排放强度,α_k 为第 k 个解释变量的估计系数,μ_i 为地区固定效应,ν_t 为时间固定效应,ε_{it} 为随机扰动项,X_{itk} 则包括金融支持、技术进步等变量。

考虑到金融支持、技术进步以及二氧化碳排放强度存在邻域单元间的空间联系和相关性,需要运用空间计量模型分析这两个因素如何影响到区域碳排放强度及地区之间碳排放强度的变化,为此构建的金融支持、技术进步影响碳排放强度的空间杜宾模型(SDM)如下:

$$\mathrm{CO_2}/GDP_{it} = \rho W_{ij}^{m} \mathrm{CO_2}/GDP + \alpha_k X_{itk} + \beta_k W_{ij}^{m} X_{itk} + \mu_i + \nu_t + \varepsilon_{it} \tag{5-2}$$

式(5-2)中,ρ 为空间滞后系数,反映相邻地区的碳排放强度对本地区碳排放权强度观测值的影响方向和程度;β_k 为解释变量空间滞后项的估计系数;W_{ij}^{m} 是度量地理邻近性和地区间经济活动相似度的 $NT \times NT$ 的空间权重矩阵,m 表示权重的种类(3 种权重),N 为横截面样本个数(30 个省市),T 为横截面样本限度(2003～2016 年),其余参数含义同式(5-1)。

由于式(5-2)的参数因量纲不同而不同,这样无法对不同经济水平区域的金融支持、技术进步对碳排放的影响进行比较判断,为使各参数的经济意义更加明确,采用不受量纲影响的双对数模型形式。双对数模型如下:

$$\ln CO_2/GDP_{it} = \rho W_{ij}^m \ln CO_2/GDP + \alpha_k \ln X_{itk} + \beta_k W_{ij}^m \ln X_{itk} + \mu_i + \nu_t + \varepsilon_{it} \tag{5-3}$$

此外，当式(5-3)的参数是否显著为0，可演化出不同模型。当 $\rho=0,\beta_k=0$ 时，可演化出回归模型(OLS)：

$$\ln CO_2/GDP_{it} = \alpha_k \ln X_{itk} + \mu_i + \nu_t + \varepsilon_{it} \tag{5-4}$$

当 $\rho=0,\beta_k=0$ 时，令 $\varepsilon_{it}=\lambda W_{ij}^m \varepsilon_{it}+\gamma_{it}$，个体间的空间效应体现在模型扰动项，可演化出空间误差模型(SEM)：

$$\ln CO_2/GDP_{it} = \alpha_k \ln X_{itk} + \mu_i + \nu_t + \varepsilon_{it}, \varepsilon_{it} = \lambda W_{ij}^m \varepsilon_{it} + \gamma_{it} \tag{5-5}$$

当 $\beta_k=0$ 时，可演化出空间滞后模型(SLM)也称空间自回归模型(SAR)：

$$\ln CO_2/GDP_{it} = \rho W_{ij}^m \ln CO_2/GDP + \alpha_k \ln X_{itk} + \mu_i + \nu_t + \varepsilon_{it} \tag{5-6}$$

式(5-3)～式(5-6)中，λ 表示误差项的空间自相关系数，$W_{ij}^m \varepsilon_{it}$ 是不同单位干扰项之间存在的交互效应，λ_{it} 为随机冲击项；$W_{ij}^1=\begin{cases}1, 当\ i\ 和\ j\ 相邻\\0, 其他情况\end{cases}$；$W_{ij}^2=\begin{cases}\dfrac{1}{D_{ij}^2}, 当\ i\ 和\ j\ 相邻\\0, 其他情况\end{cases}$，$D_{ij}$ 为根据地区行政中心的经纬度数据计算出地区 i 和地区 j 之间的球面地理距离；$W_{ij}^3=\begin{cases}\dfrac{1}{|GDP_i-GDP_j|}, 当\ i\ 和\ j\ 相邻\\0, 其他情况\end{cases}$，$GDP_i$ 和 GDP_j 分别表示地区 i 和地区 j 的人均GDP。W_{ij}^1 为邻接权重矩阵，是0-1矩阵，按照rook邻近原则，依据各省市之间地理上是否相邻进行权重设定，比较适用于分析对政治、文化等空间依赖性较明显的问题。由于海南省没有边界相邻的邻居，将海南省邻居设定为距离最近的广东省。W_{ij}^2 为地理权重矩阵，区域间依赖性和辐射作用与地理距离远近成正比，一般根据各个地区省会城市之间的经纬度计算的距离设置权重。W_{ij}^3 为经济权重矩阵，主要适用于由于经济差异影响区域间空间辐射效应的问题。具体估算过程中对三类空间权重矩阵均进行标准化处理，确保空间权重矩阵每行元素之和等于1。

5.3.2 变量选取与数据说明

本研究样本为我国30个省、自治区及直辖市(不含西藏及港澳台地区)，样本的时间跨度为2003～2016年。具体数据说明如下：

关于碳排放指标，采用碳排放强度表示，记为 Y。碳排放强度公式为 Y=年度 CO_2 排放量/当年GDP，单位为吨/万元。其中各区域当年GDP数据来自万德数据库，年度二氧化碳排放量(CO_2)的估算借鉴《国家温室气体排放清单指南》2006 版(IPCC,2006)给出的第三种基于能源表现消费量的参考方法,选取原料煤、焦炭、原油、燃料油、汽油、煤油、柴油、天然气、电力 9 种主要能源估算碳排放数据,具体测算公式如式(5-7)所示。

$$CO_{it\mathrm{W}_{ij}^{3}} = \sum_{j=1}^{9} Y_{it,j} = \sum_{j=1}^{9} E_{it,j} \times LCV_j \times CC_j \times COF_j \times \frac{44}{12} \tag{5-7}$$

式中,CO_{it} 表示不同省区 i 在不同年份 t 的碳排放总量;j 表示燃料种类,原料煤、焦炭、原油、燃料油、汽油、煤油、柴油、天然气和电力等;$E_{it,j}$ 表示第 i 省区第 j 种在 t 年的能源消耗量;LCV_j 表示第 j 种能源低位热值;CC_j 表示第 j 种能源的碳含量;COF_j 表示第 j 种能源的碳氧化因子,采用 IPCC 报告中的缺省排放因子,并把所有燃料消费视为完全燃烧(氧化率=1);44/12 表示二氧化碳和碳的分子量比率。各省区 j 种能源消费量的数据来自《中国能源统计年鉴》,LCV、CC 和 COF 数据来源于 2006 年 IPCC。

关于金融支持指标,参考已有的研究文献,从金融结构、金融规模及金融效率三个角度衡量各省的金融发展程度,数据来源于《中国统计年鉴》和万德数据库。

反映金融支持的结构变量(记为 FJG)。白钦先(1989)在《比较银行学》中指出金融结构是金融相关要素的组成、相互关系及量的比例,金融结构的变化代表了金融发展水平的变动。金融结构的核心是融资结构,因此采用金融机构年末贷款余额与金融资产总量的比值来表示金融结构变量。

反映金融支持的规模变量(记为 FGM)。为衡量一国金融发展水平,Goldsmith(1969)提出金融相关比率(Financial Interrelations Ratio,FIR)指标,FIR 是一定时期内金融活动总量与一定时期内经济活动总量之比。FIR 与货币比率、非金融相关比率、资本形成比率、外部融资比率、金融机构、新发行比率、金融资产价格波动和乘数等成正比,与实际收入增长率、物价上涨率以及平均资本产出比率成反比,衡量和反映金融发展趋势。本研究采用简化的 FIR 指标衡量各省金融规模情况,即 FGM=金融资产总量/GDP。从资产流动性的角度,可以将金融资产区分为货币、债券、股票和保费收入等,鉴于此,本研究金融资产总量用金融机构资金运用总额、股票流通市值、债券余额和保费余额之和表示。

反映金融支持的效率变量(记为 FXL)。金融体系的基本功能是引导储蓄向投资转化,即集中全社会闲置资金以适当比例进行投资分配。金融体系的效率体现为资金流通的效率,即金融机构作为金融中介实现最优资源配置的能力,采用金融机构贷款总额与金融机构存款总额之比来表示金融效率,能有效衡量金融中介把存款转化为贷款的资金配置能力。该指标数值越大,表示金融中介机构资金配置能力越强，金融效率越高。

技术进步变量则由 R&D 活动经费内部支出总额（记为 RD）、人均专利申请数（记为 PAT）来衡量，RD 表示 R&D 活动经费支出，PAT 表示 R&D 活动经费产出。其中 R&D 经费内部支出用各地区研究与试验发展（R&D）经费内部支出数据表示，数据来源于《中国统计年鉴》。人均专利申请数用专利授权数与年末人口比值表示，单位为件/万人，专利授权数数据来源于《中国科技统计年鉴》，各省年末人口数据来源于万德数据库。

变量的定义与度量见表 5-1。

表 5-1　　变量的定义与度量

变量	定义与度量
碳排放强度 Y	Y＝年度 CO_2 排放量/当年 GDP，单位为吨/万元
金融支持的规模变量 FGM	FGM＝金融资产总量/GDP＝（金融机构资金运用总额＋股票流通市值＋债券余额＋保费余额）/GDP
金融支持的结构变量 FJG	FJG＝金融机构年末贷款余额/金融资产总量＝金融机构年末贷款余额/（金融机构资金运用总额＋股票流通市值＋债券余额＋保费余额）
金融支持的效率变量 FXL	FXL＝金融机构贷款总额/金融机构存款总额
R&D 经费内部支出 RD	采用各地区研究与试验发展（R&D）经费内部支出来衡量，单位为亿元
人均专利申请数 PAT	PAT＝专利授权数/年末人口，单位为件/万人
邻接权重矩阵 W^1_{ij}	$W^1_{ij}=\begin{cases}1,当 i 和 j 相邻\\0,其他情况\end{cases}$，即若两个地区在地理上是相邻的，令 $W^1_{ij}=1$，否则为 0
地理权重矩阵 W^2_{ij}	$W^2_{ij}=\begin{cases}\dfrac{1}{D^2_{ij}},当 i 和 j 相邻\\0,其他情况\end{cases}$，$D_{ij}$ 为经纬度计算的两省会城市之间的距离
经济权重矩阵 W^3_{ij}	$W^3_{ij}=\begin{cases}\dfrac{1}{\lvert GDP_i-GDP_j\rvert},当 i 和 j 相邻\\0,其他情况\end{cases}$，GDP 为样本期内各地区人均 GDP

5.4 实证分析

5.4.1 省域碳排放空间自相关性检验

在建立空间计量模型前，首先要检验被解释变量的空间相关性是否存在，常用的检验方法有 Moran's I 指数法和稳健 LM 检验。

全局 Moran's I 指数的统计值可表示为：

$$I = \frac{n}{S_0} \frac{\sum_{i=1}^{n} \sum_{j=1}^{n} w_{i,j} z_i z_j}{\sum_{i=1}^{n} z_i^2} \tag{5-8}$$

其中，z_i是要素 i 的属性与其平均值的偏差（$x_i - \bar{X}$），$w_{i,j}$是要素 i 和 j 之间的空间权重，n 等于要素总数，S_0是所有空间权重的集合：

$$S_0 = \sum_{i=1}^{n} \sum_{j=1}^{n} w_{i,j} \tag{5-9}$$

统计的 Z_I得分按以下形式计算：

$$Z_I = \frac{I - E[I]}{\sqrt{V[I]}} \tag{5-10}$$

其中：

$$E[I] = \frac{-1}{(n-1)} \tag{5-11}$$

$$V[I] = E[I^2] - E[I]^2 \tag{5-12}$$

Moran's I>0 表示空间正相关性，其值越大，空间相关性越明显；Moran's I<0表示空间负相关性，其值越大，空间差异越大；Moran's I=0，空间呈随机性。基于空间邻接权重矩阵，本研究运用 Stata 软件对被解释变量 2003～2016 年的原始数据取对数后进行全局 Moran's I 指数检验。可以发现，自 2003～2016 年以来，中国省际碳排放强度每年都呈下降态势，碳排放强度的 Moran's I 指数波动性上升，且每年都在 0.225 以上，均通过 5%水平的显著性检验，说明中国各省份碳排放强度的空间关联性越来越强。

表 5-2 是基于具有空间固定效应、时间固定效应和双向固定效应的传统混合面板数据模型的残差检验结果。当运用传统 LM 检验时可以看到，在 1%和 10%的显著水平上，分别拒绝模型中被解释变量和解释变量没有空间滞后项的原假设。当使用稳健的 LM 检验时（Robust-LM），同样拒绝没有空间自相关误差项的假设。进一步结合所计算出的 Moran's I 指数可以看出，各省之间的碳

排放强度具有较强的空间相关性，有必要建立空间计量模型对各变量进行分析。

表 5-2　　传统混合面板数据模型估计结果

变量	空间固定效应	时间固定效应	双向固定效应
lnFJG	0.584 253*** (4.106 919)	0.240 464*** (4.033 609)	−0.015 657*** (9.649 219)
ln*FGM*	0.639 430*** (6.340 458)	−0.030 902 (0.928 114)	−0.057 254*** (5.085 647)
ln*FXL*	0.029 533 (0.238 726)	−0.213 918*** (−4.530 700)	0.250 308*** (−4.509 987)
ln*RD*	0.160 020*** (−5.350 509)	−0.058 099*** (−3.242 875)	−0.145 259** (−2.382 171)
ln*PAT*	−0.056 001** (−2.321 551)	−0.272 632*** (−2.716 159)	−0.212 585*** (−2.716 159)
R^2	0.191 4	0.398 3	0.803 0
loglikfe	304.619 2	−248.411 0	201.527 7
LMlag	3.755 4*	95.161 6***	18.384 4***
R-LMlag	1.836 4	22.624 3***	5.976 3**
LMerror	2.660 4	72.576 9***	14.313 2*
R-LMerror	0.741 4	0.039 6	1.905 1

注：括号内为 t 统计值，*代表在 10%的置信水平显著，**代表在 5%的置信水平显著，***代表在 1%的置信水平显著，下同。

为确定空间固定效应和时间固定效应，进行似然比（LR）检验，均拒绝原假设，其检验结果分别为（估计值为 246.401 1，$\rho=0.003\ 1$）和（估计值为 512.028 8，$\rho=0.000$），说明可以把模型扩展为具有空间固定效应和时间固定效应的模型，即模型存在双向固定效应。根据传统 LM 和稳健 LM 检验结果，LMlag在 LM 检验中显著性优于 LMeroor，同时 R-LMlag 也优于 R-LMerror，可以判断应该采用双向固定效应的空间滞后模型。LeSage 和 Pace（2009）建议应该通过 wald 统计量或 LR 统计量估计模型参数所获得的结果，检验是否支持原假设 $H_0:\theta=0$ 和 $H_0:\theta+\delta\beta=0$，以确定空间杜宾模型是否能化简为空间滞后模型和空间误差模型。若不能同时支持原假设，则表示空间杜宾模型不能化简为空间滞后模型或空间误差模型，设立的模型中应该包括因变量的空间滞后项和自变量的空间滞后项，考察变量间的空间交互作用。

5.4.2 空间杜宾模型估计结果分析

为了正确估计金融支持、技术进步与碳排放强度之间的相互关系，本研究分别在邻接权重矩阵、经济权重矩阵、地理权重矩阵下进行估计及显著性检验，如表 5-3 所示。首先根据 wald 统计量和 LR 统计量判断空间面板杜宾模型能否化简为空间滞后模型或空间误差模型，三种矩阵下的杜宾模型结果均通过 1%显著水平检验，表明相比于空间误差模型和空间滞后模型，空间杜宾模型更适合该问题的研究。然后根据 Hausman 检验结果(邻接矩阵 Hausman 估计值38.422 7，ρ=0.0765 23；经济矩阵 Hausman 估计值 29.685 2，ρ=0.008 707；地理矩阵 Hausman 估计值 48.018 5，ρ=0.045 003)，判定空间面板数据计量经济模型应采用双向固定效应模型，最后确定选取双向固定效应下的空间杜宾模型。

从表 5-3 中双向固定效应的空间杜宾模型估计来看，三种矩阵下被解释变量的滞后相关系数 $W\times\ln Y$ 均在 1%的显著性水平下为正值，表明碳排放强度与相邻地区碳排放强度之间确实存在正向空间溢出效应。地理的邻近性及区域之间产品、服务、技术和资金的流动性，推动了碳排放在区域之间的转移。从经济发展角度来看，区域需求增大不仅拉动本区域经济增长，还通过资源要素在区域间的流动，对其他区域的经济有拉动作用。然而，经济生产一般伴随着碳排放增加，所以一个区域的经济发展被其他区域带动起来的同时，伴随着承接经济发展被拉动过程中产生的碳排放。随着区域间协作、技术共享、资金交流，这种影响会持续扩散，该区域会为其他区域承担部分碳排放压力，进一步扩大我国省际碳排放集聚程度。(姚亮、刘晶茹，2010)

表 5-3　　空间杜宾模型估计及其检验

变量	双向固定效应			随机效应		
	邻接矩阵	经济矩阵	地理矩阵	邻接矩阵	经济矩阵	地理矩阵
$\ln FJG$	0.425 188***	0.566 384***	0.603 039***	0.245 802***	0.682 680***	0.444 862***
$\ln FGM$	0.419 447***	0.623 021***	0.613 533***	0.201 089**	0.730 343***	0.481 504***
$\ln FXL$	−0.013 464*	0.024 588	−0.047 724***	0.057 773*	−0.050 647*	0.194 269*
$\ln RD$	−0.145 00***	−0.172 148***	−0.169 546***	0.057 233***	0.140 653***	0.128 634***
$\ln PAT$	−0.017 683**	−0.044 200*	−0.035 167***	−0.090 255**	−0.121 580***	−0.051 648*
$W\times\ln FJG$	0.039 356*	0.303 015*	1.080 740***	−0.016 419*	−0.551 633***	0.295 951

续表 5-3

变量	双向固定效应			随机效应		
	邻接矩阵	经济矩阵	地理矩阵	邻接矩阵	经济矩阵	地理矩阵
$W\times\ln FGM$	0.148 659	−0.344 371*	0.282 024	−0.055 532*	−0.617 813***	−0.316 510**
$W\times\ln FXL$	0.134 168	−0.196 592**	−1.245 640***	−0.193 713**	0.097 805	−0.625 544***
$W\times\ln RD$	−0.115 651**	−0.081 394*	−0.187 231*	0.020 980*	−0.045 078***	0.024 865
$W\times\ln PAT$	−0.042 882**	−0.141 555**	−0.130 469*	−0.134 885***	−0.166 242***	−0.217 064***
$W\times\ln Y$	0.304 158***	0.586 095***	0.276 900***	0.602 980***	0.505 000***	0.566 995***
teta				0.072 218	0.054 061	0.057 969
Wald _ spatial _lag	21.566 4***	19.094 1***	16.913 5***	12.990 3***	13.876 4***	20.060 9***
LR_spatial_lag	23.110 2***	22.063 1***	24.311 6***			
Wald _ spatial _error	28.432 7***	21.812 3***	22.668 1***	16.210 4***	12.088 7***	16.686 2***
LR_spatial_error	26.821 7***	18.025 8***	20.766			

注：teta 为随机效应。

比较三种权重矩阵的估计结果可以发现，因变量的空间滞后项和自变量的空间交互项均存在空间溢出效应，具体表现为：① 三项金融支持代表变量指标影响系数的大小和方向有一定的差异。除 ln *FXL* 在经济权重矩阵下的回归系数不显著外，三种矩阵金融支持变量 ln *FJG* 和 ln *FGM* 的系数均显著为正，邻接权重矩阵和地理权重矩阵下的 ln *FXL* 回归系数显著为负，表明在样本区间内金融结构和金融规模与碳排放强度呈显著正相关关系，金融效率的提高有利于抑制区域碳排放强度。② 三种矩阵下代表技术进步的变量ln *RD*、ln *PAT* 的弹性系数均显著为负，表明 R&D 活动内部经费支出、人均专利申请数均有益于抑制区域碳排放强度。比较三种权重的估计结果会发现，两种技术进步变量指标影响系数大小有一定的差异，代表 R&D 活动经费产出的人均专利申请数对碳排放强度的负影响相对更弱，可能的原因是专利申请对碳排放强度的影响有一定的时滞性，专利发明后的扩散和应用需经过一段时间后才能普及，短期内难以快速抑制碳排放强度。③ 进一步分析金融支持和技术进步空间滞后项的估计系数和显著性水平发现，三种权重矩阵下技术进步代表变量 ln *RD* 和ln *PAT* 的空间滞后项估计系数至少在 10%的置信水平下显著为负，表明随着技术水平的提高，其对碳排放强度的空间负外部效应逐步凸显，抑制邻近地区的碳排放强度。金融支持的空间滞后项系数在不同矩阵下有所差异,其中金融结构空间滞后系数均显著为正,说明金融结构存在显著空间溢出效应,邻近省域的金融结构对碳排放强度增长表现为集聚效应。金融规模空间滞后系数只在经济权重矩阵下显著为负,而金融效率变量在经济权重矩阵和地理权重矩阵下均显著为负,这说明金融规模和金融效率能够导致邻近省域碳排放强度的下降,省域内因素与邻近省域影响因素共同驱动我国省域碳排放强度的变化。

LeSage 和 Pace(2009)提出偏微分可以解释不同模型设定中变量变化是否对相邻地区产生空间溢出效应,并认为空间回归模型检验本地区对其他地区的空间溢出影响可能存在错误解释。进一步将金融支持、技术进步对碳排放强度的影响效应分解为空间杜宾模型下的直接效应、间接效应和总效应来检验解释变量通过空间交互作用对本地区、其他地区以及全国所有地区被解释变量的影响,三种空间权重矩阵溢出效应分解结果具体分析如表 5-4 所示。

表 5-4　　空间杜宾模型的直接效应、间接效应和总效应

变量	效应	邻接权重矩阵	经济权重矩阵	地理权重矩阵
ln *FJG*	直接效应	−0.270 553** (2.572 870)	−0.567 431*** (4.776 008)	−0.667 972*** (5.532 768)
	间接效应	0.314 399 (0.934 393)	−0.229 892 (−0.792 254)	1.720 065*** (3.258 294)
	总体效应	0.043 846* (1.775 649)	−0.797 323 (1.079 492)	1.052 093*** (4.241 222)
ln *FGM*	直接效应	−0.212 548** (2.146 843)	−0.622 376*** (5.445 147)	−0.638 185*** (5.449 312)
	间接效应	0.252 683 (0.588 840)	−0.269 054 (0.588 840)	0.924 663 (1.453 559)
	总体效应	0.040 135* (1.859 323)	−0.891 43 (1.198 610)	0.286 478*** (2.774 347)
ln *FXL*	直接效应	−0.024 885* (1.906 190)	−0.023 065* (−1.870 949)	0.111 247 (−0.777 147)
	间接效应	−0.369 290*** (−2.736349)	−0.241 266** (2.359 365)	−1.739 281*** (−2.961 039)
	总体效应	−0.394 175* (−1.961 541)	−0.264 331 (0.638 459)	−1.628 034*** (−2.797 616)

续表 5-4

变量	效应	邻接权重矩阵	经济权重矩阵	地理权重矩阵
lnRD	直接效应	0.069 459** (2.290024)	−0.168 532*** (4.304 425)	0.163 037*** (4.028 740)
	间接效应	−0.130 082** (2.304 254)	−0.057 522 (−0.452 338)	−0.186 815 (−1.286 994)
	总体效应	−0.060 623*** (3.396 772)	−0.226 054 (0.838 887)	−0.023 778 (0.838 887)
lnPAT	直接效应	−0.440 598*** (−8.745 832)	−0.157 121** (2.012 049)	−0.191 621* (−1.928 890)
	间接效应	−0.128 854*** (−5.546 450)	−0.040 166* (−1.935 555)	−0.042 469* (−1.992 95)
	总体效应	−0.569 452*** (−10.708 107)	−0.197 287 (1.255 859)	−0.234 090** (−2.322 743)

① 空间杜宾模型的直接效应。三种不同权重矩阵下，除了金融效率在地理空间权重矩阵下不显著外，其他金融支持代表变量回归系数均显著为负，表明这些因素对本地区碳排放强度均具有负向影响。此外，在三种空间权重条件下的系数值中，金融规模系数绝对值最大，其次为金融结构，这说明金融规模对抑制本地区碳排放强度作用最大。本地区金融业迅速发展，碳金融体系建设加快，利于引导资金向绿色发展领域集聚。R&D 活动经费支出对本区域碳排放强度的影响系数分别为 0.069 459、−0.168 532 和 0.163 037，且均通过 5% 的显著性检验，仅在经济权重矩阵下显著为负，说明在考虑经济因素后，R&D 活动经费支出对碳排放强度表现出抑制作用。由于技术进步与金融支持、经济发展息息相关，随着经济区域空间分布的集中，更好地实现了经济与资源环境协调可持续发展。人均专利申请数在三种空间权重矩阵下对碳排放强度均存在显著的负影响。

② 空间杜宾模型的间接效应。金融结构和金融规模的区域溢出效应在经济权重矩阵下为负，但统计上并不显著，仅金融结构变量在地理权重矩阵下对其他地区的碳排放强度具有显著的正向作用，说明由于我国区域差异明显，各地区碳减排目标与途径不尽相同，金融资产总量的增加抑制碳排放强度的作用尚未

完全发挥出来。金融效率变量在三种权重矩阵条件下对其他地区的碳排放强度均为显著的负向作用，这也体现了金融信贷有助于推动节能减排。在代表技术进步变量的 ln RD、ln PAT 溢出效应结果中，大部分解释变量系数显著为负，尤其ln RD 的系数小于直接效应中的系数，说明技术进步的区域内溢出效应强于区域间的溢出效应，技术进步对降低碳排放强度具有有效作用，为了降低技术研发受惠的局限性，仍需进一步加强技术研发成果的推广与应用。

比较三种权重矩阵条件下空间杜宾模型结果可知，经济权重矩阵的估计结果更为客观全面，经济发展水平较高的省市市场化程度较高，金融发展水平与低碳经济更能充分有效结合，利于推动技术水平提升，以及技术进步、金融支持与低碳经济的协同发展。

5.5 本章小结

基于空间回归模型偏微分方法的空间杜宾模型，并考虑不同空间权重对空间效应的影响，结合我国 2003～2016 年省际面板数据，实证分析金融支持和技术进步在空间上对碳排放强度的冲击方向和冲击程度。结果表明，我国碳排放强度存在空间相关性，空间集聚程度不断增强，碳排放强度在不同的空间权重下，均呈现出显著的空间外溢效应，表明一省的碳排放强度不仅受本省自身特点的影响，还受到地理相邻、经济相似的其他省区碳排放行为的影响，而且在经济空间权重下的溢出效应更强于其他空间权重。代表金融支持的各变量对碳排放强度的影响路径有所差异，金融结构、金融规模和金融效率对降低本地区碳排放强度效果显著，金融规模在空间上对碳排放强度不存在显著外溢影响。金融效率较高的地区在降低当地碳排放强度的同时，还会辐射到周边地区抑制相邻地区碳排放强度，并进一步推动降低全国碳排放量。代表技术进步的 R&D 活动经费内部支出和人均专利申请溢出效应实证结果显示，大部分解释变量系数显著为负，对比直接效应的系数，技术进步对降低碳排放强度的外溢效应显著程度均有所减弱，技术进步的区域内溢出效应强于区域间的溢出效应，并且专利申请变量虽然显现出对抑制碳排放强度具有积极作用，但有一定的时滞性。

6 全球主要国家与地区金融发展水平对碳排放的影响

随着全球经济的不断发展,许多国家工业化和城市化进程加速。工业发展中化石燃料的大量消耗,以及人口剧增和城市化带来的生活能源消费量的迅速增加,排放了大量以二氧化碳为主的温室气体,造成环境污染、全球温度上升等一系列环境和气候问题。在全球气候变化问题日益严峻的今天,低碳经济的发展越来越受重视。2016 年 11 月 4 日,近 200 个国家参加签署的《巴黎气候变化协定》生效,该协定被认为是人类气候治理史上的里程碑,建立了从 2023 年开始每 5 年对各国行动的效果进行定期评估的约束机制,进一步推动各国增强对气候变化的应对能力。该协定中亦强调资金支持对气候治理的重要作用。不可否认,金融支持起到了资金融通的作用,引导了资源的优化配置,是经济发展的重要媒介和推动力,对低碳经济的发展亦同样起到重要的作用。目前全球低碳经济的发展融入各项产业的发展进程中,离不开金融的支持与推动,研究金融支持对碳减排的影响具有重要意义。

6.1 相关文献述评

随着人们环境保护意识的不断增加,金融支持对于低碳经济的影响得到了越来越多的关注与研究。国外学者基于金融发展支持低碳经济的研究提出了不同的观点,一些学者认为金融发展水平的提高能间接降低碳排放量,而另一些学者研究认为碳排放量随着金融发展程度的增加而增加。Muhammad Javid(2016)等从人均收入的角度分析巴基斯坦的碳排放量变化,研究发现人均碳排放量随着人均收入的增加而增加,但随着国家基础设施发展程度、能源利用效率、金融发展水平的上升,人均碳排放量反而下降。Artur Tamazian 等(2009)的研究结果证实金融对减排技术研发的支持有利于提升能源使用效率,减少二氧化碳排放,进而提升对环境保护的效果。同时,也有学者提出不同的观点,Anis Omri 等(2015)利用 12 个中东和北非国家 1990～2011 年间的面板数据,对金融发展、碳排放、贸易开放和经济增长之间的关系进行实证研究，发现碳排放和金融发展间无显著的相关关系。Bassem Kahouli(2017)通过对1995～2015年南地中海国家的面板数据进行分析，建立自回归分布滞后模型和向量误差修正模型，把贸易、资本和城市化作为控制变量，重点研究经济增长、能源消耗和金融发展的长、短期影响关系，发现大多数国家三者之间是单向影响，节能政策如配给能源消耗和金融政策对碳排放量的减缓无明显影响。Syed Jawad Hussain Shahzad等(2017)借助面板门槛模型，研究巴基斯坦碳排放和金融发展、能源消耗、贸易开放之间的关系，发现能源消耗与碳排放存在倒U形关系，碳排放水平随着贸易开放和金融发展程度的增加而增加。

国内关于金融发展支持低碳经济发展的研究主要集中在金融支持技术创新并促进低碳经济的发展，金融通过对工业企业和产业结构调整的影响促进碳减排，金融与贸易开放对碳排放的影响等方面。严成樑等(2016)在金融发展与二氧化碳排放强度之间存在倒U形关系的理论模型基础上，利用中国30个省份1997～2012年间的面板数据构建包含金融发展、创新与二氧化碳强度等变量的内生增长模型，提出金融发展既能够直接促进低碳经济的发展又能够通过技术创新等渠道间接促进低碳化的观点。颜俊(2015)运用混合回归模型研究金融发展对低碳产业的影响，发现商业信用融资是低碳产业上市公司的主要融资渠道，但是留存收益融资对增加低碳产业的营业收入起到显著促进作用。邵汉华和刘耀彬(2017)利用2000～2014年中国省际面板数据，建立面板平滑转换模型，探究金融发展与碳排放的非线性关系，实证分析中利用了经济发展、经济结构、能源结构和贸易开放等转换变量后，研究发现金融发展能够起到降低碳排放的作用，但还需政府进一步的激励引导。顾洪梅和何彬(2012)从地区金融发展深度和地区金融发展集中度两个维度衡量金融发展水平，研究中国省域金融发展与碳排放之间的动态关系，结果表明金融发展深化对人均碳排放有显著抑制作用，而金融发展集中度在金融深化没有得到提高的情况下会阻碍碳减排。蔡栋梁等(2017)通过检验1997～2015年中国29个省区金融节能与金融发展的碳排放效应，认为金融节能、金融发展比经济增长对碳排放变化的影响更大。

伴随全球对气候治理的逐步重视，在前人研究基础上有必要进一步分析金融发展对二氧化碳排放量的影响。本研究利用全球具有代表性的23个国家与地区1993～2016年间的面板数据，构建PVAR模型分析不同经济区域的金融发展与碳排放之间的动态关系。

6.2　模型的建立与数据说明

6.2.1　变量选取及说明

本研究主要收集了全球 23 个国家与地区(阿根廷、澳大利亚、巴西、瑞士、智利、中国、哥伦比亚、中国香港、印度尼西亚、以色列、日本、韩国、墨西哥、马来西亚、挪威、秘鲁、菲律宾、波兰、新加坡、泰国、土耳其、美国、南非等)1993～2016 年间 24 年的数据进行实证分析。这 23 个国家与地区的金融发展水平和碳排放水平存在显著的经济区域差异性,因此根据人均 GDP 进行划分,把 23 个国家与地区分为 9 个发达国家及地区(澳大利亚、瑞士、中国香港、日本、韩国、挪威、新加坡、以色列、美国等)和 14 个发展中国家(阿根廷、巴西、智利、中国、哥伦比亚、印度尼西亚、墨西哥、马来西亚、秘鲁、菲律宾、波兰、泰国、土耳其、南非等),从不同角度深入探讨金融发展与碳排放间的关系。

关于金融发展水平指标,经济学家没有达成统一认识,发展经济学家认为金融发展主要指的是金融资产配置的优化和金融效率的提高,从金融中介效率的角度衡量金融发展水平。考虑数据的可得性,本研究采取亚洲开发银行(1992)提出的私人部门的信贷与 GDP 的比重表示金融体系资金配置效率,记为 $X1$。该指标数值越大,表示私有部门得到的金融支持越高,从而反映资源配置的效率。又考虑到碳排放和股票交易之间的联系,选取股票交易总额与 GDP 的比例来表示股票市场流动性,记为 $X2$。此外,用广义货币供应量与 GDP 的比例(M_2/GDP)作为金融发展水平的补充指标,该指标是由 Mckinnon(1973)在提出金融抑制论的同时提出的衡量一国金融深化的数量指标,它反映了货币金融体系的支付中介和动员储蓄职能,被广泛应用于金融发展深度的衡量,记为 $X3$。这三个指标的数据均来自世界银行的世界治理指标数据库。

关于碳排放指标,采用碳排放强度表示,记为 Y。碳排放强度公式为 Y＝年度 CO_2排放量/当年 GDP,单位为吨/十万美元。其中各国当年 GDP 数据来自世界银行的世界治理指标数据库(World Governance Index),年度二氧化碳排放量的估算借鉴 IPCC 2006 年发布的《第五次气候变化评估报告》中碳排放量的测算方法,公式为:

$$y_{it} = \sum_{j=1}^{9} y_{it,j} = \sum_{j=1}^{9} C_{it,j} \times GWP_j \times CEF_j \times Fac_j \times \frac{44}{12} \tag{6-1}$$

其中，y_{it}表示不同国家或地区 i 在不同年份 t 的碳排放量。j 表示消耗能源种类，分别包括原料煤、汽油、煤油、原油、柴油、燃料油、天然气、电力以及焦炭等。$C_{it,j}$表示国家或地区 i 在一定时期对能源 j 的消费量，$\sum_{j=1}^{9} C_{it,j}$ 表示某一国家或地区 i 在 t 年 9 种能源总消耗量，各国和地区的能源消费量来自 2017 年《BP 世界能源展望》。GWP_j表示 IPCC 在 2006 年规定的不同能源对地球变暖效果与二氧化碳的比值。CEF_j表示第 j 种能源的碳排放系数。Fac_j表示第 j 种能源的碳氧化因子。44/12 为二氧化碳乘数因子，二氧化碳分子量为 44，碳的原子量为 12。

本研究变量包括金融发展水平指标和碳排放量指标，表 6-1、表 6-2 分别为发达国家及地区和发展中国家各变量描述性统计结果。

表 6-1　　发达国家及地区各变量描述性统计

国家或地区	碳排放强度 Y			私人部门信贷/GDP X_1			股票交易总额/GDP X_2			广义货币供应/GDP X_3		
	观测值	均值	标准差	观测值	均值	标准差	观测值	均值	标准差	观测值	均值	标准差
澳大利亚	24	60.29	25.83	24	103	24.41	24	66.7	32.12	24	83.07	19.26
瑞士	24	10.74	3.973	24	155	10.23	24	134.8	71.36	24	141.4	26.25
中国香港	24	36.58	5.692	24	165.5	29.48	24	349.9	249.5	24	263.3	72.32
以色列	24	41.65	12.02	24	72.46	8.90	24	24.48	13.88	24	103.6	33.04
日本	24	25.23	2.828	24	188.6	14.67	24	68.49	39.59	24	213.9	17
韩国	24	66.33	16.51	24	106.2	36.73	24	100.9	46.98	24	99.11	41.23
挪威	24	15.29	7.018	24	98.66	30.44	24	34.81	21.57	24	56.21	3.64
新加坡	24	98.01	22.89	24	102.4	15.38	24	100	34.67	24	111.9	17.97
美国	24	49.72	14.98	24	171.7	24.95	24	186.9	76.21	24	75.75	11.17

6.2.2　模型的建立

为了研究样本异质性影响，Holtz-Eakin(1988)基于两阶段最小二乘法研究了一类时变系数的面板数据的向量自回归模型(PVAR 模型)。PVAR 模型具

表 6-2　　发展中国家各变量描述性统计

国家	碳排放强度 Y			私人部门信贷/GDP X_1			股票交易总额/GDP X_2			广义货币供应量/GDP X_3		
	观测值	均值	标准差	观测值	均值	标准差	观测值	均值	标准差	观测值	均值	标准差
阿根廷	24	3.78	0.45	24	16.28	4.64	24	5.73	9.71	24	26.4	3.31
巴西	24	1.87	0.29	24	48.60	23.13	24	23.5	11.11	24	64.8	20.81
智利	24	4.05	0.83	24	79.85	22.32	24	12.5	6.81	24	66.8	18.39
中国	24	4.44	1.77	24	115.22	18.99	24	74.6	79.00	24	150	32.48
哥伦比亚	24	1.52	0.20	24	36.35	8.92	24	4.38	2.99	24	35.5	6.82
印度尼西亚	24	1.50	0.37	24	34.49	12.89	24	10.6	3.99	24	45.1	7.07
墨西哥	24	3.72	0.30	24	22.19	6.16	24	8.62	2.65	24	37.2	10.01
马来西亚	24	6.30	1.33	24	121.00	17.10	24	40.3	14.28	24	128	8.10
秘鲁	24	1.15	0.25	24	24.54	6.59	24	3.58	2.16	24	32.8	7.09
菲律宾	24	0.87	0.09	24	35.67	7.35	24	12.8	7.40	24	59	8.14
波兰	24	8.24	0.47	24	33.07	14.98	24	8.78	5.07	24	46.2	10.93
泰国	24	3.29	0.61	24	121.78	23.43	24	47.4	22.73	24	108	13.81
土耳其	24	3.54	0.61	24	31.90	18.89	24	34.6	12.06	24	41.7	9.05
南非	24	8.09	0.46	24	133.34	16.65	24	50.7	29.31	24	63.9	11.32

有两个优点：一方面，放宽对数据时间长度的要求，当时间序列长度 T 和滞后阶数 m 满足 $T \geqslant m+3$ 时，能够估计模型参数；另一方面，该模型能够捕捉到个体的时间效应和横截面个体效应的共同冲击。PVAR 既能够克服 VAR 模型对数据量和数据形式的限制，以及观察到截面个体的异质性，又能够观察到各个变量相互冲击的动态反应。

设 $V_{i,t}=[Y_{i,t}, X1_{i,t}, X2_{i,t}, X3_{i,t}]$为 4×1 维向量，包含了所有内生变量的滞后项，$i$ 和 t 分别表示国家或地区和观察年份。假设 $V_{i,t}$为一平稳过程，且服从如下 p 阶向量自回归 VAR 过程：

$$V_{it} = AV_{i,t-p} + \eta_i + \gamma_t + \mu_{i,t} \tag{6-2}$$

其中，A 为系数矩阵，$V_{i,t-p}$是 $V_{i,t}$的 p 阶滞后项，η_i 和 γ_t 分别表示个体效果和时间效果，$\mu_{i,t}$为随机干扰项，假设其与 $V_{i,t}$不相关。则 VAR(p)模型的第 m 个方程可以表示为：

$$V_{i,t}^{m} = Z_{i,t}b^{m} + \eta_{i}^{m} + \gamma_{t}^{m} + \mu_{i,t}^{m}, m = 1,2,3,4 \tag{6-3}$$

其中，$Z_{i,t}=[V_{i,t-1},V_{i,t-2},V_{i,t-3},\cdots,V_{i,t-p}]$是一个 $4\times p\times 1$ 维向量，包含了所有内生变量的滞后项，b^{m}是一个 $4\times p\times 1$ 维的系数向量，η_{i}^{m} 和 γ_{t}^{m} 分别表示第 m 个方程的个体效应和时间效应，$\mu_{i,t}^{m}$为干扰项，假设其满足如下关系：

$$E(\mu_{i,t}^{m} \mid \eta_{i}^{m}, \gamma_{t}^{m}, Z_{i,t}, Z_{i,t-1}, Z_{i,t-2}, \cdots) = 0 \tag{6-4}$$

这个矩条件也可以表示为 $E(Z_{i,t}, \mu_{i,t+s}^{m})=0(\forall s\geqslant 0)$。

为了分析金融发展水平对碳排放的影响，借鉴前人已有的研究成果，本研究对 Y，$X1$，$X2$ 和 $X3$ 建立包含个体效应和时间效应的 PVAR 模型设定为：

$$V_{\mathrm{i,t}} = \sum_{p=1}^{k} \beta_{p} V_{i,t-p} + \eta_{i} + \gamma_{t} + \mu_{i,t} \tag{6-5}$$

式中，$V_{i,t}$是一个包含 4 个变量的列向量，$V_{i,t}=\{Y, X1, X2, X3\}$，$i$ 代表国家或地区，t 表示时间，$t=1993,\cdots,2016$。$Y_{i,t}$为国家或地区 i 在 t 年的碳排放总量；$X1_{i,t}$代表国家或地区 i 在 t 年私人部门的信贷与 GDP 的比重；$X2_{i,t}$表示国家或地区 i 在 t 年股票交易总额与 GDP 的比例；$X3_{i,t}$代表国家或地区 i 在 t 年广义货币供应量与 GDP 的比重。p 为滞后阶数，β_{p} 表示变量滞后效应的系数矩阵。本研究引入固定效应，用 η_{i} 表示个体固定效应，反映各国之间制度、区域等方面的差异，用 γ_{t} 表示时间固定效应体现每一时期特定冲击特征。$\mu_{i,t}$被假设为服从正态分布的随机扰动项。

因为模型中存在因变量的滞后项 p，容易造成个体效应与滞后变量的相关性，所以在进行 GMM 广义矩估计之前，首先采用向前均值差分法即“Helmert”过程去除个体效应。原理是通过向前均值差分可以消除每个国家或地区每一时期未来观测值的均值，保证转换后的变量和滞后变量的正交性，使用滞后变量作为工具变量进行 GMM 估计，然后采取组内均值差分法去除时间效应。

6.3 实证研究分析

6.3.1 数据平稳性检验与协整检验

判断序列的平稳性通常采用单位根检验。单位根检验的方法很多，本研究主要采用 Fisher-ADF、Fisher-PP、IPS 等三种方法检验面板数据的平稳性，如果在三种检验中均拒绝存在单位根的原假设，则视为序列平稳（无单位根）。检验软件为 Eviews 6.0。发达国家及地区和发展中国家数据序列的平稳性检验结果分别为表 6-3 和表 6-4。

表 6-3　　　　发达国家及地区序列平稳性检验结果

变量	检验类型	Fisher-ADF 检验卡方统计量	P	Fisher-PP 检验卡方统计量	P	IPS 检验卡方统计量	P	结论
Y	$(C,T,0)$	23.7	0.57	46.91	0.4	−0.87	0.59	有单位根
$X1$	$(C,T,0)$	9.8	0.94	10.6	0.91	1.66	0.95	有单位根
$X2$	$(C,T,0)$	27.2	0.58	25.58	0.21	−2.04	0.42	有单位根
$X3$	$(C,T,0)$	6.87	0.99	6.54	0.99	2.51	0.99	有单位根
DY	$(C,T,0)$	81.86	0.00	94.4	0.00	−7.19	0.00	无单位根
$DX1$	$(C,T,0)$	100.86	0.00	103.02	0.00	−8.69	0.00	无单位根
$DX2$	$(C,T,0)$	125.12	0.00	128.236	0.00	−10.82	0.00	无单位根
$DX3$	$(C,T,0)$	123.79	0.00	177.376	0.00	−10.65	0.00	无单位根

注：以上检验结果为10%置信水平下；检验类型中 C 表示常数项、T 表示趋势项、N 表示滞后期（该表中 N 为0）；D 表示一阶差分；表中数字分别代表 ADF 检验、PP 检验以及 IPS 检验中相应的统计量及对应的假设检验的 P 值。

表 6-4　　　　发展中国家序列平稳性检验结果

变量	检验类型	Fisher-AD 检验卡方统计量	P	Fisher-PP 检验卡方统计量	P	IPS 检验卡方统计量	P	结论
Y	$(C,T,0)$	31.45	0.49	19.18	0.96	4.47	0.99	有单位根
$X1$	$(C,T,0)$	34.42	0.35	17.2	0.98	3.03	0.96	有单位根
$X2$	$(C,T,0)$	27.49	0.69	14.04	0.99	2.64	0.99	有单位根
$X3$	$(C,T,0)$	55.58	1.00	37.02	1.00	−2.58	1.00	有单位根
DY	$(C,T,0)$	183.06	0.00	576.17	0.00	−11.74	0.00	无单位根
$DX1$	$(C,T,0)$	157.06	0.00	470.3	0.00	−10.06	0.00	无单位根
$DX2$	$(C,T,0)$	134.32	0.00	142.23	0.00	−14.32	0.00	无单位根
$DX3$	$(C,T,0)$	161.179	0.00	460.97	0.00	−10.92	0.00	无单位根

注：以上检验结果为10%置信水平下；检验类型中 C 表示常数项、T 表示趋势项、N 表示滞后期（该表中 N 为0）；D 表示一阶差分；表中数字分别代表 ADF 检验、PP 检验以及 IPS 检验中相应的统计量及对应的假设检验的 P 值。

从表6-3和表6-4可以看出，对发达国家及地区和发展中国家的面板数据 Y、$X1$、$X2$、$X3$ 进行平稳性检验时，三种检验在10%的置信水平上均表明具有单位根。对变量进行一阶差分处理后，数据序列显示平稳，即一阶单整。在数据一阶单整的基础上，进行了协整分析，实证结果表明 Y、$X1$、$X2$、$X3$ 之间存在长期稳定的均衡关系。

6.3.2 Granger 因果检验

在进行 Granger 因果检验之前，需要选取最优滞后阶数，一般采用 AIC、BIC、HQIC 准则进行选取。Lütkepohl(1993)认为，当 AIC 指标、BIC 指标以及 HQIC 指标对应的滞后阶数不同时，BIC 和 HQIC 较 AIC 更佳，因为当样本数趋近无限大时，BIC 和 HQIC 独立同分布能够选出更正确的阶数，而 AIC 有可能选出过高的阶数。检验结果如表 6-5 所示，发达国家及地区和发展中国家面板数据的最优滞后期均为一期。

表 6-5　　PVAR 模型滞后阶数选择

滞后阶数	发达国家及地区			发展中国家		
	AIC	BIC	HQIC	AIC	BIC	HQIC
1	−4.999 37	−4.107 46*	−4.638 04*	−3.268 96	−2.366 86*	−2.907 7*
2	−4.904 7	−3.698 47	−4.415 62	−3.287 52	−2.145 15	−2.829 31
3	−4.809 38	−3.266 11	−4.183 19	−3.364 74	−1.963 67	−2.801 88
4	−4.705 04	−2.799 12	−3.931 21	−3.296 33	−1.615 65	−2.620 06
5	−4.671 81	−2.374 22	−3.738 49	−3.624 75 *	−1.640 6	−2.825 1

注：* 表示 AIC、BIC、HQIC 最小值。

Granger 因果检验可以考察两个变量之间是否存在 Granger 因果关系，存在单向还是互为 Granger 因果关系以及 Granger 因果关联程度。表6-6和表 6-7 分别为发达国家及地区和发展中国家面板数据在滞后 1 期的情况下，金融发展水平各代表变量与碳排放变量间的 Granger 因果关系检验结果。

表 6-6　　发达国家及地区代表变量的 Granger 因果关系检验结果

Null 假设	卡方统计量	自由度	*P*
h_Y 不是 *h_X1* 的 Granger 原因	3.886 8	1	0.049
h_X1 不是 *h_Y* 的 Granger 原因	0.218 66	1	0.640
h_Y 不是 *h_X2* 的 Granger 原因	3.775 1	1	0.052
h_X2 不是 *h_Y* 的 Granger 原因	4.592 5	1	0.032
h_Y 不是 *h_X3* 的 Granger 原因	0.001 36	1	0.971
h_X3 不是 *h_Y* 的 Granger 原因	14.541	1	0.000

注：表中结果为 5%置信水平下，*h_* 表示前向均值差分后的变量。

表 6-7　　发展中国家代表变量的 Granger 因果关系检验结果

Null 假设	卡方统计量	自由度	P
h_Y 不是 h_X1 的 Granger 原因	9.870 1	1	0.002
h_X1 不是 h_Y 的 Granger 原因	0.166 06	1	0.684
h_Y 不是 h_X2 的 Granger 原因	1.019 1	1	0.013
h_X2 不是 h_Y 的 Granger 原因	18.163	1	0.000
h_Y 不是 h_X3 的 Granger 原因	1.935 5	1	0.164
h_X3 不是 h_Y 的 Granger 原因	0.357 39	1	0.550

注：表中结果为 5%置信水平下，$h_$表示前向均值差分后的变量。

由表 6-7 可以看出，发展中国家碳排放与金融发展水平代表变量私人部门信贷、股票交易总额存在单向或双向 Granger 因果关系，与广义货币供应量不存在 Granger 因果关系。因果关系检验结果显示，碳排放强度是私人部门信贷率和股票交易总额变动原因的概率分别为 99.8%、98.7%；股票交易总额是碳排放强度变动原因的概率为 99.999%。总体而言，发展中国家碳排放强度与金融发展水平代表变量之间存在因果关系。

6.3.3　GMM 估计

通过表 6-8 发达国家及地区 PVAR 估计结果发现，当碳排放强度作为依赖变量时，滞后一期的碳排放强度对自身的动态影响在 5%的置信水平下显著，系数为正值 0.18，说明碳排放存在惯性；滞后一期的私人部门信贷率对碳排放强度的动态影响不显著；滞后一期的股票交易总额与 GDP 之比、广义货币与 GDP 比例对碳排放强度的动态影响分别在 5%、10%的置信水平上显著，系数均为负值−0.03、−0.12，说明金融发展水平的提高具有降低发达经济体碳排放强度的作用。

表 6-8　　发达国家及地区 PVAR 模型的 GMM 估计结果

h_Y 方程		h_X1 方程		h_X2 方程		h_X3 方程	
变量	系数	变量	系数	变量	系数	变量	系数
$L.h\_Y$	0.18** (−2.22)	$L.h\_Y$	−0.15** (−2.1)	$L.h\_Y$	1.03** (2.42)	$L.h\_Y$	0.05 (0.46)
$L.h\_X1$	0.02 (0.33)	$L.h\_X1$	0.15*** (2.62)	$L.h\_X1$	−0.01 (−0.02)	$L.h\_X1$	0.22 (1.31)

续表 6-8

h_Y 方程		h_X1 方程		h_X2 方程		h_X3 方程	
变量	系数	变量	系数	变量	系数	变量	系数
L.h_X2	−0.03** (−2.25)	L.h_X2	−0.01 (−0.63)	L.h_X2	0.06 (0.88)	L.h_X2	−0.01 (−0.79)
L.h_X3	−0.12* (−1.95)	L.h_X3	−0.01 (−0.23)	L.h_X3	0.07 (0.22)	L.h_X3	0.01 (0.06)

注：*代表在10%的置信水平显著，**代表在5%的置信水平显著，***代表在1%的置信水平显著，表中数字表示GMM估计得到的相应项的系数，括号内的数字则代表该系数相应的 T 统计量，L 表示滞后一阶，h 表示对各个变量进行前向差分，对所有数字均保留两位小数。

当金融发展水平指标作为依赖变量时，滞后一期的碳排放强度呈现复杂影响。滞后一期的碳排放强度对私人部门信贷率的动态反应在5%置信水平下为−0.15，t 值为−2.1，该影响显著异于0，说明当一国碳排放量过高时，会严重影响到该国的金融效率水平。滞后一期的碳排放强度对股票市场交易额在5%置信水平下呈现显著正向动态反应，对广义货币变量的动态反应不显著。可见，发达国家及地区的金融市场成熟度和碳排放强度出现反方向变化。

进一步观察发展中国家的GMM估计结果(表6-9)发现，当碳排放强度作为依赖变量时，滞后一期的股票交易总额对碳排放强度在5%置信水平上呈现显著负影响，其他参数估计值未通过 t 检验。当私人部门信贷率作为依赖变量时，滞后一期的碳排放强度、滞后一期的广义货币对私人部门信贷率的影响在1%置信水平上显著，且滞后一期的碳排放强度呈现负向影响，广义货币呈现正向影响，滞后一期的私人部门信贷率对自身的影响在5%置信水平上显著并呈现正向影响。当股票交易总额作为依赖变量时，滞后一期的股票交易总额对自身的影响在1%置信水平上呈现正向显著影响，滞后一期的碳排放强度对股票交易总额的正向影响在10%的水平上显著。

表 6-9　　发展中国家 PVAR 模型的 GMM 估计结果

h_Y 方程		h_X1 方程		h_X2 方程		h_X3 方程	
变量	系数	变量	系数	变量	系数	变量	系数
L.h_Y	−0.02** (−2.27)	L.h_Y	−0.38*** (−3.08)	L.h_Y	0.41* (1.89)	L.h_Y	−0.06 (−1.12)
L.h_X1	−0.08 (1.43)	L.h_X1	0.14** (2.18)	L.h_X1	−0.04 (−0.21)	L.h_X1	0.04 (1.07)

续表 6-9

h_Y 方程		h_X1 方程		h_X2 方程		h_X3 方程	
变量	系数	变量	系数	变量	系数	变量	系数
$L.h\_X2$	−0.03** (−2.08)	$L.h\_X2$	0.007 (0.46)	$L.h\_X2$	0.22*** (−3.25)	$L.h\_X2$	0.00 (0.05)
$L.h\_X3$	−0.03 (0.18)	$L.h\_X3$	0.34*** (3.37)	$L.h\_X3$	0.22 (0.70)	$L.h\_X3$	0.09 (0.90)

注：*代表在10%的置信水平显著，**代表在5%的置信水平显著，***代表在1%的置信水平显著，表中数字表示GMM估计得到的相应项的系数，括号内的数字则代表该系数相应的 t 统计量，L 表示滞后一阶，h 表示对各个变量进行前向差分，对所有数字均保留两位小数。

结合发达国家及地区PVAR模型GMM估计结果可知，碳排放强度过高会影响私人部门信贷率下降；股票交易总额的提升，碳排放强度呈现负向变动，表明对碳减排具有有利影响。综上基于PVAR模型的系数估计结果，均说明两个经济区域的金融发展水平与碳排放强度存在反向影响关系，金融发展水平的提升影响碳排放量减少。

6.3.4 脉冲响应函数分析

为达到稳定效果，使用1 000次蒙特卡洛(Monte Carlo)模拟得到置信区间在5%～95%的脉冲响应结果。从发达国家及地区的碳排放强度对金融发展水平指标的冲击响应看(表6-10，图6-1)，碳排放强度对私人部门信贷率、股票市场交易额和广义货币的脉冲反应存在较明显差异。当私人部门信贷率受到一个标准差的正向冲击，碳排放强度呈现先正向后负向的响应特征，即响应初期金融效率水平的提高会带来碳排放强度的增加，但随着时间的推移碳排放强度不会继续呈现增加态势，反而会减少。当股票市场交易总额受到一个标准差的正向冲击，碳排放强度在全部响应期均表现为正向响应，但很快收敛于0。这表明股票市场交易总额上升会增加碳排放量，但这种影响持续时间较短。对广义货币供应量的正向冲击，碳排放强度呈现先正向后负向的响应特征，在第二期达到最小值。

表 6-10　　发达国家及地区脉冲响应结果

第一组响应	变量	方向	趋势	脉冲响应累计
碳排放强度对金融发展指标的脉冲响应	$X1 \to Y$	正向—负向	减小—增大	0.004 4
	$X2 \to Y$	正向	增大—减小	0.08
	$X3 \to Y$	正向—负向	逐渐减小	0.013
第二组响应	变量	方向	趋势	脉冲响应累计
金融发展指标对碳排放强度的脉冲响应	$Y \to X1$	负向	减小—增大	−0.010 4
	$Y \to X2$	负向	减小—增大	−0.015 7
	$Y \to X3$	负向	减小—增大	−0.020 8

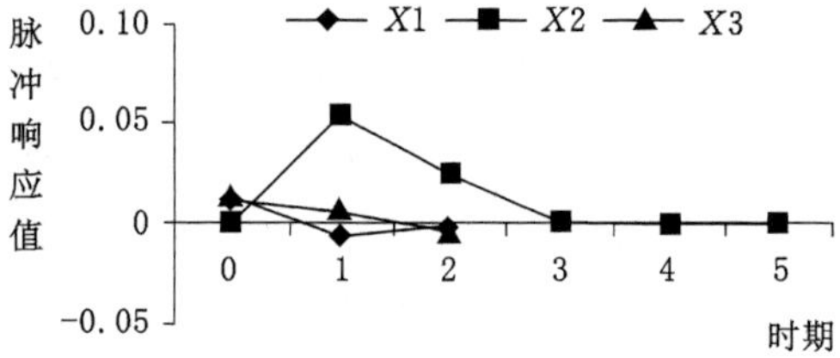

图 6-1　发达国家及地区碳排放强度对金融发展的脉冲响应图

从发达国家及地区的金融发展水平指标对碳排放强度的冲击响应看(表6-10,图 6-2),私人部门信贷率、股票交易总额、广义货币供应量对碳排放强度的脉冲响应值在整个响应期内均为负值,表明在发达经济体中,碳排放强度对金融发展水平有显著制约效应,而且这种负效应具有持续性。

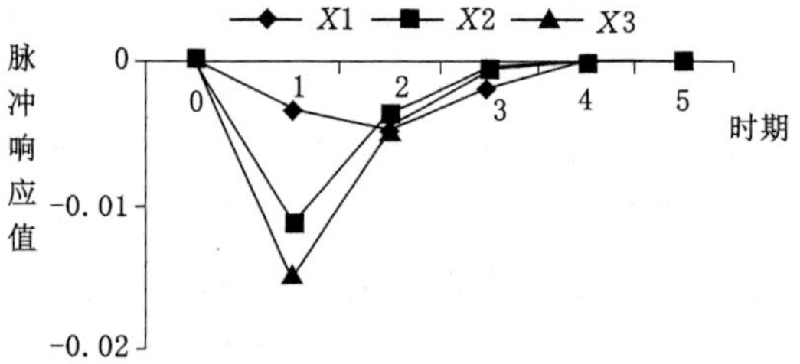

图 6-2　发达国家及地区金融发展指标对碳排放强度的脉冲响应图

通过对发达国家及地区的脉冲响应函数的分析可以看出,碳排放强度面对私人部门信贷率、广义货币的冲击表现为先正向后负向的响应,面对股票市场交易总额的冲击响应值虽然为正,但有收敛于 0 的趋势。这表明在发达经济体中金融发展水平对碳排放强度具有抑制作用。从碳排放强度对金融发展水平的反向影响来看，碳排放强度的增加会对金融发展水平产生制约效应，金融发展水平指标对碳排放强度的冲击响应在整个响应期内均为负值。可见，发达国家及地区的金融发展水平与碳排放是双向动态关系，而且相较于金融发展对碳排放的抑制作用，发达国家及地区的碳排放对金融发展的负向影响更为显著。

从发展中国家的碳排放强度对金融发展水平指标的冲击响应看（表 6-11，图 6-3），面对私人部门信贷率、股票市场交易总额和广义货币供应量的冲击，碳排放强度在响应期内均逐渐呈现负向响应，且累计响应值均为负值。这说明在发展中国家，金融发展水平提升有利于影响碳排放强度下降。

表 6-11　　　　发展中国家脉冲响应结果

第一组响应	变量	方向	趋势	脉冲响应累计
碳排放强度对金融发展指标的脉冲响应	$X1 \to Y$	负向	减小—增大	−0.068
	$X2 \to Y$	负向—正向—负向	增大—减小	−0.06
	$X3 \to Y$	正向—负向	增大—减小	−0.001
第二组响应	变量	方向	趋势	脉冲响应累计
金融发展指标对碳排放强度的脉冲响应	$Y \to X1$	负向	减小—增大	0.000 3
	$Y \to X2$	负向	减小—增大	−0.03
	$Y \to X3$	正向	减小—增大	0.004

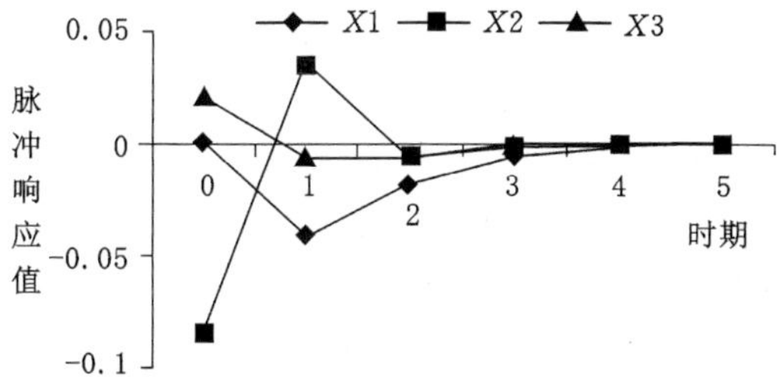

图 6-3　发展中国家碳排放强度对金融发展指标的脉冲响应图

从发展中国家的金融发展水平指标对碳排放强度的冲击响应看（表 6-11，图 6-4），金融发展水平各代表变量私人部门信贷率、股票市场交易总额、广义货币供应量对碳排放强度的冲击响应差别较大。面对碳排放强度的冲击，股票市场交易总额迅速做出负向响应，在第一期达到最小值。私人部门信贷率对碳排放强度的冲击响应整体趋于平稳及收敛趋势，表明碳排放强度对私人部门信贷的影响较弱。广义货币供应量对碳排放强度的冲击响应值在整个响应期均为正值，碳排放强度对广义货币供应量没有负面影响。可以看出，与发达国家及地区相比，发展中国家碳排放强度对金融发展约束较小。

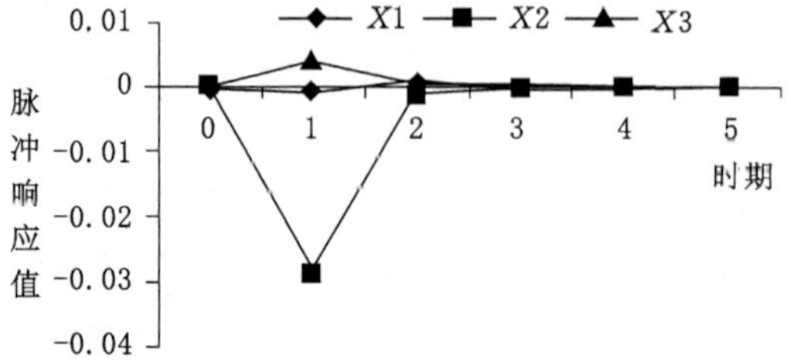

图 6-4　发展中国家金融发展指标对碳排放强度的脉冲响应图

通过对发展中国家的脉冲响应函数的分析可以看出，发展中国家碳排放强度与金融发展水平的反馈响应相对于发达国家及地区较弱，尤其碳排放强度对金融发展的不良反馈较弱，即发展中国家的金融发展能够显著抑制碳排放量，但是碳排放量的提高对金融发展约束较小。可能是因为发展中国家在相关金融政策的引导下，金融发展通过影响资本和资源在不同工业企业间的配置，优化产业结构、技术结构和能源结构，起到更好地抑制碳排放强度的作用，但由于发展中国家碳金融比重较小，碳排放量的变化对金融发展的影响甚微。

从以上分析中可以看出，与发达国家及地区相比，发展中国家金融发展水平对碳排放强度的影响程度更深，持续时间更长。在碳排放强度对私人部门信贷率的脉冲响应中，发达国家及地区在第 4 期趋向于 0，而发展中国家的影响持续到第 5 期以后逐渐趋于 0，并且发展中国家在第一期达到最小值－0.042，远远小于发达国家及地区的脉冲响应值。同样，碳排放强度对广义货币供应量的脉冲响应中，发展中国家滞后一期达到最小值－0.015，远远小于发达国家及地区碳排放脉冲响应累计值 0.013。

从碳排放强度对金融发展水平的影响角度看，发达国家及地区的碳排放强度对金融发展水平均呈现负向响应，而发展中国家只有股票市场交易额对碳排放强度的冲击响应显著为负，其余累计响应值均为正，并且广义货币供应量对碳排放强度的冲击响应在整个观察期内均为正向。这表明发达经济体碳排放强度对金融发展水平呈现制约效应，且持续时间更长，强度更大。可能的原因是发达经济体碳金融市场发展更为迅速，在国家政府节能减排的政策号召下，发达国家及地区金融体系不断提高环保贷款、碳金融产品的比重，从而使得碳排放强度对金融发展水平的影响更深。

6.3.5 方差分解

从表6-12的金融发展指标和碳排放强度方差分解结果可以看出，两大经济区域的金融发展和碳排放强度指标均呈现出各自的变化对自身的影响有显著的正反馈现象，金融发展对碳排放强度变动的方差贡献度较大，而碳排放强度对金融发展水平反馈和约束的贡献度较小。从第1期至第5期，两大经济区域的碳排放强度Y对其自身的贡献度逐渐下降，而$X1$、$X2$和$X3$对Y的贡献度都逐步递增，从长期来看金融发展水平能够抑制碳排放强度。股票交易总额$X2$对自身的贡献度逐步下降，碳排放强度对$X2$的贡献度呈现较大幅度的上升，说明碳排放量的变化是影响二级市场流动性的重要因素。两大经济区域的碳排放强度Y对广义货币供应量的贡献度在第5期分别为1.1%和趋于0%，能够明显看出发达国家及地区的碳排放强度的反馈影响更大。

表6-12 金融发展指标与碳排放强度的方差分解结果

贡献度(100%)	国家及地区	期数	$X1$	$X2$	$X3$
碳排放强度对金融发展指标的贡献度	发达国家及地区	1	0.0%	0.0%	0.0%
	发展中国家	1	0.0%	0.0%	0.0%
	发达国家及地区	2	0.0%	1.3%	0.6%
	发展中国家	2	0.5%	1.3%	0.0%
	发达国家及地区	3	0.3%	1.6%	1.0%
	发展中国家	3	0.6%	1.3%	0.0%
	发达国家及地区	4	0.3%	1.7%	1.1%
	发展中国家	4	0.6%	1.3%	0.0%
	发达国家及地区	5	0.3%	1.7%	1.1%
	发展中国家	5	0.6%	1.3%	0.0%
金融发展指标对碳排放强度的贡献度	发达国家及地区	1	1.0%	1.0%	1.0%
	发展中国家	1	0.1%	0.3%	3.7%
	发达国家及地区	2	3.1%	4.2%	0.9%
	发展中国家	2	9.9%	1.9%	4.2%
	发达国家及地区	3	4.8%	5.0%	1.8%
	发展中国家	3	10.2%	1.9%	4.3%
	发达国家及地区	4	4.9%	5.0%	1.8%
	发展中国家	4	10.2%	1.9%	4.3%
	发达国家及地区	5	4.9%	5.0%	1.8%
	发展中国家	5	10.2%	1.9%	4.3%

6.4 本章小结

本章利用23个具有代表性的国家与地区1993～2016年面板数据，构建PVAR模型，综合分析金融发展与碳排放强度间的动态关系。研究结果表明，碳排放强度与金融发展水平之间存在双向动态关系，但是不同经济区域的碳排放和金融发展水平的相互作用关系存在显著的差异性。发展中国家金融发展水平对碳排放强度的影响程度更深且持续时间更长，而发达国家及地区碳排放强度对金融发展的反作用表现更明显。

7 江苏省金融支持低碳经济发展影响效应

我国作为传统能源大国,改革开放以来,一直保持着经济的高增长,成长阶段的发展过分追求经济的高增长,而忽视可持续发展问题,因而经济增长的同时,能源消耗和环境污染问题日益突出。2006 年底,中国科技部、中国气象局、国家发改委等六部委联合发布了我国第一部《气候变化国家评估报告》,反映国家认识到环境保护与可持续发展的重要性。

2005～2014 年,我国国内生产总值由 187 318.9 亿元增长到 643 974.0 亿元,其中第二产业产值所占比重由 47.02%下降为 43.1%,虽然第二产业所占比重逐步下降,但仍占主导地位,为实现经济发展的可持续,应促进发展由“高碳”向“低碳”模式转变,创新低碳技术及开发清洁能源等。金融机构在低碳经济发展中起着至关重要的作用,一方面为低碳企业及项目提供所需资金,另一方面,通过创新碳金融产品为其提供规避风险的工具以及提供中介服务。低碳金融成为适应低碳发展的新模式。目前,绿色信贷业务成为银行履行社会责任、促进低碳经济发展的重要方式。根据中国银监会统计部公开数据,2014 年上半年,主要银行机构绿色信贷总额达 57 000 亿元。此外,上海环境能源交易所、北京环境交易所、天津排放权交易所、深圳排放权交易所以及浙江、云南、湖北、广东等省的环境权益交易机构,促进了碳排放交易市场的发展。以下将着重以江苏省整体金融发展与工业碳减排为视角,对其金融支持低碳经济发展的影响进行研究。

7.1 江苏省低碳经济发展现状

7.1.1 能源消耗与碳排放情况

(1) 能源消耗情况

能源消耗情况与经济发展密切相关,随着江苏省经济的快速增长,能源消耗量也随之增加。目前,江苏省能源消费仍以不可再生能源为主,在不可再生能源总量一定的情况下,能源消费的快速增长将直接导致能源的短缺。历年《江苏统计年鉴》显示，2005～2014 年江苏省能源消费总量逐年增加，如图 7-1 所示。在经济增长的同时，能源消费需求不断增加，且远高于能源供给，加之江苏省能源较为短缺，导致其能源较多的依赖于外省或国外。

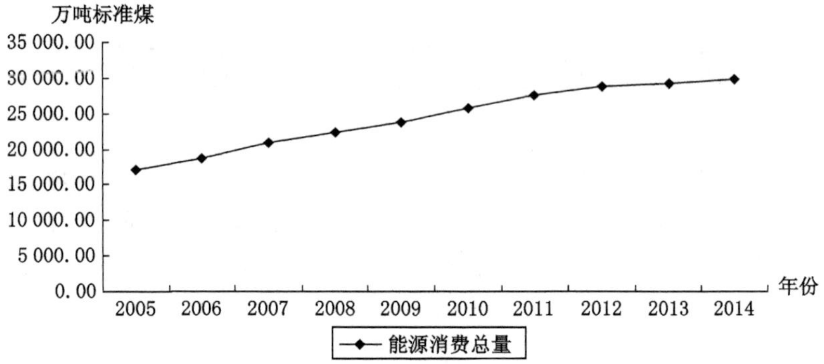

图 7-1　2005～2014 年江苏省能源消费量

从消费部门来看，2005～2014 年工业部门能源消费量占能源消费总量的比重维持在 80%左右（见图 7-2），虽然其大体呈下降趋势，但变动较小；而其他行业的能源消费量所占比重较小（见图 7-3），可见工业部门为江苏省能源消耗最大行业，是发展低碳经济的关键。应针对工业部门高能耗、高污染、高排放特征，加大资金和技术投入，提高其能源利用效率，减少污染排放，促进工业企业的节能减排。

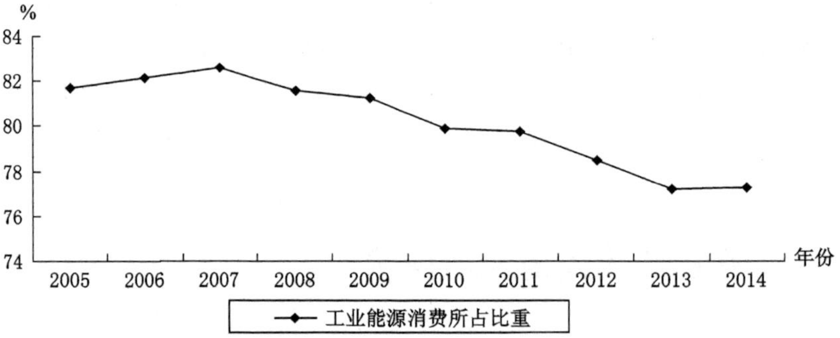

图 7-2　2005～2014 年江苏省工业能源消费比重

从能源消费结构来看，图 7-4 为 2005～2014 年江苏省主要能源消费结构，《江苏统计年鉴》只有规模以上工业企业的能源消费量数据，鉴于前述分析中居民生活及其他行业的能源消费量较小，故采用规模以上工业企业的能源消费来

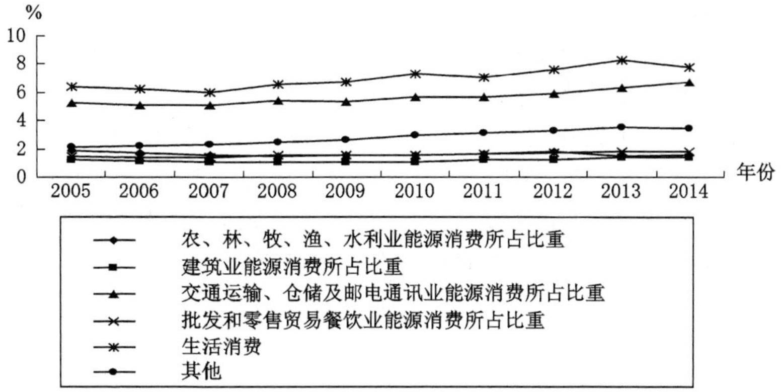

图 7-3 2005～2014 年江苏省其他行业能源消费比重

代替。通过分析，江苏省能源消费中，煤炭、焦炭及原油所占比重在 96%以上，其中煤炭所占比重在 70%左右。可见，江苏省能源消费结构以煤炭为主，2005～2014 年其所占比重波动较小，在能源消费结构中占据绝对主导地位；焦炭和原油消费量所占比重次之，但远低于煤炭所占比重。近年来江苏省能源消费结构未发生较大变化，煤炭在能源消费结构中所占比重较大，能源结构单一，且煤炭消耗产生的二氧化碳较多，导致江苏省碳排放量较大，环境污染严重。因此，江苏省发展低碳经济的重点应改变其单一的能源消费结构，发展新能源，促进能源消费结构多样化。

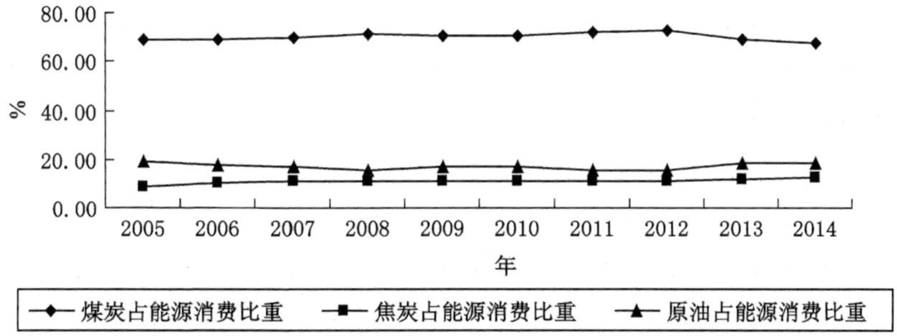

图 7-4 2005～2014 年江苏省能源消费结构

（2）碳排放量

碳排放量可以直观地展现江苏省低碳经济发展状况，碳排放量越小，表明低碳经济发展水平越高。对于碳排放量的计算，选取江苏省工业行业原煤、洗精煤、焦炭、原油、汽油、煤油、柴油、燃料油、液化石油气、天然气十种能源的终端消费量，因2013年第三次全国经济普查能源消费统计范围增广，为统一口径，2013年各能源消费量通过其之前5年消费增长率的平均值进行估算（首先通过国家公布的折算标准煤系数，将各能源的消费量折算为标准煤量，再采用IPCC《国家温室气体排放清单指南》的估算方法，通过碳排放系数将其转化为碳排放量）。从图7-5可看到，2005～2013年，江苏省碳排放量总体呈递增趋势，2011～2012年有所减少，但总体仍呈增长趋势，碳排放量仍较大，主要原因为工业能源消费中高碳能源比重较大，江苏省面临较大的减排压力。

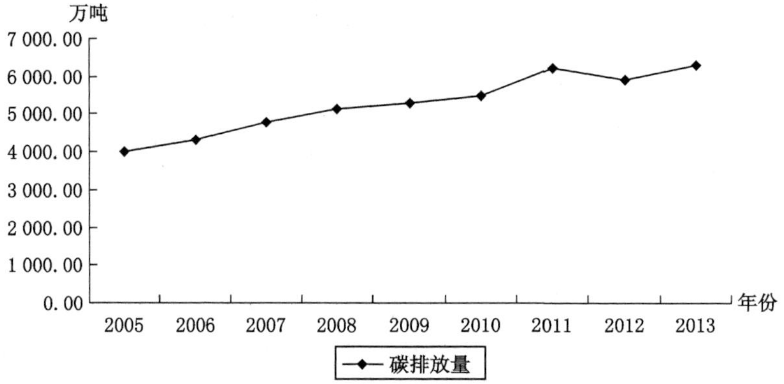

图7-5　2005～2014年江苏省碳排放量

7.1.2　江苏省发展低碳经济具体表现

面对经济发展的高能耗和高排放特征，江苏省针对各行业积极采取措施，以下为部分主要举措表现。

江苏省第一产业所占比重较小，但其对低碳经济的发展仍有不可忽视的力量。自2013年以来，常熟市政府先后投入9.6亿元，实施退渔还湖以及湖堤景观营造等修复工程。2015年阳澄湖半岛绿地森林覆盖率达60%以上，其立足“绿色生态”发展定位，保护自然原生态和生物的多样性。在秸秆综合利用方面，近年来，海安县探索出秸秆固化成型燃料化利用、机械化还田、棚架育菇基料化、秸秆养畜饲料化、秸秆编织加工原料化五大综合利用渠道，从秸秆中炼“金”，利用率90%以上，秸秆燃料化利用总量达16万吨；2015年，连云港东海县推广“全量还田即收即耙”灭茬机解决秸秆焚烧大难题；溧阳建成秸秆可再生能源生产线，通过秸秆汽循环利用进行生物质油的提炼；6月，大丰投资约3.5亿元建成秸秆高密度生态板项目，促进秸秆综合利用，实现循环经济和农业可持续发展。

第二产业为实施节能减排的重要部分。因第二产业所占比重较大，且能源消耗量大，面临显著的能源浪费、利用率低及环境污染问题。

在新能源利用方面，到 2015 年 7 月 29 日，江苏华电（兴化）太阳能发电项目总发电量突破 10 亿千瓦时，平均年发电量为 6.2 亿千瓦时，可节约标煤 1.85 万吨，减少二氧化碳排放量约 4.52 万吨；8 月，苏州市建成通过液化天然气发电的移动能源站，每年可减少二氧化硫排放量约 17 吨，减少烟尘排放约 21 吨。

在节能减排方面，2015 年上半年，江苏省共完成水污染减排项目 1 057 个，占全年项目总数的 72%；完成大气污染减排项目 476 个，占项目总数的 86%。2014 年江苏省开始在电厂实施"超低排放"改造，并给予改造机组每度电 1 分钱的补贴，2014 年 9 月以来，7 家燃煤电厂 10 台机组已经顺利完成超低排放改造，并累计发放环保电价补贴 1.06 亿元；2015 年 6 月 29 日，晋北—江苏特高压工程开工，该工程投资 162 亿元，全面采用我国自主研发的特高压直流输电技术和装备，解决区域发电用电不平衡问题，可以提高能源效率；2015 年 1 月，苏州工业园区使用 3D 打印技术建造数幢建筑，因 3D 打印建筑不产生任何扬尘和建筑垃圾，可节约建筑材料 30%～60%，工期缩短 50%～70%，建筑成本可至少节省 50%以上。

第三产业的节能减排主要体现在交通运输行业。镇江市投运天然气加气站，着手实施火电节能减排项目；2014 年，江苏一家民营充电设备公司推出针对新能源汽车的"星星充电"项目，充电设施的发展将推动新能源汽车产业加快发展；2015 年 5 月，江苏无锡 300 辆公交车添加尿素溶液，尿素通过泵打到排气管里，将排放尾气中的碳氧化合物分解成二氧化碳和水，以降低尾气的排放；同时江苏省积极推进黄标车淘汰工作，2015 年 1～6 月，全省共淘汰报废各类老旧汽车 21.85 万余辆。

7.1.3　江苏省金融支持低碳经济发展基本现状

(1) 碳交易

2012 年 12 月，江苏省首家环境能源交易机构——苏州环境能源交易中心正式开业，其运用市场化手段，控制环境污染物排放量，并促进区域间资源环境的合理配置。该中心主要从事排污权交易、碳排放交易、再生资源交易、节能减排技术交易。2013 年 6 月，苏州环境能源交易中心碳中和平台启动。2014 年 7 月，江苏环境能源交易网正式上线运营，主要包括排污权交易、碳中和交易、绿色金融、在线培训四大版块。2015 年 5 月，江苏省开启节能量交易，节能量是指节能改造项目节能量和淘汰生产装置的能耗削减量。

2011 年 7 月 10 日，江苏鹤林水泥有限公司"15 兆瓦低温余热发电站项目"获得的排放权在镇江成功完成全部交易程序，以 11.5 美元/吨的单价向国际市场出售 10 万吨二氧化碳排放量。2013 年 10 月 22 日，江苏省大气主要污染物排污权交易于苏州环境能源交易中心首次举行，该排污权交易分为电力集团内企业协议转让和电子竞拍两个专场，活动共计出售二氧化硫指标 9 648.6 吨，氮氧化物指标 12 658 吨。2014 年 6 月 25 日，2014 年上半年度江苏省主要污染物排污权交易活动于苏州环境能源交易中心举行，该排污权交易分为协议转让和电子竞拍两个专场，活动共成交二氧化硫指标 194 吨，氮氧化物指标 1 660 吨。

(2) 绿色信贷

据江苏省银监局统计，截至 2014 年上半年末，江苏省内主要银行机构绿色信贷余额 2 477 亿元，比年初增长 18.2%，高于同期各项贷款增速的 10.9%；绿色信贷支持项目预计年节约标准煤 366 万吨。2014 年底，全省银行业环保信用等级为绿色和蓝色的企业授信客户数 16 477 户，比上半年增加 2 626 户，贷款余额 5 212 亿元，比上半年增加 1 250 亿元；环保信用为黄、红、黑三色等级企业贷款客户数 1 726户，比上半年减少 1 173 户，贷款余额 447 亿元，比上半年减少 158 亿元。

国家开发银行苏州分行发放贷款 28.36 亿元，支持大唐吴江汾湖燃机热电联产工程、太仓市城镇污水处理工程等项目；累计发放贷款 51.21 亿元，支持苏州轨道交通一号线项目、二号线及延伸线等项目。

截至 2015 年 9 月末，苏州银行绿色信贷已累计发放 6.27 亿元，用于企业的环保治理，不仅解决企业融资难问题，还促进了环境污染的治理。

近年来，中国农业银行江苏分行积极建立绿色信贷指标体系，从环保、能源利用及社会责任等多方面设立准入标准，对客户进行分类管理。自 2012 年以来，该行累计投入绿色贷款 90 多亿元，同时对传统技术落后、产能较小、经营效益差的客户及污染排放较大、环保不达标及淘汰落后产能等企业及时予以退出。截至 2015 年 6 月末，该行“两高一剩”行业贷款余额比年初减少 22.49 亿元。2010 年该行为无锡某汽车设备制造公司生产环保产品(国四、国五柴油机的必备装置)提供 6 亿元贷款；为江苏渔业科技有限公司和中利腾辉光伏科技有限公司创新节能减排技术提供个性方案，为其“渔光互补”项目提供贷款，通过贷款支持企业在鱼塘上方安装晶硅太阳能电池板，建设太阳能发电项目。该项目每年为国家电网输送约 1 040 万度电，每年可节约标准煤约 3 000 吨，实现了生态养殖和节能环保的有机结合。为支持清洁能源发展，截至目前，该行为泰州、宝应、丹阳地区的生物质燃料发电项目授信 5.28 亿元，项目投产后每年可减少 77 万吨秸秆焚烧；为南京、太仓等地区的垃圾发电项目提供贷款 3.9 亿元，项目投产后每年可节约 26.6 万吨燃煤消耗；向淮安、常州、宜兴、张家港等地区的天然气发电项目提供贷款约 14 亿元，项目投产后每年可节约 394.4 万吨燃煤消耗。

(3) CDM 项目

据中国清洁发展机制网 CDM 项目数据统计，截至 2015 年 10 月 26 日，江苏省已被国家批准的 CDM 项目数量为 131 项，已注册的 CDM 项目为 76 项，已签发的 CDM 项目为 45 项，具体分类见表 7-1。从项目数总量来看，与全国其他省份相比，江苏省已签发的 CDM 项目总数较少(图 7-6)；从年估计减排量来看，江苏省已签发 CDM 项目的年估计减排量位于第 1 位(图 7-7)，反映了其减排项目的减排潜力巨大。

表 7-1　　江苏省不同类型的 CDM 项目数

减排类型	已批准项目	已注册项目	已签发项目
节能和提高能效	38	12	8
新能源和可再生能源	58	42	23
燃料替代	5	5	5
甲烷回收利用	12	7	5
HFC-23 分解	3	3	3
垃圾焚烧发电	9	6	1
其他	6	1	0
总计	131	76	45

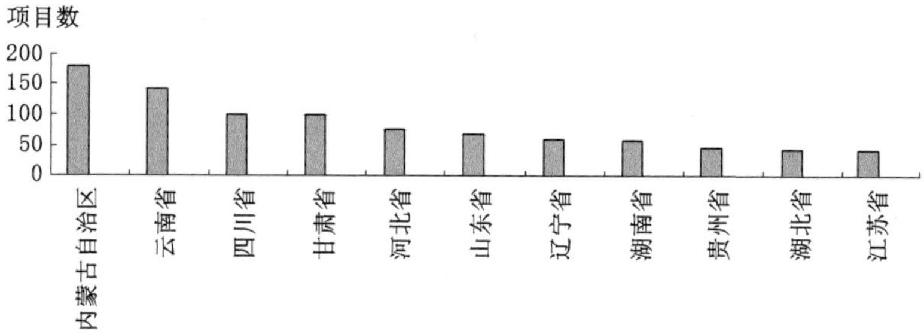

图 7-6　各省、区已签发的 CDM 项目数

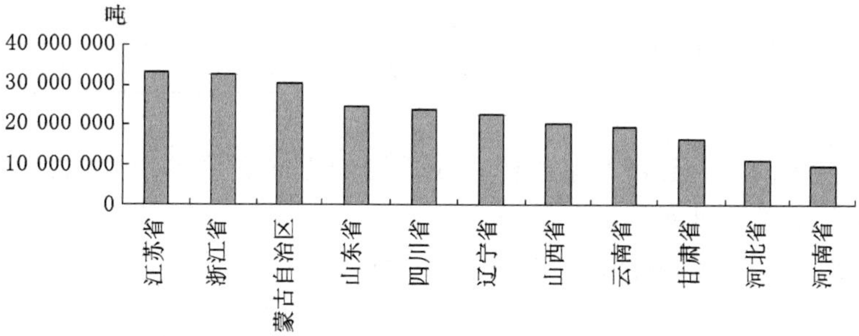

图 7-7　各省、区已签发的 CDM 项目年估计减排量

7.2 江苏省低碳经济发展水平评价

本部分通过选取一系列低碳经济评价指标，运用因子分析对江苏省低碳经济发展水平进行定量分析。本研究参考国内外学者关于低碳经济的研究，结合江苏省现状，构建江苏低碳经济发展评价指标体系。该评价指标体系分为三层：目标层、准则层和指标层。目标层是低碳经济发展总体水平；准则层分为五个方面：经济发展系统、社会发展系统、能源系统、科技发展系统和自然环境系统；指标层是在一级指标下具体划分的评价指标，见表 7-2，指标选取的数据区间为 1998～2014 年，所需数据来源于《中国统计年鉴》和《江苏省统计年鉴》，部分指标通过相关计算而得，人均 GDP 为不变价 GDP 与人口数量的比值，其中不变价 GDP 为基年名义 GDP 乘以 1998 年为基年计算的各年定基 GDP 指数。

表 7-2　江苏省低碳经济评价指标

目标层	准则层（一级指标）	指标层（二级指标）	单位	指标类型
低碳经济总体发展水平（A）	经济发展系统（B_1）	人均 GDP（C_1）	元/人	正向化指标
		第二产业比重（C_2）	%	逆向化指标
	社会发展系统（B_2）	城市化率（C_3）	%	正向化指标
		城市每万人拥有公共车辆（C_4）	标台	正向化指标
	能源系统（B_3）	碳排放量（C_5）	万吨	逆向化指标
		单位 GDP 能耗（C_6）	万元/吨	逆向化指标
		单位 GDP 碳排放量（C_7）	万元/吨	逆向化指标
		煤炭占总能源比例（C_8）	%	逆向化指标
	科技发展系统（B_4）	工业固体废弃物综合利用率（C_9）	%	正向化指标
		城市生活污水处理率（C_{10}）	%	正向化指标
	自然环境系统（B_5）	人均绿地面积（C_{11}）	平方米/人	正向化指标
		建成区绿地覆盖率（C_{12}）	%	正向化指标

因所构建的低碳经济衡量指标存在不同的方向和量纲，在主成分分析之前要对其进行标准化处理：

（1）正向化处理：将逆向化指标取其倒数进行正向化处理，即

$$C_i^* = \frac{1}{C_i} \tag{7-1}$$

（2）无量纲化处理：采用 Z-score 标准化方法对数据指标进行无量纲化处

理，无量纲化处理通过 SPSS 软件实现，即

$$C_i = \frac{C_i^* - \mu}{\sigma} \tag{7-2}$$

其中，μ 为正向化后指标数值的均值，σ 为正向化后指标数值的标准差。

在进行因子分析前，须对变量进行相关性检验，通过其 KMO 和 Bartlett 检验可看到，KMO 值为 0.746，Bartlett 检验统计量值为 434.074，在 5%的显著性水平下，其对应的概率 P 值近似为 0，两种方法均表明原有变量之间存在相关性，适合做因子分析。因子分析重点在于运用较少的相互独立的因子来反映原有变量的绝大部分信息，用于反映变量的因子数量通过其累计方差率来确定，将因子进行旋转后，两个因子对原有变量总方差的解释程度为 89.557%，其他因子的方差贡献率较低，因此低碳经济评价指标可提取 2 个因子。确定主成分因子后，通过方差极大法对因子载荷矩阵实行正交旋转矩阵，其中指标 C_1、C_2、C_4、C_6、C_7、C_8 均在第一个因子上有较高的载荷，可解释为能源与经济因子(F_1)，其余变量在第二个因子上有较高的载荷，可解释为科技与环境因子(F_2)。通过回归法估计因子得分系数，根据因子得分系数矩阵得到的因子得分函数如下：

$$\begin{aligned} F_1 = {} & 0.050C_1 - 0.203C_2 + 0.134C_3 + 0.039C_4 - 191C_5 - \\ & 0.039C_6 - 0.055C_7 - 0.037C_8 + 0.213C_9 + 0.165C_{10} + \\ & 0.125C_{11} + 0.188C_{12} \end{aligned} \tag{7-3}$$

$$\begin{aligned} F_2 = {} & 0.125C_1 + 0.349C_2 + 0.009C_3 + 0.119C_4 + 0.080C_5 + \\ & 0.215C_6 + 0.240C_7 + 0.185C_8 - 0.146C_9 - \\ & 0.035C_{10} + 0.020C_{11} - 0.079C_{12} \end{aligned} \tag{7-4}$$

计算江苏省不同年份低碳经济发展综合得分采用因子加权方法，其中以因子的方差贡献率作为权数，计算公式为：

$$F = 0.525\,17F_1 + 0.370\,40F_2 \tag{7-5}$$

将江苏省 1998～2014 年各变量数据带入上述公式可得到其近年来低碳经济发展水平综合得分，如表 7-3 所示。在能源、经济因子方面，其得分逐渐增加，反映江苏省经济发展水平不断提高，能源利用率有所提高；在科技与环境因子方面，1998～2008 年其得分呈增加趋势，2008 年之后有所下降，反映江苏省环境质量有所下降，其为改善环境增加的科技投入无法弥补环境污染带来的危害。从其低碳经济综合得分来看，总体呈上升趋势，反映近年来为促进节能减排和保护环境，江苏省严格控制污染物排放总量，淘汰落后产能，加大科技投入研发低碳技术取得一定成绩，同时注重生态环境的改善，增加植树造林面积，低碳经济发展水平有所提高。

表 7-3　　1998～2014 年江苏省低碳经济得分

年份	$F1$	$F2$	综合因子得分	排名
1998 年	−2.10	0.26	−1.01	17
1999 年	−1.57	0.22	−0.74	16
2000 年	−1.27	0.16	−0.61	14
2001 年	−1.14	−0.11	−0.64	15
2002 年	−0.76	−0.52	−0.59	13
2003 年	−0.41	−0.81	−0.51	12
2004 年	0.12	−1.25	−0.40	11
2005 年	0.50	−1.19	−0.18	10
2006 年	0.69	−0.92	0.02	9
2007 年	0.90	−0.77	0.19	8
2008 年	0.98	−0.50	0.33	7
2009 年	0.80	−0.08	0.39	6
2010 年	0.93	0.08	0.52	5
2011 年	0.79	0.31	0.53	4
2012 年	0.55	0.85	0.61	3
2013 年	0.54	1.78	0.94	2
2014 年	0.44	2.49	1.16	1

7.3　江苏省金融支持低碳经济发展实证分析

7.3.1　变量的选取及说明

关于低碳经济评价指标的选取，本研究参考国内外学者关于低碳经济的研究，结合江苏省低碳经济评价指标，选取碳排放量（*CE*）来衡量江苏省低碳经济发展水平，样本数据来源于历年《中国能源统计年鉴》并通过相关计算得到，时间跨度为 1999～2013 年，因 2013 年全国经济普查后，碳排放量统计范围变大，为统一口径，通过前五年能源消费的平均增长率对 2013 年进行预测。碳排放量能够直观反映江苏省低碳经济发展水平，碳排放量越小，表明低碳经济发展水平越高；碳排放量越大，表明其低碳经济发展水平较低。

关于金融支持指标的选择，本研究采用信贷变量、工业污染治理投资变量和上市公司融资变量，分别与低碳经济变量构建三个回归模型，因第二产业产值在江苏地区生产总值中所占比重最大，又陈诗一（2011）通过研究发现21世纪以来我国工业二氧化碳排放占全国比例高达90%；谢守红和丁卉（2013）通过分析江苏碳排放及经济增长关系发现，近15年来第二产业工业的碳排放量占80%以上。因此为消除价格变动的影响，信贷变量（*SL*）选取江苏省金融机构存贷款总额与第二产业产值的比值；工业污染治理投资变量（*PI*）为江苏省工业污染治理投资额与第二产业的比值；上市公司融资变量（*BF*）为江苏省上市公司融资额与第二产业的比值。样本数据来源于历年《江苏统计年鉴》并通过相关计算，时间跨度为1999～2013年，计量分析在Eviews 6.0软件上实现。

由图7-8可知，1999～2013年江苏省存贷款额呈逐年增加趋势，存贷款规模不断扩大，反映近年来我国银行业持续稳定发展，能够较好地反映实体经济的发展。由图7-9可知，1999～2013年来我国上市公司融资额波动较大，2005年之前上市公司融资额较少，2006～2007年、2008～2010年呈现较大幅度的上升，2007～2008年及2010～2013年呈较大幅度的下降，反映我国股市发展极不稳定，且从其绝对量来看，远低于银行贷款额，对实体经济的支撑力度较小；我国工业污染治理投资额总体来看为上升趋势，2007～2009年有所下降，2010后又有所上升，其总体变动幅度较小。

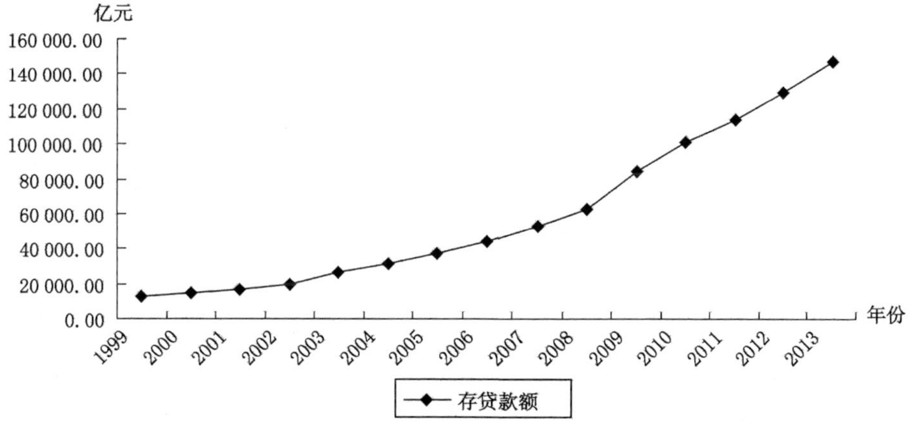

图7-8　1999～2013年江苏省存贷款总额

7.3.2　平稳性检验

在对时间序列进行分析之前，为避免虚假回归，首先对变量进行平稳性检验。本研究采用ADF法检验各变量的平稳性及单整阶数，滞后期由Eviews 6.0软件根据AIC准则自动选取，检验结果见表7-4。

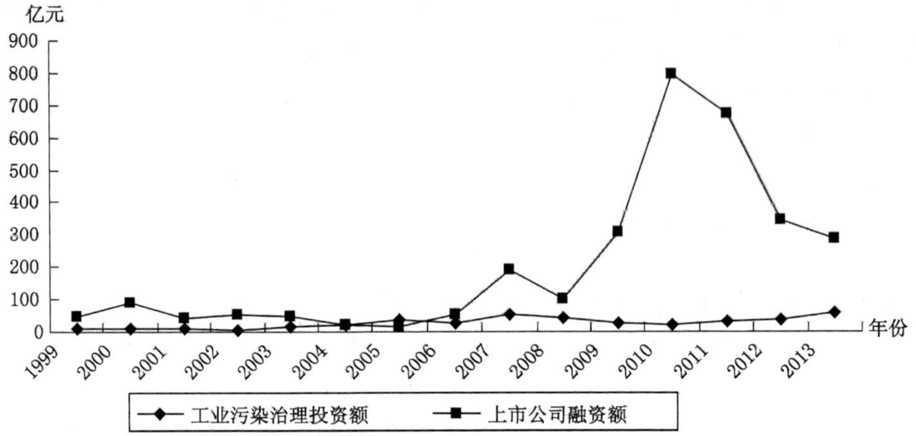

图 7-9　1999～2013 年江苏省工业污染治理投资额及上市公司融资额

由表 7-4 单位根检验结果可知，所有变量的 ADF 值均大于 5%显著性水平下对应的临界值。因此各变量为非平稳时间序列，对原序列进行一阶差分后其差分变量的 ADF 值均小于 5%显著性水平对应的临界值，因此一阶差分变量为平稳变量，即原变量均为一阶单整，变量间有可能存在协整关系。

表 7-4　　　　**单位根检验结果**

变量	类型	ADF 值	5%的临界值	*P* 值	平稳性
LNCE	(*C*,*T*,0)	−1.544 1	−3.791 2	0.762 3	不平稳
LNSL	(*C*,0,0)	−0.180 9	−3.098 9	0.920 7	不平稳
LNPI	(0,0,0)	0.145 2	−1.968 4	0.712 6	不平稳
LNBF	(*C*,0,0)	−1.724 0	−3.098 9	0.399 0	不平稳
D(*LNCE*)	(*C*,*T*,3)	−6.234 3	−4.008 2	0.003 6	平稳
D(*LNSL*)	(*C*,0,0)	−3.159 2	−3.119 9	0.046 8	平稳
D(*LNPI*)	(0,0,0)	−3.674 1	−1.971 0	0.001 4	平稳
D(*LNBF*)	(*C*,0,0)	−3.290 8	−3.119 9	0.037 4	平稳

注：*D*()代表一阶差分，(*C*，*T*，*)分别表示截距项、趋势项和滞后期。

7.3.3　长短期作用关系分析

为了分析金融支持对低碳经济发展的影响，通过协整检验和误差修正模型来判断低碳经济变量与金融支持变量之间的长短期关系。

首先通过 Johansen 协整检验方法检验变量之间是否存在长期关系，检验结果如表 7-5 所示。

表 7-5　　协整关系检验结果

模型一				
无约束的协整秩检验(迹统计量)				
原假设	特征根	迹统计量	5%的临界值	P
不存在协整关系*	0.871 427	24.295 71	15.494 71	0.001 8*
至多存在一个协整关系	0.145 671	1.731 830	3.841 466	0.188 2
模型二				
无约束的协整秩检验(迹统计量)				
原假设	特征根	迹统计量	5%的临界值	P
不存在协整关系*	0.688 810	17.291 63	15.494 71	0.026 5*
至多存在一个协整关系	0.150 216	2.116 045	3.841 466	0.145 8
模型三				
无约束的协整秩检验(迹统计量)				
原假设	特征根	迹统计量	5%的临界值	P
不存在协整关系*	0.995 426	67.767 77	15.494 71	0.000 0*
至多存在一个协整关系*	0.538 572	8.507 721	3.841 466	0.003 5*

注：* 表示在 s%的显著性水平下存在协整关系。

变量间的协整方程如下：

模型一：$$LNCE_{t-1}=6.3644+\underset{(-1.4198)}{1.3956}LNSL_{t-1} \tag{7-6}$$

模型二：$$LNCE_{t-1}=13.0104+\underset{(-4.6002)}{1.0203}LNBF_{t-1} \tag{7-7}$$

模型三：$$LNCE_{t-1}=-4.5507-\underset{(2.8206)}{2.0546}LNPI_{t-1} \tag{7-8}$$

根据协整检验结果，基于迹统计量进行判断，在 5%的显著性水平下，模型一碳排放量与信贷变量存在一个协整关系，模型二碳排放量与上市公司融资变量存在一个协整关系，模型三碳排放量与工业污染治理投资变量存在一个协整关系，协整关系反映了金融支持各变量与低碳经济变量之间存在长期稳定的均衡关系。通过协整方程，信贷变量 $LNSL$ 每增加 1%，碳排放量 $LNCE$ 增加 1.395 6%，上市公司融资变量 $LNBF$ 每增加 1%，碳排放量 $LNCE$ 增加 1.020 3%，工业污染治理投资变量 $LNPI$ 每增加 1%，碳排放量 $LNCE$ 减少 2.054 6%，从长期来看，金融支持变量的变动均对碳排放量产生影响，工业污染治理投资变量的增加对碳排放量的减少具有积极作用，反映其在低碳经济发展中起到一定的推动作用;信贷变量和上市公司融资变量的增加导致碳排放量的增加,反映其未有效地促进低碳经济的发展。

协整方程主要用于描述变量之间的长期关系。为考察变量之间的短期关系,需建立短期动态方程。建立的误差修正模型如表 7-6～表 7-8 所示。

表 7-6　　模型一建立的误差修正模型

模型一		
Error Correction	*D(LNCE)*	*D(LNSL)*
*CointEq*1	−0.233 228	0.097 615
	(0.083 88)	(0.069 02)
	[−2.780 61]	[1.414 22]
D(LNCE(−1))	0.295 194	−0.060 517
	(0.303 49)	(0.249 75)
	[0.972 67]	[−0.242 31]
D(LNCE(−2))	0.448 693	−0.380 008
	(0.326 68)	(0.268 83)
	[1.373 51]	[−1.413 56]
D(LNSL(−1))	0.334 810	−0.097 261
	(0.428 50)	(0.352 62)
	[0.781 36]	[−0.275 82]
D(LNSL(−2))	0.730 474	−0.610 939
	(0.428 18)	(0.352 36)
	[1.706 00]	[−1.733 85]
C	0.006 037	0.092 583
	(0.041 50)	(0.034 15)
	[0.145 46]	[2.710 71]
R^2	0.744 197	0.543 558
可调整的 R^2	0.531 028	0.163 189
标准差	0.076 673	0.063 097
F 统计量	3.491 112	1.429 028
决定性方差协方差	5.60E-06	
AIC	−4.083 701	
SC	−3.517 976	

模型一：

$$DLNCE = \underset{(0.1455)}{0.0060} - \underset{(-2.7806)}{0.2332}CointEq1 + \underset{(0.9727)}{0.2952}DLNCE_{t-1} + \underset{(1.3735)}{0.4487}DLNCE + \underset{(0.7814)}{0.3348}DLNSL_{t-1} + \underset{(1.7060)}{0.7305}DLNSL_{t-2} \tag{7-9}$$

表 7-7　　模型二建立的误差修正模型

模型二		
Error Correction	$D(LNCE)$	$D(LNBF)$
$CointEq1$	−0.029 508	1.011 653
	(0.051 98)	(0.228 86)
	[−0.567 63]	[4.420 39]
$D(LNCE(-1))$	0.629 782	−4.439 929
	(0.373 45)	(1.644 10)
	[1.686 41]	[−2.700 53]
$D(LNBF(-1))$	−0.007 244	0.228 952
	(0.044 37)	(0.195 36)
	[−0.163 24]	[1.171 96]
C	0.038 905	0.292 883
	(0.043 22)	(0.190 26)
	[0.900 26]	[1.539 41]
R^2	0.298 733	0.687 454
可调整的 R^2	0.064 978	0.583 272
标准差	0.114 465	0.503 934
F 统计量	1.277 972	6.598 579
决定性方差协方差	0.001 484	
AIC	0.701 387	
SC	1.135 964	

模型二：

$$DLNCE = \underset{(0.9003)}{0.0389} - \underset{(-0.5676)}{0.0295}CointEq1 + \underset{(1.6864)}{0.6298}DLNCE_{t-1} - \underset{(-0.1632)}{0.0072}DLNBF_{t-1} \tag{7-10}$$

表 7-8　　模型三建立的误差修正模型

模型三		
Error Correction	$D(LNCE)$	$D(LNPI)$
$CointEq1$	−0.057 775	−0.348 804
	(0.039 70)	(0.137 39)
	[−1.455 35]	[−2.538 84]
$D(LNCE(-1))$	0.567 265	1.453 115
	(0.272 60)	(0.943 40)
	[2.080 96]	[1.540 30]
$D(LNPI(-1))$	0.069 952	0.065 396
	(0.087 50)	(0.302 83)
	[0.799 42]	[0.215 95]
C	0.047 898	−0.141 428
	(0.037 19)	(0.128 69)
	[1.288 05]	[−1.098 96]
R^2	0.416 889	0.448 446
可调整的 R^2	0.222 518	0.264 594
标准差	0.104 378	0.361 228
F 统计量	2.144 816	2.439 176
决定性方差协方差	0.000 648	
AIC	−0.127 251	
SC	0.307 325	

模型三：

$$DLNCE = \underset{(1.288\,1)}{0.047\,9} - \underset{(-1.455\,4)}{0.057\,8}CointEq1 + \underset{(2.081\,0)}{0.567\,3}DLNCE_{t-1} + \underset{(0.799\,4)}{0.070\,0}DLNPI_{t-1} \tag{7-11}$$

由短期动态方程可知，模型一的误差修正项系数为−0.233 2<0，模型二的误差修正项系数为−0.029 5<0，模型三的误差修正项系数为−0.057 8<0，均符合修正意义。从短期来看，三个模型中的上一期非均衡误差分别以23.32%、2.95%、5.78%的速度对碳排放量的短期变动产生影响，经过短期误差修正后，最终实现长期均衡。从短期影响程度来看，在其他变量不变的条件下，信贷变量每增加1%，下一期碳排放量同向变动0.334 8%，第二期碳排放量同向变动0.730 5%；上市公司融资变量每增加1%，引起下一期碳排放量减少0.007 2%，

但模型二的效果并不显著；工业污染治理投资变量每增加 1%，引起下一期碳排放量增加 0.07%。信贷变量和工业污染治理投资变量对碳排放量的影响为正，其中信贷变量的影响较大，短期内未促进低碳经济的发展；上市公司融资变量在短期内对碳排放量起到微弱的负向作用，但其作用渠道并不显著。

7.3.4　冲击响应分析与方差分解

（1）脉冲响应分析

脉冲响应函数用于描述任一变量随机误差项的变动对系统中各变量产生的影响，即在某一变量的随机误差项上施加一个标准差大小的冲击后对各变量的当期值和未来值产生的影响。进行脉冲响应函数分析前，要确保 VAR 模型的稳定性，因此先对 VAR 模型的稳定性进行判断，结果如表 7-9 所示。

表 7-9　　VAR 模型稳定性检验结果

模型一	
特征根	模
0.907 985	0.907 985
0.429 405－0.492 070i	0.653 086
0.429 405＋0.492 070i	0.653 086
0.566 080	0.566 080
模型二	
特征根	模
0.755 306－0.149 892i	0.770 036
0.755 306＋0.149 892i	0.770 036
0.101 917－0.540 049i	0.549 581
0.101 917＋0.540 049i	0.549 581
模型三	
特征根	模
0.875 551	0.875 551
0.507 503－0.467 454i	0.689 980
0.507 503＋0.467 454i	0.689 980
－0.064 168	0.064 168

模型中所有特征方程的特征根均小于 1，因此三个 VAR 模型都是稳定的，可进行脉冲响应分析。图 7-10 分别反映了信贷变量（*LNSL*）、上市公司融资额

变量($LNBF$)、工业污染治理投资变量($LNPI$)三个反映金融支持的变量,其一个标准差变动对碳排放量产生的影响,横轴表示冲击作用的滞后期数,滞后期数取 20,纵轴表示解释变量对被解释变量随机误差项变动一个标准差的反应程度,实线为脉冲响应函数。

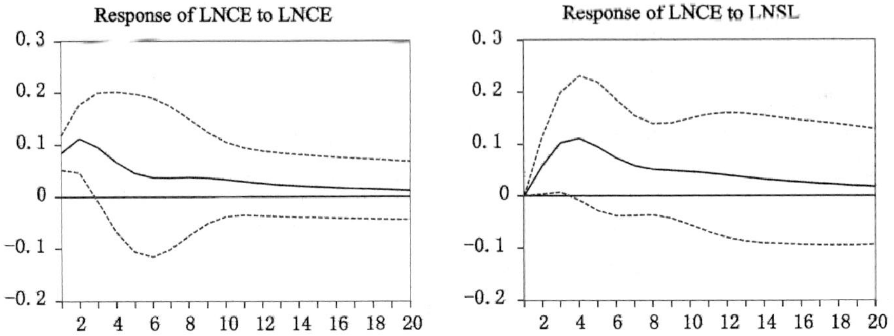

(a)

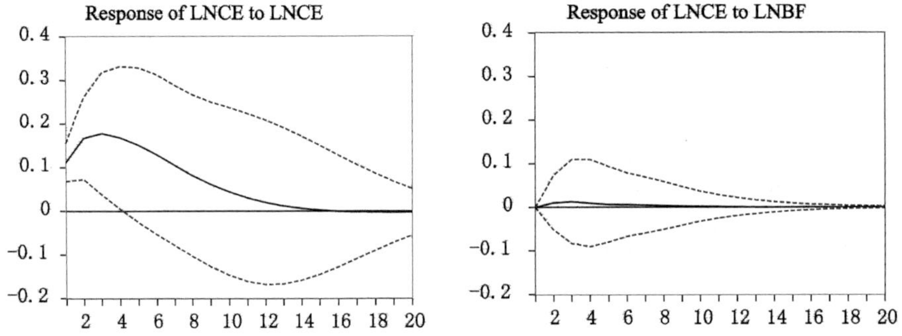

(b)

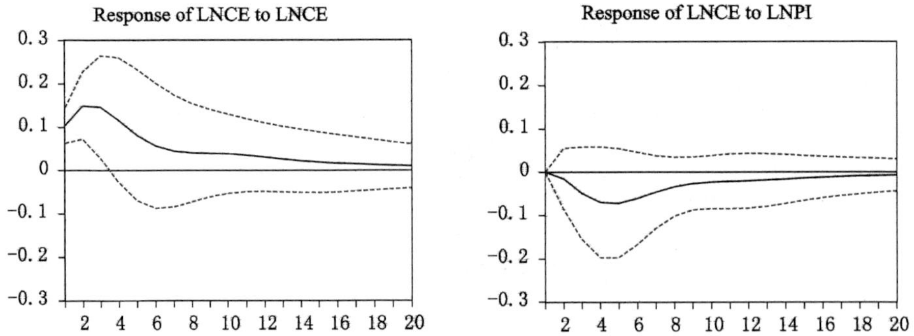

(c)

图 7-10　脉冲响应函数

(a) 模型一;(b) 模型二;(c) 模型三

模型一中在本期给 *LNSL* 一个标准差冲击，未对 *LNCE* 产生影响，在第 2 期波动逐步增大，第 4 期达到最大，为 0.111 3，第 4 期之后信贷变量冲击对碳排放量的影响逐渐减少，并逐渐趋于平稳，说明信贷变量的增加对碳排放量增加有促进作用。模型二中在本期给 *LNBF* 一个标准差冲击，并未引起 *LNCE* 的变动，在第 2 期有较微弱的增加，在第 3 期其变动幅度达到最大，为 0.012 7，在第 10 期后趋于稳定，对碳排放量的影响趋于 0，总体来看上市公司融资变量对碳排放量的影响很小。*LNCE* 对 *LNPI* 的脉冲响应初始值在第 1 期为 0，第二期有小幅波动，在第 5 期影响程度达到最大，为－0.071 7，在第 19 期后趋于稳定，碳排放量与工业污染治理投资变量呈现负相关效应。综合来看，信贷变量的标准差变动对碳排放量的影响程度最大，但其影响为正向，未有效发挥资金配置作用促进低碳经济的发展；上市公司融资变量的冲击对碳排放量的影响接近为 0，工业污染治理投资变量与碳排放量呈负相关，反映工业污染治理投资的增加能够促进碳排放量的减少，促进发展低碳经济。

（2）方差分解

方差分解可用来衡量各变量的冲击对某个变量变动的解释程度，通过方差分解可以直观地了解到金融支持低碳经济发展的重要程度。图 7-11 反映了金融支持变量对低碳经济衡量指标的贡献度。

图 7-11 碳排放量 *LNCE* 的方差分解结果，反映了金融支持变量对碳排放量的贡献度。由 *LNCE* 的方差分解图可看到，模型一中，碳排放量自身对其贡献度较高，在第 1 期贡献率为 100%，第 1 期后其自身贡献度呈较大幅度的下降，并在第 14 期后趋于稳定，维持在 44%左右；信贷变量对碳排放量的贡献在第 1 期为 0，在第 2 期开始上升，在第 14 期后趋于稳定，贡献度维持在 56%左右。模型二为上市公司融资变量对碳排放量的贡献，因其贡献很低，与坐标横轴重合，因此未在文中呈现，上市公司融资变量对碳排放量的贡献在第 1 期为 0，第 2 期开始上升，在第 3 期贡献度最大，仅为 0.37%，在第 9 期后贡献度维持在 0.29%。模型三中，工业污染治理投资变量在第 1 期对碳排放量的贡献为 0，第 2 期开始上升，在第 12 期后趋于稳定，贡献度维持在 20%。综合来看，在金融支持变量中，信贷变量对碳排放量的发展具有很强的解释作用，工业污染治理投资变量次之，而上市公司融资变量对碳排放量的贡献接近为 0。

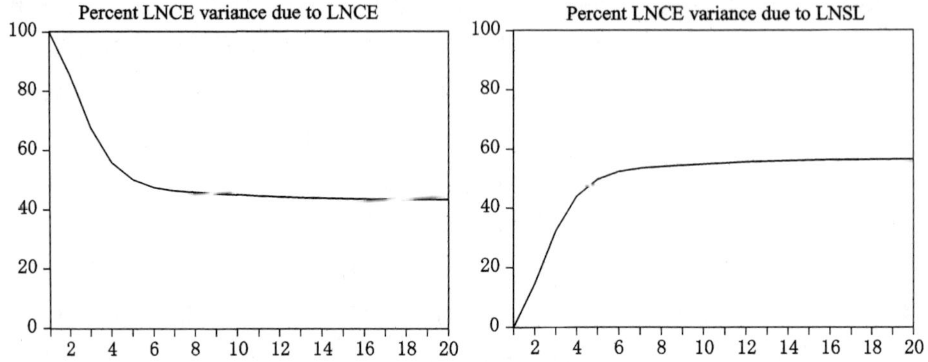

(a)

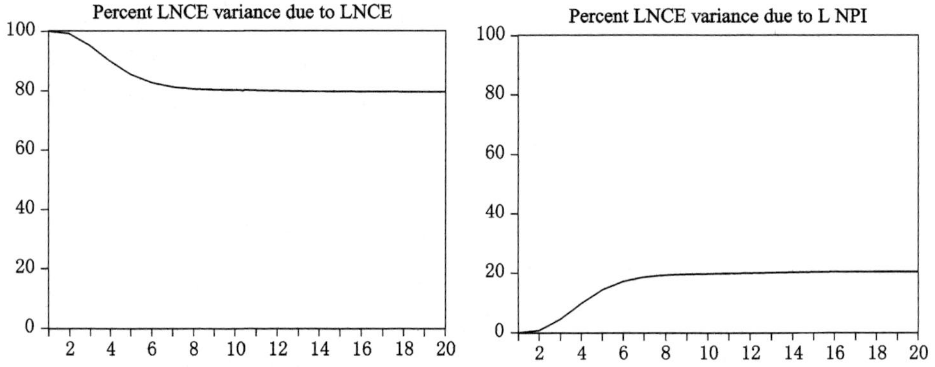

(b)

图 7-11 方差分解结果

(a) 模型一;(b) 模型三

7.4 本章小结

变量间长短期关系的分析。第一,金融支持变量既与代表低碳经济发展的碳排放量间存在长期稳定的均衡关系,也对其短期变动产生影响。协整关系反映了变量间的长期均衡关系,工业污染治理投资变量对碳排放量的影响程度最大,且为负向影响,信贷变量和上市公司融资变量对碳排放量产生正向影响,未对低碳经济产生积极作用。误差修正模型结果显示从短期来看,信贷变量与工业污染治理投资变量均对碳排放量产生正向影响,其中信贷变量影响程度最大,上市公司融资变量对碳排放量的影响很小,并不显著。第二,脉冲响应分析反映信贷变量与工业污染治理投资变量的标准差冲击对碳排放量的影响程度较大,其中碳排放量对信贷变量标准差冲击产生正向响应，对工业污染治理投资变量的标准差冲击产生负向响应，对上市公司融资变量冲击的响应并不显著。第三，方差分解反映信贷变量和工业污染治理投资变量对碳排放量的贡献度较高，具有较强的解释作用，而上市公司融资变量对碳排放量的解释较弱。

从金融机构自身来看，信贷变量的增加导致了碳排放量的增加。江苏省银行业绿色信贷业务虽然取得一些成绩，但未形成一定规模，目前江苏省第二产业产值所占比重较大，经济的发展导致对资金需求的增加。由于低碳项目自身潜在的风险，更多的银行仍将较大部分资金配置到传统产业部门，因此经济发展在增加能源消耗的同时，导致了碳排放量的增加，阻碍了低碳经济的发展。

工业污染治理投资集中了政府的财政支出、银行的间接融资以及低碳资本市场的直接融资，其对碳减排具有积极作用，反映江苏省对环境保护及经济可持续发展的重视，积极治理工业污染，对减少碳排放起到了积极作用。

上市公司融资变量的增加导致碳排放量的增加，未对低碳经济的发展产生积极作用。主要因江苏省低碳经济发展时间较短，企业规模较小，上市门槛较高，目前省内上市融资的低碳企业较少。资本市场自身发展存在着局限性，资本市场上交易的股票价格波动较大，投机现象严重，投资者以散户为主，缺乏专业且规模较大的投资者结构，专业知识的缺乏导致投资盲目性强，无法实现资源的最优配置；资本市场的法律制度并不完善，加之政府的过多干预，无法使市场充分发挥其功能，使股市难以形成自我发展及自我完善机制；对上市公司的监管力度有待提高，上市公司存在较多会计信息披露不真实、不充分、不及时、不规范问题。由于上述缺陷，使得股票市场与低碳经济之间的作用渠道和机制并不顺畅。

总体来看，江苏省低碳经济发展中金融资本供给量不足是低碳经济发展较为缓慢的主要原因。金融资本对低碳经济的发展作用表现在两个方面：一方面，金融资本流向传统产业部门，传统产业部门具有高能耗、高排放、高污染的特征，此时金融对低碳经济的发展表现为抑制作用；另一方面，金融资本流向新型低碳产业部门，支持低碳技术的研发以及新型能源的开发等，此时金融对低碳经济的发展表现为促进作用。从实证分析来看，江苏省金融支持的增加未有效地减少碳排放量，其最可能原因之一为支持低碳经济发展的金融资本供给不足，因江苏省经济结构中第二产业仍占较大比重，经济的快速增长导致对能源需求的增加，金融机构的资源配置仍主要集中于传统产业部门；而低碳产业存在回收周期较长、风险大等特点，金融机构缺乏对其投资的积极性。

8 江苏省工业行业区域碳排放测度——基于37个细分工业行业研究

随着经济的持续发展，能源消费量相应大幅增加，与此同时大气中二氧化碳等温室气体含量急剧累积，导致全球气候变暖，威胁生态平衡。面对全球气候变化，发展低碳经济已然成为世界各国的共同选择。因此，IPCC发布的综合评估报告表明，全球气候变暖90%以上是由于人类活动造成的，尤其是化石能源消费活动。工业是能源消费以及人为碳排放的主要领域，控制和减少工业碳排放量不可避免成为发展低碳经济、实现节能减排的关键。

目前，中国正处于工业化中期阶段，工业结构不合理，高能耗、高排放、高污染行业所占比重较大，先进制造业发展缓慢，工业能源消耗和碳排放量巨大。据测算，工业仅占GDP总量的40%左右，但却消耗了全国的68%的能源，并且排放出全国的83%的二氧化碳。因此，推进中国工业碳减排迫在眉睫。在全球低碳发展的国际背景下，2009年我国在哥本哈根世界气候变化大会前夕公布了自主碳减排减缓行动目标，承诺到2020年单位GDP碳排放量较2005年相比下降40%～45%。2015年10月，党的十八届五中全会提出创新、协调、绿色、开放、共享的新发展理念，这表明未来中国将继续深化推进低碳环保发展。

江苏作为工业经济大省，工业主导产业一直居于全国前列，工业化水平较高。江苏省2012～2014年工业产值分别达到120 124.91亿元、134 080.91亿元和143 016.94亿元，2015年江苏规模以上工业增加值同比增长8.3%，2016年比上年增长7.7%，江苏省工业产值整体呈稳定上升趋势。然而，江苏长期依靠高投入、高能耗、高排放来维持经济的快速发展，其工业碳排放量已不容忽视，随着低碳经济的深入发展，江苏必然面临着更大的工业碳减排压力。另外，由于产业结构、技术水平及区域等因素的影响，不同工业行业的碳排放水平参差不齐，因而江苏省在制定工业碳减排政策和措施时，必须因行业、因区域而异。为此，本研究运用《2006年IPCC国家温室气体清单指南》(以下简称IPCC(2006))提供的化石能源碳排放计算方法，对2005～2013年江苏37个工业行业的碳排放量以及主要工业行业碳排放量的区域分布状况进行测度，进而明确江苏工业节能减排的调控重点，为江苏工业制定科学合理的低碳发展政策以及各地市产业结构的优化升级提供依据和参考。

8.1 相关研究综述

国外关于化石能源碳排放量测度的理论研究开始较早。如 1990 年,美国橡树岭国家实验室(ORNL) 根据美国自身的生产工艺和生产过程,提出运用化石能源对生产过程中产生的 CO_2 排放量进行估算。此后 IPCC 在此基础上测算了各类化石能源的碳排放系数缺省值,并运用缺省值对碳排放量进行了估算。具体针对工业碳排放量测度的应用研究,WANG 等(1997)分析了中国、中国台湾和韩国制造业的二氧化碳排放,得出影响制造业碳排放的主要因素是分部门能源强度。Talukdar 等(2001)的研究表明而工业产值占 GDP 比重的提高则会导致碳排放显著增加,降低农业产值占 GDP 比重有助于减少碳排放量。D. Diakoulaki 等(2007)运用简化的 Laspeyres 模型研究了欧盟 14 个国家工业行业二氧化碳排放量的变化情况,研究表明大多数国家为减排做出很大努力,但减排效果不明显。Chang TC 等(1999)运用灰色关联分析法研究中国台湾各产业的碳排放情况,认为建筑业属于“能源强度高、碳强度高、碳排放系数高”的行业。国内许多学者从国家层面对工业碳排放量进行测度研究,从而为工业节能减排提出对策和建议。谢守红等(2013)测算了 1995～2010 年中国各行业的碳排放强度,结果表明:工业增加值占 GDP 比重达 39.90% ,但工业碳排放量占总碳排放量的比重达 82.14% ,认为这是造成中国碳排放量大和碳排放强度高的主要原因。潘雄锋等(2011)测算了 1996～2007 年中国制造业整体以及 27 个细分行业的碳排放强度,发现造纸及纸制品业、石油加工、炼焦及核燃料加工业、非金属矿物制品业、化学纤维制造业、黑色金属冶炼及压延加工业、化学原料及化学制品制造业的碳排放强度高于平均值水平,将其划分为高碳行业。Fu Jingyan 等(2015)基于中国制造业 1996～2010 年行业面板数据,计算了制造业 27 个细分行业的碳排放量,从而将制造业划分为高碳和低碳行业,并认为整个制造业和低碳行业之间存在 EKC 关系,即碳排放强度与人均 GDP 呈倒 U 形曲线关系,而高碳行业的碳排放强度与人均 GDP 存在线性关系。周五七(2012)利用 IPCC 推荐的碳排放核算方法,全面、系统地核算了1998～2010 年中国不同部门、不同地区工业和工业细分行业的能源碳排放情况。另外,一些学者从省市的角度出发,也对工业碳排放进行了相应的测度研究工作。刘占成等(2010)通过比较不同机构及学者对中国区域碳排放的测算结果,重新测算了中国各省及中部、东部、西部等主要区域的能源和水泥的碳排放量,得出中国区域碳排放格局——东部地区排放总量和累计排放量最大,西部地区排放总量及占全国的份额逐步增加。

总体来看，目前国内外关于工业碳排放测算的研究主要有以下特点和不足：① 研究内容主要集中于工业能源碳排放总量，而涉及具体工业细分行业的微观研究较少；② 以国家或某个城市工业分行业研究居多，针对单个省份工业行业碳排放的测算较少，而对省份内部工业行业碳排放区域分布的测算研究更少；③ 多直接采用 IPCC(2006)提供的各类能源碳排放系数缺省值进行测算，测算结果难免有失公允。鉴于此，本研究参考 IPCC(2006)提供的方法对江苏工业行业主要使用的 11 种能源的碳排放系数进行重新测算，据此测度、分析江苏 37 个工业行业的碳排放量以及主要工业行业碳排放量的区域分布状况，从而为江苏工业节能减排发展提供一定的理论依据。

8.2 工业行业碳排放测度方法

8.2.1 测度范围界定

碳排放源可分为两类：一类是土壤、海洋等释放的自然排放源，另一类是由于人类活动引起的人为排放源。研究表明，长期以来自然碳排放量基本处于一个相对稳定的状态，而因人类活动所造成的碳排放量不断增加，这被认为是二氧化碳浓度增加和气候变暖的主要原因，也是本研究的研究范畴。IPCC(2006)提出人为碳排放源主要来自工业生产过程、能源活动、农业林业和废弃物等几个部分。其中，化石能源燃烧利用产生的碳排放量占人为碳排放总量的 95%以上。鉴于此，本研究主要测算工业能源消费所产生的碳排放量。

8.2.2 测度方法

目前，碳排放测度的方法主要有三种：排放系数法、物料衡算法和现场实测法。此外，依据具体项目计量和参数选择的需要，又产生了模型法、生命周期法、决策树法等碳排放测度方法。各种方法在使用过程中各有优缺，互为补充。其中，排放系数法是应用最广泛的碳排放测度方法，在具体实践应用中，国际上普遍认可和接受的是 IPCC(2006)提供的测算化石能源碳排放的计算方法。

本研究采用 IPCC(2006)提供的碳排放计算方法，按照能源类别对江苏工业行业区域碳排放量进行测度。具体公式如下：

$$C_i = \sum_{j=1}^{n} C_{ij} = \sum_{j=1}^{n} a_j E_{ij} \tag{8-1}$$

$$a_j = NCV_j \times CEF_j \times COF_j \tag{8-2}$$

式中：C_i表示第i行业的碳排放量；C_{ij}表示第i行业第j类能源产生的碳排放量；E_{ij}表示第i行业第j类能源的消费量(按标准煤计算)；a_j表示第j类能源的碳排放系数；NCV_j表示第j类能源的平均低位发热量(IPCC称之为净发热值)；CEF_j表示第j类能源单位热值当量的含碳量；COF_j表示第j类能源的碳氧化率。选取燃料油、焦炭、原煤、天然气、洗精煤、原油、煤油、柴油、汽油、液化石油气和其他石油制品①等11类主要能源进行测度。

8.2.3 数据来源及参数设定

依据上述方法测度江苏工业行业区域碳排放量时，需要获取江苏各地市规模以上工业企业分行业主要能源品种消费数据以及各类能源的碳排放系数。鉴于数据的可获得性，本研究选取2005～2013年作为研究时段，同时排除数据缺失的泰州、淮安及宿迁，对江苏余下10个地级市的主要工业行业进行碳排放测度研究，所需数据均来源于各市2006～2014年的统计年鉴。

IPCC(2006)规定仅当特定国家值不可获取时，建议使用该指南给出的碳排放系数缺省值。为精确起见，本研究根据中国实际情况对碳排放系数的各项计算参数进行修正，重新测算各类能源的碳排放系数。其中，各类能源的含碳量和碳氧化率选取《省级温室气体清单编制指南》(发改办气候〔2011〕1041号)表1.7中相应的数值；各类能源的折标准煤系数和平均低位发热量主要参考《综合能耗计算通则》(GB/T 2589-2008)附录A；假设不同能源类别的碳排放系数不变，具体相关参数设定如表8-1所示。

表8-1　　碳排放测度各项相关参数

能源类别	折标准煤系数/(kg标准煤/kg)	平均低位发热量/(kJ/kg)	含碳量/(TC/TJ)	碳氧化率/%	碳排放系数
原煤	0.714 3	20 908	25.8	90.00	0.485 5
洗精煤	0.900 0	26 344	25.4	90.00	0.602 2
焦炭	0.971 4	28 435	29.4	93.00	0.777 5
天然气	1.330 0	38 931	15.3	99.00	0.589 7
原油	1.428 6	41 816	20.1	98.00	0.823 7

① 自2011年开始，各市统计年鉴"规模以上工业企业主要能源品种消费量"的统计口径发生变化，将"其他石油制品"进一步细分，为统一口径，本研究将其合并。

续表 8-1

能源类别	折标准煤系数 /(kg 标准煤/kg)	平均低位发热量 /(kJ/kg)	含碳量 /(TC/TJ)	碳氧化率 /%	碳排放系数
汽油	1.471 4	43 070	18.9	98.00	0.797 7
煤油	1.471 4	43 070	19.6	98.00	0.827 3
柴油	1.457 1	42 652	20.2	98.00	0.844 3
燃料油	1.428 6	41 816	21.1	98.00	0.864 7
液化石油气	1.714 3	50 179	17.2	98.00	0.845 8
其他石油制品	1.200 0	41 816	20.0	98.00	0.819 6

注:天然气的折标准煤系数、平均低位发热量、碳排放系数的单位分别为 kg 标准煤/m^3、kJ/m^3、TC/m^3标准煤。

8.3 工业行业碳排放测度结果及分析

8.3.1 江苏省工业碳排放总量测度及分析

根据江苏省 10 个地市(排除泰州、淮安及宿迁)历年统计年鉴数据以及表 8-1 计算的碳排放系数,运用式(8-1)分别获得各地市规模以上工业行业的碳排放量,并将其逐项汇总求和得到江苏规模以上工业行业碳排放总量,结果见图 8-1。

从图 8-1 可以看出,2005～2013 年江苏工业碳排放总量持续增长,由 2005 年的 6 710.07 万吨增长到 2013 年的 12 086.00 万吨,年均增速 7.63%。从行业结构来看,采矿业、制造业和电力、燃气及水的生产和供应业的碳排放量均呈现出增长态势,且年均变化趋势较一致。其中,制造业是江苏主要的碳排放行业,其碳排放量占江苏工业碳排放总量的 50%左右。

2008 年受金融危机影响,江苏工业碳排放量增速出现下降,此后呈现上升,主要是由于采矿业碳排放增速的大幅增加。自 2009 年国务院公布自主碳减排减缓行动目标后,江苏省严格落实节能减排目标责任,加大节能减排工作力度,推进全省低碳发展,并取得一定成果。2010～2012 年,江苏工业碳排放增长率呈明显下降趋势,由 2010 年的最高增速 14.80%,至 2012 年仅为 1.73%,尤其采矿业的碳排放量增长速度呈现直线下降,2013 年出现负增长。另一方面,虽然江苏省工业碳排放量的增长速度显著下降,但由于基数较大,碳排放实际增长量较大,导致江苏省工业碳排放总量一段时期内将仍呈现上升态势,工业节能减

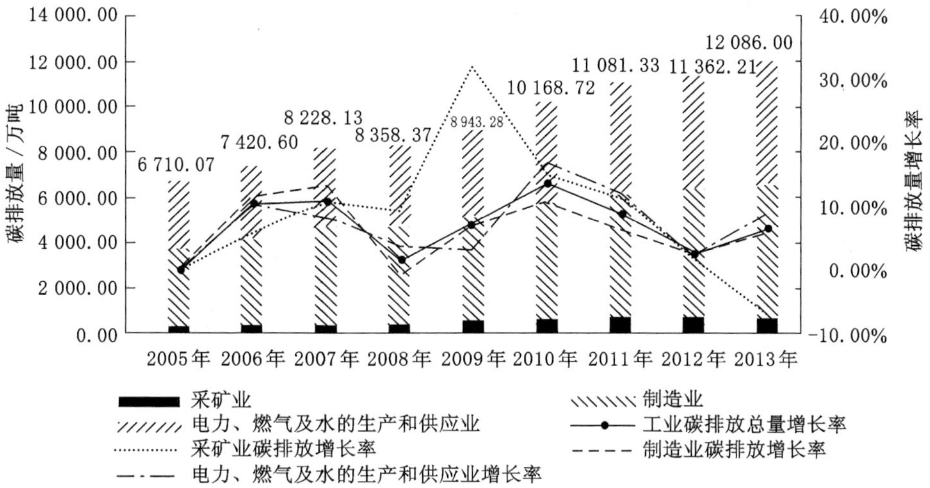

图 8-1　2005～2013年江苏规模以上工业碳排放总量及变化趋势

排形势依然严峻。

8.3.2　工业分行业碳排放量测度与分析

本研究的研究时段为2005～2013年，前后适用于不同版本的《国民经济行业分类标准》：2005～2011年适用于《国民经济行业分类标准》(GB/T 4754-2002)，2012～2013年适用于《国民经济行业分类标准》(GB/T 4754-2011)。这两个分类标准均将工业分为采矿业、制造业、电力、燃气及水的生产和供应业三个门类，但是有关小类、中类、大类的划分发生变动[①]，为确保数据的可比性，本研究选取两个分类标准共有的37个细分行业，对其碳排放量进行测度和分析。

从表8-2可以看出，2005～2013年间江苏绝大多数工业行业的碳排放量均呈现出明显的增长态势，同时亦存在部分行业碳排放量下降的现象，如黑色金属矿采选业、纺织业、通用设备制造业等。2005～2013年累积碳排放量超过4 000万吨的主要有石油加工、炼焦和核燃料加工业，非金属矿物制品业，电力、热力的生产和供应业，化学原料和化学制品制造业，黑色金属冶炼和压延加工业，煤炭开采和洗选业。这表明江苏高碳排放行业主要集中在能源生产、加工以及重工

---

① GB/T 4754-2011与GB/T 4754-2002相比，部分工业行业的大类、中类和小类统计口径发生小范围变化，但整体而言对碳排放核算的影响程度较小，此处忽略不计。

业行业，这也是江苏工业节能减排应重点关注的行业。

表 8-2　2005～2013 年江苏规模以上工业分行业碳排放量及其变化趋势

行业	碳排放量/万吨				年均增长率/%
	2005～2013 年	2005 年	2009 年	2013 年	
煤炭开采和洗选业	4 669.64	310.67	543.02	663.23	9.94
石油和天然气开采业	153.15	14.91	17.00	21.24	4.52
黑色金属矿采选业	54.94	7.06	6.39	5.73	−2.58
有色金属矿采选业	0.29	0.01	0.07	0.01	5.64
非金属矿采选业	50.31	5.68	5.91	4.4	−3.13
农副食品加工业	196.46	18.88	24.09	21.07	1.38
食品制造业	131.55	16.68	7.78	5.01	−13.97
饮料制造业	288.94	36.75	39.13	29.43	−2.74
烟草制品业	4.45	1.02	0.40	0.14	−21.79
纺织业	1 830.75	251.05	177.87	153.19	−5.99
纺织服装、鞋、帽制造业	282.09	31.09	30.81	32.39	0.51
皮革、皮毛、羽毛(绒)及其制品业	67.13	10.09	3.44	3.61	−12.06
木材加工和木、竹、藤、棕、草制品业	266.35	17.45	33.18	28.82	6.47
家具制造业	5.81	0.53	0.58	0.52	−0.14
造纸和纸制品业	1 685.59	147.98	197.70	213.37	4.68
文教体育用品制造业	53.59	6.93	4.67	10.51	5.34
印刷业和记录媒介的复制	17.51	1.82	1.96	2.94	6.17
石油加工、炼焦和核燃料加工业	4 167.66	253.32	362.55	786.94	15.22
化学原料和化学制品制造业	5 829.78	471.98	795.49	697.13	5.00
医药制造业	189.53	19.73	22.08	25.98	3.50
化学纤维制造业	1 035.28	130.42	91.38	128	−0.23
橡胶和塑料制品业	340.02	45.90	39.46	27.95	−6.01
非金属矿物制品业	4 475.91	496.45	519.01	457.11	−1.03
黑色金属冶炼和压延加工业	19 112.91	1 250.61	1 973.19	3 035.28	11.72
有色金属冶炼和压延加工业	422.23	27.47	28.22	23.06	−2.16

续表 8-2

行业	碳排放量/万吨				年均增长率/%
	2005～2013年	2005年	2009年	2013年	
金属制品业	380.60	37.45	39.93	64	6.93
通用设备制造业	631.74	62.25	88.17	30.4	-8.57
专用设备制造业	140.00	9.18	15.21	19.65	9.98
交通运输设备制造业	240.92	25.20	29.43	22.38	-1.47
电气机械及器材制造业	342.45	17.67	43.50	47.34	13.11
通信设备、计算机及其他电子设备制造业	207.42	20.80	21.53	37.98	7.82
仪器仪表及文化、办公用机械制造业	54.53	2.49	7.13	11.2	20.68
工艺品及其他制造业	35.73	2.94	2.81	5.34	7.76
废弃资源和废旧材料回收加工业	13.60	0.27	1.80	2.29	30.36
电力、热力的生产和供应业	36 867.01	2 939.49	3 746.39	5 467.55	8.95
燃气生产和供应业	109.56	17.65	21.67	0.43	-32.27
水的生产和供应业	3.24	0.20	0.30	0.35	11.11

图8-2和表8-3显示了2005～2013年江苏主要工业行业的碳排放量及其占比情况。从中可以看出，江苏省近十年来电力、热力的生产和供应业碳排放量最高，占工业碳排放总量的40%以上；稳居第二的行业是黑色金属冶炼和压延加工业，占工业碳排放总量的20%左右，且占比逐年上升，2013年占比达到25.11%。石油加工、炼焦和核燃料加工业的碳排放量由2005年的253.32万吨上升到2013年的786.94万吨，年均增长15.22%，成为高碳排放行业中碳排放量年均增速最高的行业。化学原料和化学制品制造业行业的碳排放量增长速度缓慢，年均增长率5%。非金属矿物制品业则呈现负增长，占工业碳排放总量比重逐年下降；煤炭开采和洗选业的碳排放量呈现小幅上升。

从表8-3中，我们可以明显看出2005年江苏主要工业行业(碳排放排名前6位的行业)的碳排放量占比总和超过85%，且逐年稳步上升，到2013年这一比例已达到91.90%。这反映出江苏工业行业的碳排放量逐渐地向少数主要行业聚集，行业间的碳排放差异不断加大。因此，从结构减排层面来看，未来江苏省煤炭开采和洗选业、黑色金属冶炼和压延加工业、工业碳减排应重点关注电力、化学原料和化学制品制造业、热力的生产和供应业、非金属矿物制品业以及石油加工、炼焦和核燃料加工业6个高碳排放行业。其中，除煤炭开采和洗选业之外，均为国家统计标准中所列的高能耗行业。

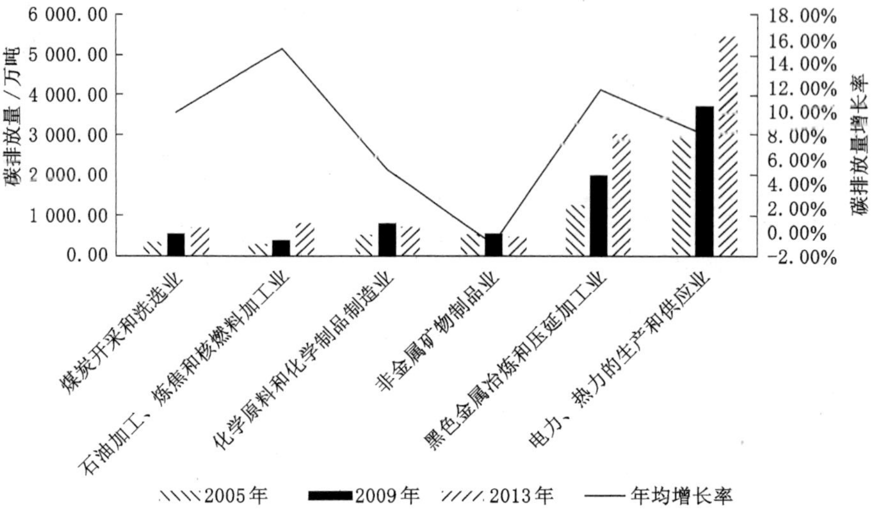

图 8-2 2005～2013 年江苏主要工业行业碳排放量及变化趋势

表 8-3　　2005～2013 年江苏主要工业行业碳排放量占比情况　　单位:%

行业	2005 年	2007 年	2009 年	2011 年	2013 年
电力、热力的生产和供应业	43.81	42.59	41.89	44.45	45.24
黑色金属冶炼和压延加工业	18.64	22.16	22.06	23.68	25.11
化学原料和化学制品制造业	7.03	7.27	8.89	6.50	5.77
煤炭开采和洗选业	4.63	4.49	6.07	6.32	5.49
非金属矿物制品业	7.40	6.47	5.80	4.17	3.78
石油加工、炼焦和核燃料加工业	3.78	3.76	4.05	6.01	6.51
总计	85.28	86.74	88.78	91.12	91.90

8.3.3 主要工业行业区域碳排放测度与分析

依据 2005～2013 年江苏 10 个地市(无泰州、淮安及宿迁)主要工业行业相关数据,测度、分析了江苏主要工业行业碳排放的区域分布情况,测度结果见图 8-3、表 8-4。

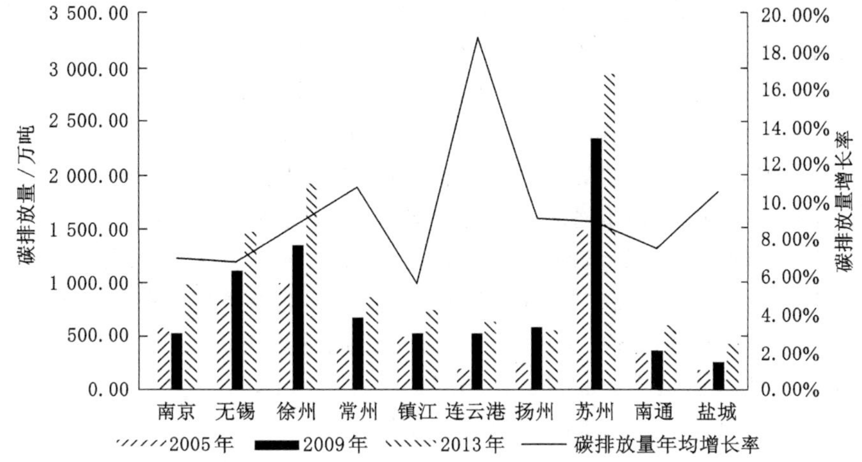

图 8-3　2005～2013年江苏主要工业行业碳排放总量区域分布

表 8-4　　2005～2013年江苏主要工业行业碳排放总量区域占比　　单位:%

	2005年	2006年	2007年	2008年	2009年	2010年	2011年	2012年	2013年
南京	9.97	9.48	8.1	7.13	6.52	8.5	9.64	9.56	8.81
无锡	15.2	15.17	14.08	14.17	13.92	12.92	12.64	12.48	13.23
徐州	17.35	16.55	16.34	17.43	16.97	16.81	17.38	17.8	17.45
常州	6.58	5.22	8.54	8.39	8.39	7.64	7.67	7.62	7.68
镇江	8.25	8.1	6.88	6.55	6.63	6.04	6.4	6.66	6.59
连云港	2.74	2.49	2.07	2.26	3.11	4.28	4.69	5.32	5.58
扬州	4.8	4.95	5.95	6.36	7.28	6.44	5.88	5.17	4.95
苏州	25.8	28.99	29.58	29.71	29.49	28.24	27.29	27.11	26.43
南通	6.02	5.73	5.2	5.06	4.48	6.23	5.96	5.9	5.5
盐城	3.29	3.32	3.28	2.94	3.21	2.89	2.45	2.38	3.78
苏南	65.8	66.96	67.18	65.95	64.95	63.34	63.64	63.43	62.74
苏中	10.82	10.68	11.15	11.42	11.76	12.67	11.84	11.07	10.45
苏北	23.38	22.36	21.69	22.63	23.29	23.98	24.52	25.5	26.81

(1) 主要工业行业碳排放总量的区域分布

从图 8-3、表 8-4 中可以明显看出,江苏 10 个地市的主要工业行业碳排放量总体上均呈增长态势,但不同地域的年均增速有明显差异。苏州主要工业行业的碳排放量一直居于江苏首位,其次为徐州、无锡,这 3 个市的工业碳排放量较大，占江苏主要工业行业碳排放总量的比例超过55%，属于碳排放量高值区；连云港、扬州、盐城3市的主要工业行业碳排放量占比较低，属于碳排放量低值区，其中连云港主要工业行业碳排放量的年均增速为全省最高，达到18.78%；余下南京、常州、镇江、南通4市属于碳排放量中值区。比较省内三大区域占比发现，苏南、苏中、苏北三大区域的主要工业行业碳排放总量梯度差距较明显，呈现出苏南>苏北>苏中的分布格局。作为全省经济最发达的区域，苏南工业化程度较高，导致其碳排放量明显高于其他地区，主要工业行业碳排放总量占比超过60%，肩负着为江苏碳减排“开路”的重任。随着苏北经济的平稳较快发展，苏北地区碳排放增速明显加快，主要工业行业碳排放总量占比呈现稳步上升。苏中地区主要工业行业碳排放总量占比相对稳定，维持在10%左右。

(2) 主要细分行业碳排放量的区域分布

各不同细分行业间的碳排放量区域分布不同，且存在较大差异相关数据见表8-5和图8-4。从碳排放量最高的行业——电力、热力的生产和供应业来看，苏州的行业碳排放量远远高于其他区域，并且碳排放增长速度较快，这与苏州电力、热力的生产和供应业总产值密切相关，苏州规模以上电力、热力的生产和供应业总产值由2005年1 136 486万元，上升到2013年的3 849 898万元，居于全省第一，年均增速16.48%。无锡和徐州行业碳排放量稳步上升，仅次于苏州；而南京行业碳排放量呈现快速上升，2011年开始超越无锡，居于全省第三位。苏州、无锡、徐州、南京4市的行业碳排放量明显高于行业平均值(293.95万～546.75万吨)，属于行业碳排放量高值区；镇江、南通2市近9年来的行业碳排放量处于256.16万～533.28万吨之间，基本与行业碳排放的平均值相当，属于行业碳排放中值区；相较而言，扬州、常州、盐城、连云港4市的行业碳排放占比较小，且碳排放量明显低于行业平均值，属于碳排放低值区。三大区域比较而言，电力、热力的生产和供应业的碳排放量排序为：苏南>苏北>苏中。江苏省的电力供应仍以热能发电为主，苏南地区相对经济发达，人口密集，故其电力需求大，电力、热力的生产和供应业的碳排放量也高，占比60%左右，且其年均增速稍高于苏中、苏北地区。

表8-5 2005～2013年江苏主要工业行业碳排放量区域占比及年均变化 单位：%

	电力、热力的生产和供应业			黑色金属冶炼和压延加工业			化学原料和化学制品制造业		
	2005年	2013年	年均增速	2005年	2013年	年均增速	2005年	2013年	年均增速
南京	10.04	12.83	11.44	3.84	2.42	5.43	21.11	12.17	−1.99
无锡	13.54	11.83	6.26	20.65	15.11	7.44	22.92	13.55	−1.68
徐州	15.75	14.34	6.80	8.48	9.28	12.99	6.28	10.76	12.31
常州	4.77	3.89	5.37	7.54	17.17	23.82	6.98	2.41	−8.07

续表 8-5(1)

	电力、热力的生产和供应业			黑色金属冶炼和压延加工业			化学原料和化学制品制造业		
	2005年	2013年	年均增速	2005年	2013年	年均增速	2005年	2013年	年均增速
镇江	11.14	9.75	6.29	0.24	1.17	36.10	6.41	7.15	6.43
连云港	4.04	2.56	2.11	0.00	4.47	243.36	7.01	8.51	7.57
扬州	7.09	5.85	5.49	0.26	1.26	36.34	5.01	19.01	24.04
苏州	19.77	24.36	10.93	57.44	47.75	9.17	14.65	12.47	2.90
南通	9.48	9.20	7.67	1.48	0.97	6.05	5.34	9.72	13.16
盐城	4.40	5.38	10.82	0.07	0.40	38.37	4.29	4.25	4.90
苏南	59.25	62.67	8.83	89.71	83.62	10.74	72.07	47.75	−0.27
苏中	16.57	15.05	6.78	1.73	2.23	15.30	10.35	28.72	19.29
苏北	24.19	22.28	6.97	8.55	14.15	18.98	17.58	23.52	8.89

	煤炭开采和洗选业			非金属矿物制品业			石油加工、炼焦和核燃料加工业		
	2005年	2013年	年均增速	2005年	2013年	年均增速	2005年	2013年	年均增速
南京	0.00	0.00	0.00	15.15	12.02	−3.85	20.79	8.07	2.36
无锡	0.00	0.00	0.00	9.65	11.62	1.30	22.68	27.47	18.02
徐州	99.87	99.95	9.96	13.62	17.93	2.44	6.44	6.69	15.75
常州	0.00	0.00	0.00	18.76	22.30	1.14	6.33	0.01	−46.21
镇江	0.00	0.00	0.00	11.22	12.87	0.69	21.95	6.89	−0.31
连云港	0.00	0.00	0.00	0.98	0.58	−7.33	/	35.88	/
扬州	0.00	0.05	40.16	1.11	0.58	−8.76	13.41	7.19	6.59
苏州	0.00	0.00	0.00	21.67	14.71	−5.71	0.07	0.04	8.39
南通	0.00	0.00	0.00	3.81	2.31	−7.03	1.41	0.02	−32.27
盐城	0.13	0.00	0.00	4.04	5.08	1.86	6.91	7.73	16.84
苏南	0.00	0.00	0.00	76.44	73.51	−1.51	71.82	42.49	7.90
苏中	0.00	0.05	40.16	4.92	2.89	−7.40	14.82	7.21	5.30
苏北	100.00	99.95	9.94	18.64	23.59	1.94	13.36	50.30	35.99

同电力、热力的生产和供应业一样，黑色金属冶炼和压延加工业的碳排放量最高区域也位于苏州，2013年行业碳排放量突破1 400万吨，占全省行业碳排放总量的47.75%，年均增速达9.17%；此外，常州、无锡的行业碳排放量占比超过15%，高于行业平均碳排放量(125.06万～303.53万吨)，3市同属于行业碳排放高值区；徐州的行业碳排放量处于106.04万～281.64万吨之间，基本与行业

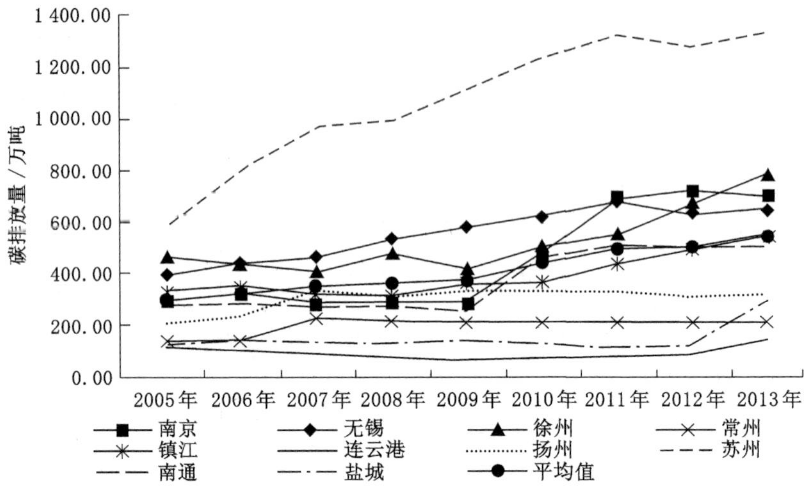

图 8-4(a) 2005～2013 年电力、热力的生产和供应业的碳排放区域分布

碳排放的平均值相当，属于行业碳排放中值区；南京、镇江、连云港、扬州、南通、盐城的行业碳排放量占比较低，不足 5%，属于行业碳排放低值区。从三大区域横向比较来看，2013 年苏南地区行业碳排放总计 2 538.02 万吨，是全省平均水平的8.36倍、苏北的 5.91 倍，苏中的 37.49 倍，碳排放占比高达 83.62%，因此江苏应重点强化苏南地区对黑色金属冶炼和压延加工业的碳减排责任。同时也要注意到，行业碳排放量高的苏南地区，其碳排放年均增速较慢，占比呈下降趋势；而具有后发优势的苏北地区，随着工业增速的较快提高，黑色金属冶炼和压延加工业得到迅速发展，行业碳排放量也不断增加，占比从 2005 年的 8.55%提高到 2013 年的 14.15%，碳排放年均增速为 18.98%，其中连云港年均增速达 243.36%，为全省最高。苏中地区行业碳排放的占比及年均增速也呈现稳步上升。总体来看，黑色金属冶炼和压延加工业的碳排放呈现“北快南稳”的格局。

从图 8-4(c)化学原料和化学制品制造业的碳排放区域分布可以看出，扬州的行业碳排放量自 2007 年开始呈现高速增长趋势，相继超越苏州、无锡、南京，从 2005 年的 23.64 万吨上升到 2011 年最高值，达到 207.24 万吨 ，增长了 8.77 倍，且行业碳排放占比 28.75%，虽然 2011 年起有所下降，但其排放量仍然居于全省首位；虽然无锡、南京该行业碳排放量呈下降趋势，且碳排放占比下降幅度明显，但其碳排放量仍高于行业平均值，同扬州、苏州一样，属于碳排放高值区。徐州、镇江、南通、连云港的行业碳排放量逐年增加，且基本与平均值(47.20 万～72.07 万吨)相当，为行业碳排放量中值区域；常州、盐城的行业碳排放量明显低于平均值水平，属于碳排放低值区。

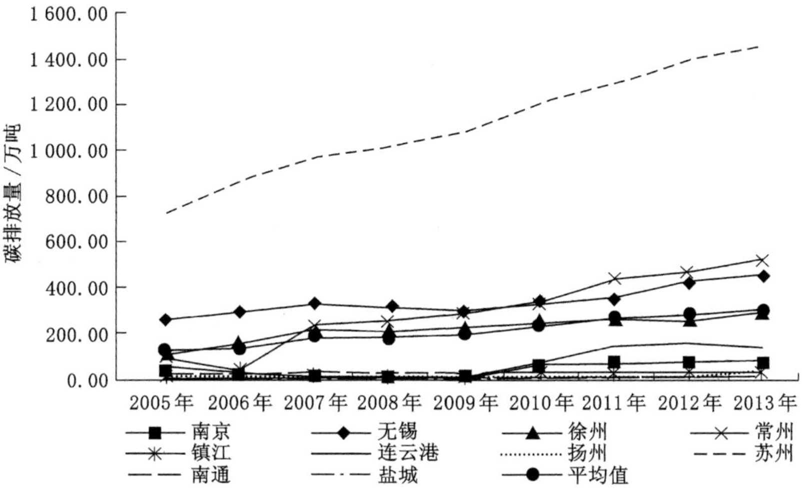

图 8-4(b)　2005～2013 年黑色金属冶炼和压延加工业的碳排放区域分布

化学原料和化学制品制造业的碳排放逐步呈现出苏南＞苏中＞苏北的分布格局。南京、无锡、常州等苏南城市的行业碳排放量呈现下降趋势，苏南地区该行业的碳排放量出现负增长，占比逐步下降，从 2005 年的 72.07％下降到 2013 年的 47.75％。而由于扬州化学原料和化学制品制造业碳排放的大幅上升，苏中该行业碳排放增长速度快，年均增长 19.29％，占比大幅提高，已逐渐超越苏北。

苏州、常州和徐州是江苏非金属矿物制品业碳排放量比较高的三个区域，其中常州增速相对较快，逐渐赶超苏州、徐州，现已成为该行业碳排放量最高的地区，2013 年碳排放占比达到 22.30％；徐州该行业的碳排放量在 2008 年达到峰值，为 114.24 万吨，此后逐年下降，2013 年又出现明显上升；而苏州的行业碳排放量呈下降趋势，碳排放占比逐年降低。盐城、南通、连云港、扬州 4 市的碳排放量明显低于行业平均值(44.66 万～55.56 万吨)，属于该行业碳排放量低值区域，其中南通、连云港、扬州该行业的碳排放量皆出现负增长；南京、无锡、镇江 3 市的碳排放量基本与平均值相当，属于碳排放量中值区域。2007 年起，各地市积极贯彻落实《国务院关于印发节能减排综合性工作方案的通知》(国发〔2007〕15 号)精神，加大工业节能减排工作力度，各地市非金属矿物制品业的碳排放量得到控制，年均增速较小，甚至南京、连云港、扬州等市该行业的碳排放量出现了负增长。非金属矿物制品业的碳排放量也呈现出苏南＞苏北＞苏中的分布格局，其中苏南、苏中出现负增长，行业碳排放占比下降；；苏北该行业碳排放占比上升，年均增速 1.94％。

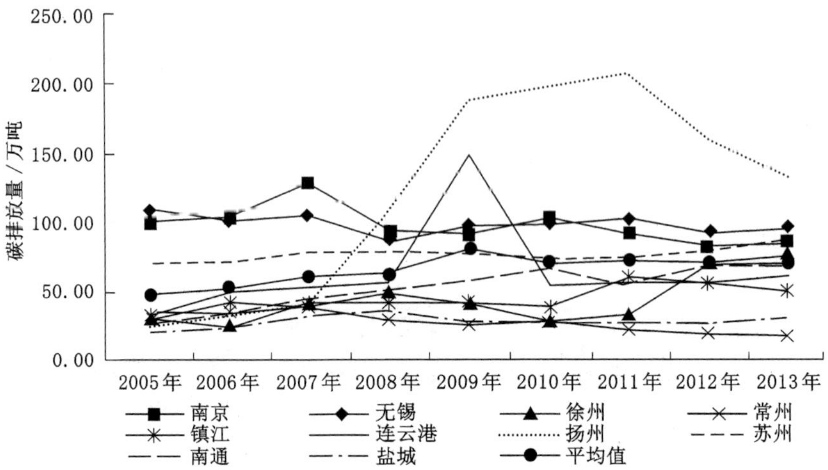

图 8-4(c) 2005～2013 年化学原料和化学制品制造业的碳排放区域分布

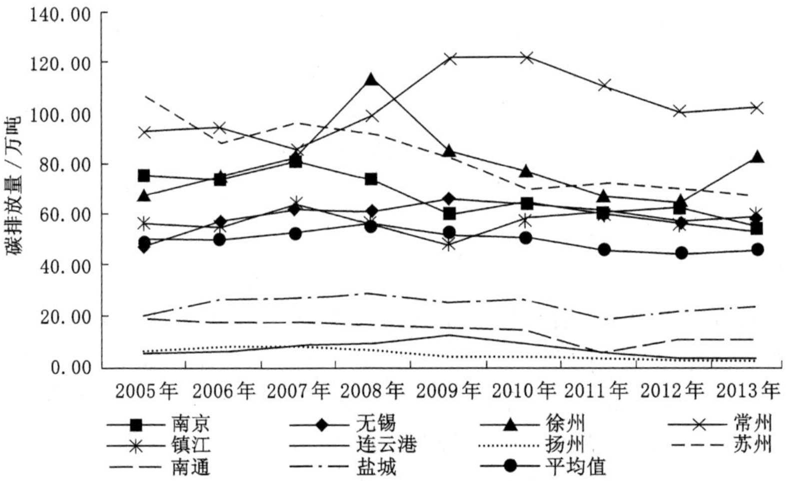

图 8-4(d) 2005～2013 年非金属矿物制品业的碳排放区域分布

就石油加工、炼焦和核燃料加工业来说，连云港该行业的碳排放量为全省最高，且呈现阶梯增长态势，增速明显，其次为无锡，行业碳排放也保持快速增长，年均增速为 18.02%，连云港、无锡 2 市的行业碳排放量明显高于行业平均值(25.33 万吨～78.69 万吨)，属于碳排放高值区；该行业碳排放量最少的区域是苏州，年均行业碳排放量不足 0.4 万吨；而常州、南通的行业碳排放量呈现下降趋势，至 2013 年常州、南通 2 市该行业碳排放量占比已不足 0.05%；其余徐州、盐城、南京、镇江、扬州5市的行业碳排放量大致与平均值相当，属于碳排放中值区，且碳排放差距逐年缩小，至2013年行业碳排放量均位于50万吨～60万吨之间。三大区域横向比较而言，石油加工、炼焦和核燃料加工业的碳排放量均保持上升趋势，但年均增速大不相同，导致区域占比变化明显。苏北行业碳排放年均增速达35.99%，碳排放迅速增加，逐渐超越苏南，成为该行业碳排放量最高的区域。苏南碳排放占比下降幅度较大，从2005年最高占比71.82%到2011年达到低值，为30.37%。

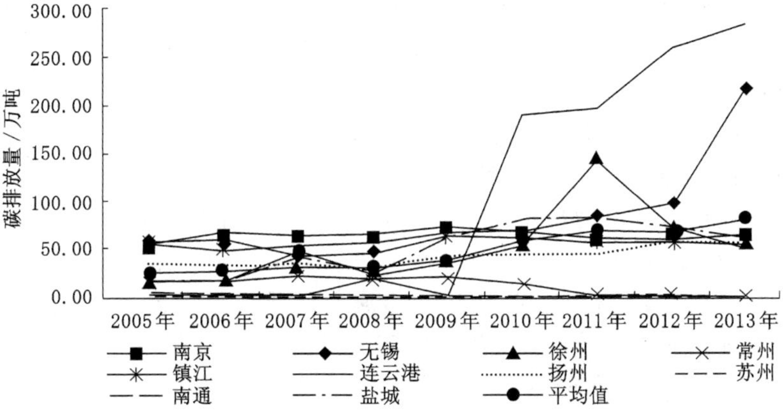

图8-4(e) 2005～2013年石油加工、炼焦和核燃料加工业的碳排放区域分布

此外，江苏省内煤炭开采和洗选业的碳排放量几乎全部集中在徐州，行业碳排放占比达到99%以上，仅个别年份在盐城、连云港、扬州有微少排放量。这反映出江苏煤炭高度集中分布在徐州，因此苏北成为煤炭开采和洗选业碳排放产生的主要地区，苏中地区行业碳排放占比较小，不足0.1%。苏北承担着煤炭开采和洗选过程中碳减排的主要责任。

8.4 本章小结

本研究参考IPCC(2006)提供的化石能源碳排放的核算方法，基于江苏10地市(无泰州、淮安及宿迁)各工业行业的能源消费数据，对2005～2013年江苏37个工业行业的碳排放量进行测度，并着重分析了6大主要工业行业碳排放量的区域分布状况，得到以下主要结论：

① 2005～2013年江苏规模以上工业行业碳排放总量持续增长，由2005年的6 710.07万吨增长到2013年的12 086.00万吨，年均增速7.63%。未来江苏工业碳排放总量一段时期内将仍呈现上升态势，工业节能减排的形势严峻。

其中，制造业是江苏主要的碳排放行业，其碳排放量占江苏工业碳排放总量的50%左右。

② 从江苏工业细分行业的碳排放量来看，绝大多数工业行业的碳排放量呈现出明显的增长态势，同时亦存在部分行业碳排放量下降的现象，如黑色金属矿采选业、纺织业、通用设备制造业等。江苏高碳排放行业主要集中在能源生产、加工以及重工业行业，具体为：煤炭开采和洗选业，电力、热力的生产和供应业，黑色金属冶炼和压延加工业，非金属矿物制品业，石油加工、炼焦和核燃料加工业，化学原料和化学制品制造业6个高能耗行业。同时，这6个高碳排放行业的碳排放占比总和逐年上升，江苏工业行业的碳排放量逐渐地向少数主要行业聚集，行业间的碳排放差异不断加大。

③ 从主要工业行业碳排放总量的区域分布来看，江苏10个地市的主要工业行业碳排放总量大致均呈增长态势，其中苏州主要工业行业的碳排放总量一直居于江苏首位，其次为徐州、无锡，3市工业碳排放量较大，属于碳排放量高值区；连云港、扬州、盐城3市的主要工业行业碳排放总量占比较低，属于碳排放量低值区；余下南京、常州、镇江、南通4市属于碳排放量中值区。从三大区域来看，主要工业行业碳排放总量梯度差距较明显，呈现出苏南＞苏北＞苏中的分布格局。各不同细分行业间的碳排放量区域分布差异较大，多集中分布在苏南地区。

9 江苏省重点工业行业碳减排驱动因素研究

随着全球低碳发展浪潮的兴起,世界各国尤其是发达国家致力于减少碳排放,大力开发并积极应用低碳技术。我国也已向全世界做出了降低温室气体排放强度的承诺,降低碳排放强度、减少资源消耗、发展绿色经济,实现经济的可持续发展。

近年来,江苏省在节能减排方面一直走在全国前列。"十一五"时期,江苏省单位地区生产总值能耗下降20.45%,超额完成国家下达的20%任务目标,比全国平均下降率高1.35个百分点;全省能源消费年均增长速度为8.2%,而经济增速为年均13.5%,节约能源5 200万吨标准煤。"十一五"时期末,单位地区生产总值的二氧化碳排放量比2005年下降23.5%,完成了"十一五"减排总目标的131%。连续5年超额完成国家下达的年度减排任务,位列全国第一,江苏省受到国务院的通报表扬。2014年江苏省单位地区生产总值二氧化碳排放降低情况被评为优秀等级。2015年江苏省单位地区生产总值的二氧化碳排放量比2010年下降19%,高于全国单位生产总值二氧化碳排放量下降17%的水平。

2013年江苏省能源最终消费量(标准量)为29 219.75万吨标准煤,其中工业的能源最终消费量为22 563.28万吨标准煤,占主要能源总消费量的77.22%。2014年江苏省能源最终消费量(标准量)为29 753.16万吨标准煤,其中工业的能源最终消费量为22 970.34万吨标准煤,占主要能源总消费量的77.20%。2015年江苏省能源最终消费量(标准量)为30 247.39万吨标准煤,其中工业的能源最终消费量为23 131.60万吨标准煤,占主要能源总消费量的76.47%。

9.1 研究现状

(1) 国家层面研究

郭朝先(2010)运用LMDI分解技术,对中国1995~2007年的碳排放进行分解,结果表明:中国碳排放量不断增加的主要原因为经济规模总量的扩张,而提高能源利用效率能够抑制碳排放增长。唐建荣等(2011)通过 LMDI 构建碳排放驱动因素叠加分解模型,实证分析结果表明:对碳排放影响最强且最稳健的驱动因素是经济规模与能源强度,能源结构、生活水平也显示了较强的驱动作用,产业结构、人口规模以及城乡结构的历史驱动贡献度相对较小。

赵志耘、杨朝峰(2012)建立碳排放驱动因素的 LMDI 分解模型,研究结果表明:经济增长和城市化对样本期间阶段碳排放产生显著的正向驱动力,能源利用效率是碳排放的主要负向驱动力。仲伟周等(2014)选取中国内地 30 个省(直辖市)1997～2011 年的碳排放相关数据,运用双固定效应面板数据模型进行实证分析,结果表明:能源结构、人均生产总值、产业结构均对碳排放强度产生正向影响,且对碳排放的影响程度依次递减。夏晖、何煜等(2015)根据全国的碳排量数据,采用对数平均权重 Divisia 分解法(LMDI),从能源结构、能源效率、经济发展三方面分析碳排放的驱动因素,研究结果发现:能源结构变化对碳排放量影响不显著,而碳排放对能源效率的变化比对经济发展更为敏感。

(2) 区域层面研究

张超、任建兰(2012)结合经济和人口数据,采用 LMDI 因素分解分析山东省碳排放变化,结果表明:经济水平和人口规模对碳排放具有正向影响,而能源强度和能源结构对碳排放产生负向影响。田雷等(2012)采用 LMDI 分析吉林省碳排放强度变化的主要影响因素,研究表明:能源强度的降低是碳排放强度变化的主要驱动因素,产业结构和碳排放系数的变化对碳排放强度变化的影响较小。

张伟等(2013)基于扩展的 Kaya 模型和 LMDI 分解法定量分析陕西省能源消费碳排放的影响因素,结果表明:经济增长是影响陕西省能源消费碳排放增长的决定性因素,人口、产业结构和能源强度的变动虽对碳排放的增长也有正向影响,但是影响强度不大,能源消费结构优化是抑制碳排放增长的主要因素。吴振信等(2014)运用 LMDI 因素分解分析北京地区能源碳排放,研究发现:北京地区能源强度、能源结构以及产业结构均对能源碳排放产生负向效应,其中能源强度的减排效应最强;而经济发展规模与人口规模是导致碳排放增长的主要因素。

金乐琴、黄炎(2015)运用 STIRPAT 模型对北京市 1995～2012 年的二氧化碳排放的驱动因素进行分析,结果表明:城镇化、人口、产业结构、能源强度、人均 GDP 依次对北京市二氧化碳排放产生正向驱动作用。田泽等(2015)运用 LMDI 方法,把二氧化碳排放变动分解为 11 个驱动因素,进行分析发现:2000～2012 年,经济规模和人均收入是江苏省二氧化碳排放量增长的主要驱动因素,能源利用效率的提高和产业结构调整是样本区间内江苏省二氧化碳排放量下降的主要驱动因素。

(3) 工业行业层面研究

史安娜、李淼(2011)运用 LMDI 方法对南京市工业经济能耗碳排放进行因素分解,研究结果表明:产业规模效应是促进南京市工业经济碳排放增长的主要因素,能源强度效应是抑制其增长的主要因素。候建朝、史丹(2014)利用对数平均权重分解法把电力行业碳排放变化分解为 10 种驱动因素,结果表明:对电力行业碳排量起促进作用的因素为人均 GDP、产业结构、人口总量、居民耗电强度、输配电损失量、燃料结构及电力净出口量,对碳排放增长起抑制作用的因素是产业部门耗电强度、发电耗煤量及电力生产结构。

王强等(2015)利用 LMDI 的乘法分解模型,分析福建省工业能源消费碳排放变化的影响因素,结果显示:工业能源消费碳排放总量变化主要受产出规模的增长效应和工业能源强度的减少效应,并且正效应远远高于负效应。任建兰等(2015)利用 LMDI 分解模型分析了影响黄河三角洲高效生态经济区碳排放的主要因素,研究结果表明:经济总量对碳排放产生正向效应,而产业结构和技术效率对碳排放产生负向效应,但是产业结构的减排效果不明显,这意味着其减排潜力较大。

阅读、整理相关文献资料,发现指数分解分析法(Index Decomposition Analysis) 能够将总量变化分解为相关因素单独变化的影响效应加总,不仅可以观察总量变化特点,还可以定量分析这些因素对总量变化的相对贡献率,从而为政策制定提供依据。因此,这种方法在能源消费与碳排放分解分析中逐渐盛行。其中的对数平均迪氏指数方法(LMDI)与其他指数分解分析方法相比,具有可以完全分解,不存在分解剩余项,无残差项的优点;同时,对于数据中出现的零值或负值,在该方法中可以以一个极小数(例如 10^{-10})来代替。因其具有分解效果无残差、适用范围广、易于操作等优点,而受到大多数研究者的青睐。

9.2 研究方法与数据说明

9.2.1 研究方法说明

(1) Kaya 恒等式

Kaya 恒等式是国内外研究人员用以定量分析碳排放的最广泛的模型之一,它在经济、政策和人口等因素与碳排放之间建立了联系,具体表达式如下:

$$C = \frac{C}{PE} \times \frac{PE}{GDP} \times \frac{GDP}{POP} \times POP = C_i \times E_i \times Y_i \times P_i \tag{9-1}$$

其中,C、PE、GDP、POP 分别表示:碳排放量、能源消费总量、国内生产总值和国内人口总量。式(9-1)中的 C_i表示单位能源消耗的碳排放强度,E_i表示能源强度，即单位 GDP 消耗的能源量，Y_i表示人均 GDP，P_i表示人口规模。

(2) LMDI 模型构建

LMDI 是基于扩展的 Kaya 恒等式模型，它有效解决了因素分解中的残值、数据为零值或负值等问题，并且分解方法简单，适用范围广，接受程度高。本研究采用 LMDI 方法对江苏省工业行业碳排放进行因素分解，将碳减排的影响因素设定为工业规模、能源结构、能源效率和能源碳排放因子四大因素。扩展的 Kaya 模型表达式为：

$$C = \sum_{i=1}^{n} C_i = \sum_{i=1}^{n} \frac{C_i}{E_i} \times \frac{E_i}{E} \times \frac{E}{V} \times V \tag{9-2}$$

其中，C 表示碳排放总量，i 表示能源种类，C_i表示第 i 种能源的碳排放量，E_i表示第 i 种能源的消费量，E 表示能源消费总量，V 表示工业规模，即工业产值。

令

$$F_i = \frac{C_i}{E_i}, I_i = \frac{E_i}{E}, S = \frac{E}{V}$$

则有：

$$C = \sum_{i=1}^{n} F_i \times I_i \times S \times V \tag{9-3}$$

其中，F_i代表能源碳排放因子，用来描述第 i 种能源的碳排放系数；I_i代表能源结构，用来描述第 i 种能源在能源消费总量中的比例；S 代表能源效率，用来描述单位工业产值的能源消耗量；V 代表工业规模，用工业增加值来描述。

式(9-3)将碳排放总量的变动分解为排放因子效应(F_i)、能源结构效应(I_i)、能源效率效应(S)和规模效应(V)。模型(9-3)综合地反映了不同能源的碳排放因子、能源结构、能源效率与工业规模对碳排放总量的影响。

LMDI 方法包括“加法分解”和“乘法分解”两种具体方法，两种方法的分解结果一致。本研究采用“加法分解”方法对式(9-3)进行分解：

首先，同时对式(9-3)两边的时间 t 取倒数：

左边：
$$\frac{\mathrm{dln}C}{\mathrm{d}t} = \frac{\mathrm{dln}C}{\mathrm{d}C} \times \frac{\mathrm{d}C}{\mathrm{d}t} = \frac{1}{C} \times \frac{\mathrm{d}C}{\mathrm{d}t} \tag{9-4}$$

右边：
$$\sum_{i=1}^{n} F_i \times I_i \times S \times V = \sum_{i=1}^{n} \frac{1}{C}\left(\frac{\mathrm{d}F_i}{\mathrm{d}t} \times I_i \times S \times V + \frac{\mathrm{d}I_i}{\mathrm{d}t} \times F_i \times S \times V + \frac{\mathrm{d}S}{\mathrm{d}t} \times F_i \times I_i \times V + \frac{\mathrm{d}V_i}{\mathrm{d}t} \times F_i \times I_i \times S\right) \tag{9-5}$$

由式(9-3)得：

$$C_i = F_i \times I_i \times S \times V \tag{9-6}$$

将式(9-6)代入式(9-5)得：

$$\sum_{i=1}^{n} F_i \times I_i \times S \times V = \sum_{i=1}^{n} \frac{1}{C}(\frac{dF_i}{dt} \times \frac{C_i}{F_i} + \frac{dI_i}{dt} \times \frac{C_i}{I_i} + \frac{dS}{dt} \times \frac{C_i}{S} + \frac{dV}{dt} \times \frac{C_i}{V})$$

$$= \sum_{i=1}^{n} \frac{C_i}{C}(\frac{d\ln F_i}{dt} + \frac{d\ln I_i}{dt} + \frac{d\ln S}{dt} + \frac{d\ln V}{dt}) \quad (9\text{-}7)$$

令 $\omega_i = \frac{C_i}{C}$，那么碳排放量 C 在时期 $t \in (0, T)$ 的变化量可以表示为：

$$\Delta C = C_T - C_0$$

$$= \int_0^T \sum_{i=1}^{n} \omega_i \times \frac{d\ln F_i}{dt} + \int_0^T \sum_{i=1}^{n} \omega_i \times \frac{d\ln I_i}{dt} + \int_0^T \sum_{i=1}^{n} \omega_i \times \frac{d\ln S}{dt} +$$

$$\int_0^T \sum_{i=1}^{n} \omega_i \times \frac{d\ln V}{dt} \quad (9\text{-}8)$$

利用对数平均权重函数对式(9-8)中右边的各积分项求解，令：

$$\omega_i^* = \frac{C_i^T - C_i^0}{\ln C_i^T - \ln C_i^0} \quad (9\text{-}9)$$

将式(9-9)代入式(9-8)得：

$$\Delta C = \sum_{i=1}^{n} \omega_i^* \times \frac{\ln F_{i,T}}{\ln F_{i,0}} + \sum_{i=1}^{n} \omega_i^* \times \frac{\ln I_{i,T}}{\ln I_{i,0}} + \sum_{i=1}^{n} \omega_i^* \times \frac{\ln S_T}{\ln S_0} + \sum_{i=1}^{n} \omega_i^* \times \frac{\ln V_T}{\ln V_0} \quad (9\text{-}10)$$

定义 ΔC_F 为不同能源的碳排放因子效应，ΔC_I 为能源结构效应，ΔC_S 为能源效率效应，ΔC_V 为规模效应，各因素对碳排放的影响效应分别表示为：

$$\Delta C_F = \sum_{i=1}^{n} \frac{C_i^T - C_i^0}{\ln C_i^T - \ln C_i^0} \times \ln \frac{F_{i,T}}{F_{i,0}} \quad (9\text{-}11)$$

$$\Delta C_I = \sum_{i=1}^{n} \frac{C_i^T - C_i^0}{\ln C_i^T - \ln C_i^0} \times \ln \frac{I_{i,T}}{I_{i,0}} \quad (9\text{-}12)$$

$$\Delta C_S = \sum_{i=1}^{n} \frac{C_i^T - C_i^0}{\ln C_i^T - \ln C_i^0} \times \ln \frac{S_T}{S_0} \quad (9\text{-}13)$$

$$\Delta C_V = \sum_{i=1}^{n} \frac{C_i^T - C_i^0}{\ln C_i^T - \ln C_i^0} \times \ln \frac{V_T}{V_0} \quad (9\text{-}14)$$

由于各种能源的碳排放系数在各个时期保持不变，所以 $\Delta C_F = 0$，则碳排放的综合效应可以表示为：

$$\Delta C = \Delta C_I + \Delta C_S + \Delta C_V \quad (9\text{-}15)$$

9.2.2　数据说明

本研究中涉及的能源主要包括原料煤、洗精煤、焦炭、汽油、柴油、燃料油、液化石油气、电力8种能源。结合江苏省重点工业与高能耗行业，选取农副食品加工业，纺织业，石油加工、炼焦及核燃料加工业，化学原料及化学制品制造业，非金属矿物制品业，黑色金属冶炼及压延加工业，有色金属冶炼及压延加工业，通用设备制造业等8类具有代表性的江苏省重点工业行业作为研究对象。

涉及的分行业能源消费量、分行业工业产值，数据均来源于江苏省13个市的各市的统计年鉴。其中，由于泰州、宿迁两市的统计年鉴中没有分行业主要能源消费量统计，同时，淮安的统计年鉴部分不可查找，最终确定选取除以上3市外的其他10个市的分行业主要能源消费量。

同时，数据跨度选取为2003～2013年，主要是因为2002年我国对行业进行重新分类，工业行业分类有明显变动，为保证统计口径的一致，因此选取2003～2013年作为研究范围。为保证数据的可比性，以2003年为基准年，使用各年的工业品出厂价格指数，将各年份的工业增加值调整为2003年的可比价格。

9.3 测度结果与分析

9.3.1 江苏省工业行业碳排放强度分析

基于工业行业最终能源消费量，根据《中国能源统计年鉴》中各种能源折标准煤参考系数，参考IPCC2006年版碳排放计算指南，计算江苏省工业行业碳排放量。

经计算得到2003～2013年江苏省重点工业行业能源消费碳排放量和相关数据(表9-1)。在2003～2013年，在重点行业能源消费总量增长的带动下，碳排放量也在逐渐增加，由2003年的3 079.97万吨增长至2013年的6 982.30万吨，增长了2.27倍，年均增速为7.72%。但要注意到，这一时期江苏省重点工业行业单位工业产值的碳排放强度出现逐年下降趋势，期间累计降幅高达121%。以上数据表明，江苏省重点工业行业碳减排措施已见成效。找出碳减排的驱动因素，对于进一步制定碳减排政策具有较强的指导意义。

表9-1　2003～2013年江苏省重点工业行业能源消费量、碳排放量

年份	能源消费量/万吨标煤	碳排放总量/万吨	碳排放强度/(吨/万元)
2003年	4 154.07	3 079.97	0.442 2
2004年	4 272.70	3 184.07	0.345 3
2005年	5 341.56	4 014.49	0.141 7
2006年	6 089.84	4 604.34	0.134 2

续表 9-1

年份	能源消费量/万吨标煤	碳排放总量/万吨	碳排放强度/(吨/万元)
2007 年	6 962.87	5 290.08	0.126 1
2008 年	7 469.10	5 646.44	0.121 6
2009 年	7 209.08	5 496.09	0.109 3
2010 年	7 911.21	6 031.82	0.103 2
2011 年	8 469.69	6 484.58	0.103 1
2012 年	8 553.23	6 553.66	0.096 6
2013 年	9 101.84	6 982.30	0.093 5

9.3.2　江苏省重点工业行业碳减排驱动因素分析

基于 LMDI 模型分别对农副食品加工业，纺织业，石油加工、炼焦及核燃料加工业，化学原料及化学制品制造业，非金属矿物制品业，黑色金属冶炼及压延加工业，有色金属冶炼及压延加工业及通用设备制造业等江苏省八大重点工业行业 2003～2013 年能源消费碳排放进行分解分析，计算出分解因素能源结构(ΔC)、能源效率(ΔC_I)、工业规模(ΔC_S)的逐年效应结果(表 9-2～表 9-9)。

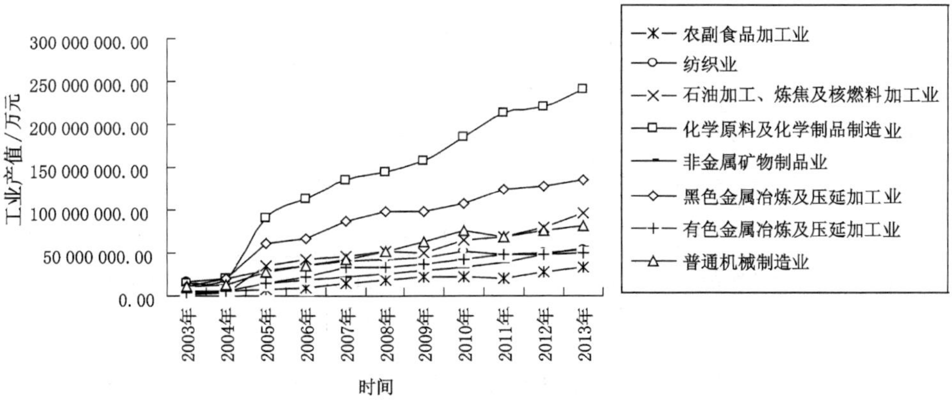

图 9-1　2003～2013 年江苏省八大重点行业工业产值

根据图 9-1 可知，在样本区间内，随着社会经济的发展，八大行业的工业产值呈现出逐年增长的趋势。同时发现，化学原料及化学制品制造业工业产值的增长处于绝对领先地位，黑色金属冶炼及压延加工业次之，相比之下，农副食品加工业的工业产值处于最低地位。八大行业具体的能源消费碳排量因素分解分析如下：

随着社会经济的发展，2003～2013 年八大行业的工业产值呈现出逐年增长的趋势。同时发现，化学原料及化学制品制造业工业产值的增长处于绝对领先地位，黑色金属冶炼及压延加工业次之，相比之下，农副食品加工业的工业产值处于最低地位。

根据表 9-2 可知，2003～2013 年间，农副食品加工行业碳排放量总量增加了 20.227 1 万吨。其中，能源消费的结构效应变化引起碳排放量减少 0.445 9 万吨，能源效率效应变化引起碳排量减少 65.953 5 万吨，工业规模效应的变化引起碳排放量增加 86.623 2 万吨。

表 9-2　江苏省农副食品加工行业能源消费碳排量因素分解分析表　单位：万吨

年份	ΔC		ΔC_I		ΔC_S		ΔC_V	
	逐年变化	累积变化	逐年变化	累积变化	逐年变化	累积变化	逐年变化	累积变化
2003～2004 年	0.3284	0.3284	−3.8379	−3.8379	6.5280	6.5280	3.0185	3.0185
2004～2005 年	0.0032	0.3280	−15.9661	−19.8040	17.8014	24.3294	1.8385	4.8570
2005～2006 年	0.0470	0.3750	−6.4153	−26.2193	8.3437	32.6731	1.9755	6.8325
2006～2007 年	0.0104	0.3854	−7.2456	−33.4649	12.8852	45.5583	5.6499	12.4824
2007～2008 年	−0.0447	0.3407	−8.7333	−42.1982	12.6800	58.2383	3.9020	16.3844
2008～2009 年	0.2648	0.6055	−5.9701	−48.1683	7.7784	66.0167	2.0730	18.4574
2009～2010 年	−0.4256	0.1799	1.3607	−46.8076	0.2360	66.2527	1.1710	19.6284
2010～2011 年	−0.2987	−0.1188	−9.4468	−56.2544	−2.8795	63.3732	−12.6251	7.0033
2011～2012 年	−0.2152	−0.3340	−1.8021	−58.0565	15.3109	78.6841	13.2936	20.2969
2012～2013 年	−0.1119	−0.4459	−7.8970	−65.9535	7.9391	86.6232	−0.0698	20.2271

其中，ΔC_I 表示能源结构效应因素，ΔC_S 表示能源效率效应因素，ΔC_V 表示工业规模效应因素，ΔC 表示总的碳排放变化效应。

江苏省农副食品加工行业能源消费碳排量能源结构效应、能源效率效应、工业规模效应及总的碳排放波动情况如图 9-2～图 9-5 所示。从累积变化来看：能源消费结构与能源效率是碳排放的负向影响因素，即能源消费结构的改善与能源效率的提高能够促进碳减排；工业规模对碳排放具有正向影响，即对碳排放起着促进作用。其中，能源结构效应占总碳排放变化量绝对值的比重为 0.29%，能源效率效应的占比为 43.100%，规模效应的占比为 56.61%。可以看出，能源结构与能源效率对碳排放均有抑制作用，但与能源效率相比，能源结构的作用强度较小，抑制作用不明显；规模效应占比远远高于其他两个因素，能源结构与能

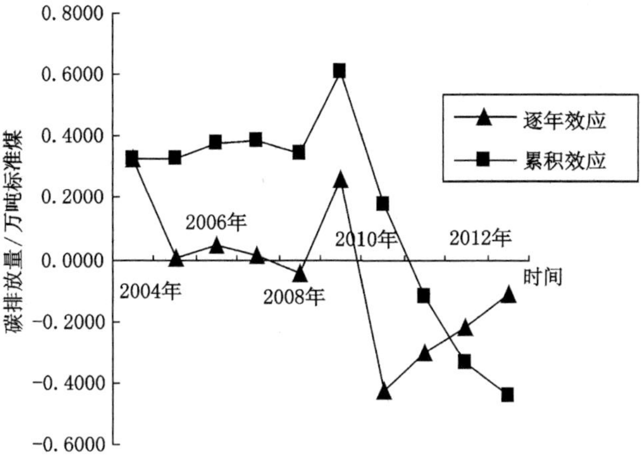

图 9-2 能源结构效应变化图

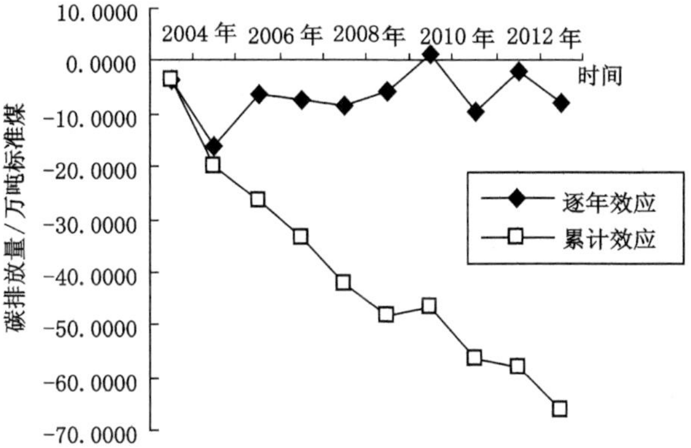

图 9-3 能源效率效应变化图

源效率的抑制作用并没有完全抵消规模效应对碳排放的增长作用，表明规模效应是样本区间内碳排放增长的决定性因素。

从年度变化来看，能源结构各年度效应为负值的有 5 个，正值的有 5 个，能源结构的调整优化在某些年份抑制了碳排放的增长，同时，也反映出农副食品加工业的能源消费结构优化调整的趋势不稳定。其中，2009～2011 年期间，能源结构效应出现大幅度减少，主要是因为在该期间，农副产品加工行业中原煤、洗精煤及焦炭等单位碳排放量高的能源利用大幅减少，液化石油气、电力等单位碳排量较低的能源消费增加。

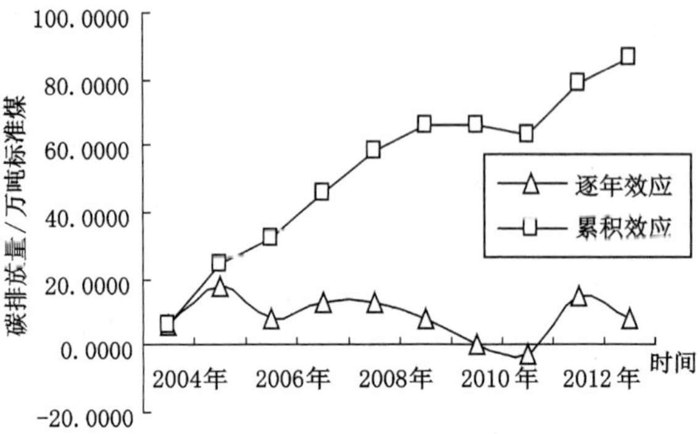

图 9-4　工业规模效应变化图

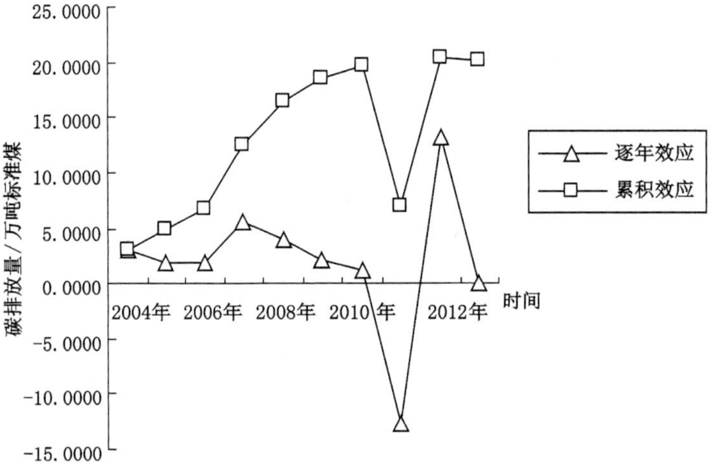

图 9-5　行业碳排放总量变化图

除 2009～2010 年外，能源效率效应在其他年份中均为负值，因此该行业提高能源效率能够有效抑制碳排放的增加；规模效应各年度效应绝大部分年份中为正值，表明该行业的发展不仅会带来丰厚的物质财富，也会增加能源消费，并排放出大量温室气体。

根据表 9-3 可知，2003～2013 年间，纺织行业碳排放量总量增加 7.097 6 万吨。其中，能源消费的结构效应变化引起碳排放量减少 10.419 7 万吨，能源效率效应变化引起碳排量减少 527.056 9 万吨，工业规模效应的变化引起碳排放量增加 544.574 0 万吨。

表 9-3　　江苏省纺织行业能源消费碳排量因素分解分析表　　单位:万吨

年份	ΔC_I		ΔC_S		ΔC_V		ΔC	
	逐年变化	累积变化	逐年变化	累积变化	逐年变化	累积变化	逐年变化	累积变化
2003～2004 年	−1.232 5	−1.232 5	9.555 9	9.555 9	80.842 0	80.842 0	89.165 4	89.165 4
2004～2005 年	−0.329 0	−1.561 5	−162.674 9	−153.119 0	183.731 6	264.573 6	20.727 8	109.893 2
2005～2006 年	−2.038 6	−3.600 1	−78.119 6	−231.238 6	87.260 2	351.833 8	7.102 0	116.995 2
2006～2007 年	−0.994 0	−4.594 1	−35.094 3	−266.332 9	64.529 8	416.363 6	28.441 5	145.436 7
2007～2008 年	−3.913 6	−8.507 7	−101.125 8	−364.458 7	23.573 6	439.937 2	−81.466 0	63.970 7
2008～2009 年	−0.635 4	−9.143 1	−60.145 8	−427.604 5	32.347 6	472.284 8	−28.433 6	35.537 1
2009～2010 年	−0.418 8	−9.561 9	−41.314 0	−468.918 5	66.983 8	539.268 6	25.251 0	60.788 1
2010～2011 年	1.154 6	−8.407 3	29.170 2	−439.748 3	−35.173 7	504.094 9	−4.848 8	55.939 3
2011～2012 年	−0.875 0	−9.282 3	−30.158 4	−469.906 7	6.843 1	510.938 0	−24.190 2	31.749 1
2012～2013 年	−1.137 4	−10.419 7	−57.150 2	−527.056 9	33.636 0	544.574 0	−24.651 5	7.097 6

其中，ΔC_I 表示能源结构效应因素，ΔC_S 表示能源效率效应因素，ΔC_V 表示工业规模效应因素，ΔC 表示总的碳排放变化效应。

从累积变化来看，对于纺织行业，能源消费结构与能源效率对碳排放产生负向效应，即能够抑制碳排放量的增加；工业规模对碳排放产生正向效应，即对碳排放起着促进作用。其中，能源结构效应占总碳排放变化量绝对值的比重为0.96%，能源效率效应的占比为48.71%，规模效应的占比为50.33%。可以看出，能源结构与能源效率对碳排放均有抑制作用，但与能源效率相比，能源结构的作用强度较小，抑制作用不明显；规模效应占比高于其他两个因素，能源结构与能源效率的抑制作用并没有完全抵消规模效应对碳排放的增长作用，表明规模效应是样本区间内碳排放增长的决定性因素。

从年度变化来看，能源结构各年度效应绝大部分年份中为负值，表明纺织行业不断进行能源消费结构的调整优化，有效抑制了碳排放的增加。其中，2009年之后，能源结构效应由负值不断变为正值，这一期间发生这样的变化主要是因为2008年金融危机过后，经济开始复苏，工业的快速发展带动了电力消费的高速增长，提高了电力能源消费成本，纺织行业转而消费单位碳排量较高但成本较低的煤炭类能源，导致该期间能源结构效应为正值。

能源效率各年度效应绝大部分年份中为负值，表明该行业中能源效率的提高有效抑制碳排放的增加；规模效应各年度效应绝大部分年份中为正值，表明该行业的发展带来大量温室气体的增加。

根据表9-4可知，2003～2013年间，石油加工、炼焦及核燃料加工业碳排放量总量增加137.5565万吨。其中，能源消费的结构效应变化引起碳排放量增加11.0603万吨，能源效率效应变化引起碳排量减少634.0080万吨，工业规模效应的变化引起碳排放量增加760.5040万吨。

表9-4　石油加工、炼焦及核燃料加工业能源消费碳排量因素分解分析表　单位:万吨

年份	ΔC_I		ΔC_S		ΔC_V		ΔC	
	逐年变化	累积变化	逐年变化	累积变化	逐年变化	累积变化	逐年变化	累积变化
2003～2004年	2.692 5	2.692 5	−62.516 0	−62.516 0	33.611 3	33.611 3	−26.212 2	−26.212 2
2004～2005年	2.374 9	5.067 4	−395.289 6	−457.805 6	414.481 2	448.092 5	21.566 6	−4.645 6
2005～2006年	1.286 9	6.354 3	0.166 0	−457.639 6	31.688 4	479.780 9	33.141 8	28.496 2
2006～2007年	0.539 0	6.893 3	48.8622	−408.777 4	27.204 1	506.985 0	76.605 3	105.101 5
2007～2008年	−4.675 2	2.218 1	16.953 8	−391.823 6	29.028 9	536.013 9	41.307 5	146.409 0
2008～2009年	7.542 2	9.760 3	7.952 5	−383.871 1	−4.673 9	531.340 0	10.820 8	157.229 8
2009～2010年	0.473 3	10.233 6	−88.880 3	−472.751 4	82.499 1	613.839 4	−5.907 9	151.321 9
2010～2011年	3.840 3	14.073 9	86.967 0	−385.784 4	23.221 2	637.060 6	114.028 4	265.350 3
2011～2012年	−1.463 5	12.610 4	−176.210 2	−561.994 6	63.890 2	700.950 8	−113.783 5	151.566 8
2012～2013年	−1.550 1	11.060 3	−72.013 4	−634.008 0	59.553 2	760.504 0	−14.010 3	137.556 5

其中，ΔC_I表示能源结构效应因素，ΔC_S表示能源效率效应因素，ΔC_V表示工业规模效应因素，ΔC表示总的碳排放变化效应。

能源结构累积效应占总碳排放量变化绝对值的0.79%，表明样本区间内，该行业的能源结构总体变动对碳排放具有微小的正向影响；从能源结构的年度效应中可看到，其为负值的有3个，为正值的有7个，这表明能源消费结构的优化调整是可以抑制碳排放的，但是由于该行业的能源消费结构的优化调整并没有稳定、有效实施，使得个别年份负向影响并不能完全抵消其他年份中能源结构效应导致的碳排放的增加。

能源效率累积效应占碳总排放量变化绝对值的45.11%，样本区间内，能源效率的总体变动对碳排放具有负向作用，且作用强度较大。从逐年效应来看，能源效率各年度效应为负值的有5个，为正值的有5个，表明能源效率在该行业中有些年份是提高的并相应的抑制碳排放的增长，且其总体作用可以完全抵消有些年份能源效率下降导致的碳排放增长。同时，这也反映出在该行业中，提高能源利用效率对碳减排具有显著的积极作用。

工业规模的累积效应占碳总排放量变化绝对值的54.10%，且其对碳排放

具有显著的正向影响。从逐年效应来看，工业规模扩大的各年度效应值均为正值(2009 年除外，该年度该行业工业产值缩减)，表明工业规模的扩大对碳排放的增长起到了持续的拉动作用。能源结构效应的抑制作用明显较弱，能源效率效应具有较大的减排潜力，而工业规模效应显著促进了碳排放量的增加。

根据表 9-5 可知，2003～2013 年间，化学原料及化学品制造业碳排放量总量增加 721.219 8 万吨。其中，能源消费的结构效应变化引起碳排放量增加 4.082 4万吨，能源效率效应变化引起碳排量减少 1 562.578 2 万吨，工业规模效应的变化引起碳排放量增加 2 279.7158 万吨。

表 9-5　　化学原料及化学品制造业能源消费碳排量因素分解分析表　　单位：万吨

年份	ΔC_I		ΔC_S		ΔC_V		ΔC	
	逐年变化	累积变化	逐年变化	累积变化	逐年变化	累积变化	逐年变化	累积变化
2003～2004 年	−2.009 4	−2.009 4	−76.613 0	−76.613 0	159.558 3	159.558 3	80.935 8	80.935 8
2004～2005 年	−4.174 6	−6.184 0	−1 055.012 6	−1 131.625 6	1 111.785 8	1 271.344 0	52.598 6	133.534 4
2005～2006 年	3.540 0	−2.644 1	−80.654 3	−1 212.279 9	171.9944	1 443.338 4	94.880 0	228.414 4
2006～2007 年	9.213 0	6.568 9	−18.068 3	−1 230.348 3	164.199 8	1 607.538 2	155.344 5	383.758 9
2007～2008 年	−3.671 0	2.898 0	110.546 0	−1 119.802 3	75.248 8	1 682.787 0	182.123 8	565.882 6
2008～2009 年	7.307 1	10.205 1	−201.455 0	−1 321.257 3	91.570 7	1 774.357 6	−102.577 2	463.305 4
2009～2010 年	−5.419 7	4.785 4	−132.004 8	−1 453.262 1	180.992 0	1 955.349 6	43.567 5	506.872 9
2010～2011 年	1.898 2	6.683 0	−111.136 1	−1 564.398 2	163.196 6	2 118.546 2	53.958 7	560.831 6
2011～2012 年	−0.059 0	6.624 6	47.287 0	−1 517.108 5	48.695 3	2 167.241 5	95.926 0	656.757 6
2012～2013 年	−2.542 2	4.082 4	−45.469 7	−1 562.578 2	112.474 0	2 279.715 8	64.462 2	721.219 8

其中，ΔC_I 表示能源结构效应因素，ΔC_S 表示能源效率效应因素，ΔC_V 表示工业规模效应因素，ΔC 表示总的碳排放变化效应。

能源结构累积效应占总碳排放量变化绝对值的 0.106％，其对碳排放的影响强度较小；从能源结构的年度效应中可看到，在各年内为负值的有 6 个，正值有 4 个，这表明能源消费结构的优化调整在多数年份是抑制了碳排放的增长，但其影响力度太小且累计效应为正。同时，发现能源结构的逐年效应在样本区间内出现较大幅度的波动，其中两次由正值变为负值是因为处于两次的“五年计划”末期，能源消费结构得以改善；而两次由负值变为正值则是因为该行业本身属于高能耗产业，为追求行业的快速发展而难以顾全能源消费结构的转换。

能源效率累积效应占碳总排放量变化绝对值的 40.62％，样本区间内，能源效率的总体变动对碳排放具有较强的负向作用，且其年度效应在各年内均为负值，表明该行业能源效率的提高有效抑制了能源消费碳排放的增长。

工业规模的累积效应占碳总排放量变化绝对值的 59.27%，且其对碳排放具有显著的正向影响。从逐年效应来看，工业规模扩大的各年度效应值均为正值，表明工业规模的扩大对碳排放的增长起到持续的拉动作用。

根据表 9-6 可知，2003～2013 年间，非金属矿物制品业碳排放量总量减少 463.207 8 万吨。其中，能源消费的结构效应变化引起碳排放量减少 27.584 1 万吨，能源效率效应变化引起碳排量减少 2 312.296 5 万吨，工业规模效应的变化引起碳排放量增加 1 876.672 8 万吨。

表 9-6　　非金属矿物制品业能源消费碳排量因素分解分析表　　单位：万吨

年份	ΔC_I		ΔC_S		ΔC_V		ΔC	
	逐年变化	累积变化	逐年变化	累积变化	逐年变化	累积变化	逐年变化	累积变化
2003～2004 年	−21.508 1	−21.508 1	−690.265 0	−690.265 0	222.138 3	222.138 3	−489.635 0	−489.635 0
2004～2005 年	−0.584 9	−22.093 0	−630.869 0	−1 321.133 8	673.868 2	896.006 5	42.414 4	−447.220 3
2005～2006 年	−1.861 2	−23.954 2	−104.773 0	−1 425.906 6	119.413 5	1 015.420 0	12.779 5	−434.440 8
2006～2007 年	2.170 3	−21.783 9	−96.803 3	−1 522.709 9	148.473 2	1 163.893 2	53.840 2	−380.600 6
2007～2008 年	−6.283 6	−28.067 5	6.060 5	−1 516.649 4	146.383 4	1 310.276 5	146.160 2	−234.440 4
2008～2009 年	4.390 9	−23.676 7	−292.576 0	−1 809.225 2	111.805 3	1 422.081 8	−176.380 0	−410.820 1
2009～2010 年	−1.442 6	−25.119 3	−130.268 0	−1 939.493 1	118.953 0	1 541.034 8	−12.757 5	−423.577 6
2010～2011 年	−2.434 3	−27.553 6	−165.614 0	−2 105.107 5	106.928 2	1 647.963 0	−61.120 5	−484.698 1
2011～2012 年	−4.718 9	−32.272 5	−204.379 0	−2 309.486 5	120.753 7	1 768.716 8	−88.344 1	−573.042 3
2012～2013 年	4.688 4	−27.584 1	−2.8100	−2 312.296 5	107.956 1	1 876.672 8	109.834 6	−463.207 8

其中，ΔC_I 表示能源结构效应因素，ΔC_S 表示能源效率效应因素，ΔC_V 表示工业规模效应因素，ΔC 表示总的碳排放变化效应。

能源结构累积效应占总碳排放量变化绝对值的 0.65%，样本区间内，该行业的能源结构总体变动对碳排放产生微小的负向作用；从能源结构的逐年效应中可看到，其年度效应有 8 个负值，2 个正值，这表明能源消费结构的优化调整在多数年份是抑制碳排放的增长。

能源效率累积效应占碳总排放量变化绝对值的 54.84%，样本区间内，能源效率的总体变动对碳排放产生较强的负向作用。从逐年效应来看，能源效率各年度效应均为负值（除 2008 年之外），表明该行业能源效率的提高有效抑制能源消费碳排放的增长。

工业规模的累积效应占碳总排放量变化绝对值的 44.51%，且其对碳排放具有较为显著的正向影响。从逐年效应来看，工业规模扩大的各年度效应值均为正值，表明工业规模的扩大对碳排放的增长起到持续的拉动作用。

值得注意的是，在该行业中，能源结构与能源效率对碳排放的抑制作用完全抵消工业规模带来的碳排放增长的效应，使得该行业的累积碳排量呈现出减少趋势。

根据表 9-7 可知，2003～2013 年间，黑色金属冶炼及压延加工业碳排放量总量增加 3 417.726 9 万吨。其中，能源消费的结构效应变化引起碳排放量增加 73.037 4 万吨，能源效率效应变化引起碳排量减少 505.904 4 万吨，工业规模效应的变化引起碳排放量增加 3 850.594 0 万吨。

表 9-7　黑色金属冶炼及压延加工业能源消费碳排量因素分解分析表　单位：万吨

年份	ΔC_I		ΔC_S		ΔC_V		ΔC	
	逐年变化	累积变化	逐年变化	累积变化	逐年变化	累积变化	逐年变化	累积变化
2003～2004 年	21.967 6	21.967 6	44.022 7	44.022 7	365.548 9	365.548 9	431.539 1	431.539 1
2004～2005 年	12.010 6	33.978 2	−799.899 0	−755.875 9	1 467.530 0	1 833.079 1	679.642 2	1 111.181 4
2005～2006 年	2.127 8	36.106 0	76.535 4	−679.340 5	153.317 7	1 986.396 8	231.980 9	1 343.162 2
2006～2007 年	21.923 6	58.029 5	−43.953 5	−723.294 0	532.436 8	2 518.833 6	510.406 8	1 853.569 1
2007～2008 年	4.693 2	62.722 7	−254.437 0	−977.730 8	278.066 3	2 796.899 9	28.322 7	1 881.891 7
2008～2009 年	5.240 3	67.963 0	136.094 7	−841.636 1	20.261 5	2 817.161 3	161.596 5	2 043.488 3
2009～2010 年	−6.311 2	61.651 9	192.698 2	−648.943 3	260.997 7	3 078.159 0	447.379 4	2 490.867 6
2010～2011 年	6.954 6	68.606 5	−68.081 9	−717.025 2	444.270 1	3 522.429 1	383.142 8	2 874.010 4
2011～2012 年	−5.750 0	62.856 6	147.225 6	−569.788 0	137.160 0	3 659.589 1	278.635 7	3 152.646 1
2012～2013 年	10.180 8	73.037 4	63.895 1	−505.904 4	191.0049	3850.5940	265.080 8	3 417.726 9

其中，ΔC_I 表示能源结构效应因素，ΔC_S 表示能源效率效应因素，ΔC_V 表示工业规模效应因素，ΔC 表示总的碳排放变化效应。

能源结构累积效应占总碳排放量变化绝对值的 1.65%，样本区间内，该行业的能源结构总体变动对碳排放有着较小的正向效应；从能源结构的逐年效应中可看到，其年度结构效应仅有 2 个负值，为正值的有 8 个，这表明能源消费结构的优化调整对碳排放的抑制作用仅在少数几个年份中体现了出来。同时，由于行业本身属于高能耗行业，能源消费基数较大，消费结构的改善也较为困难。

从表 9-7 可以看出，能源效率累积效应占碳总排放量变化绝对值的 11.42%，样本区间内，能源效率的总体变动对碳排放具有负向效应，且其作用强度高于能源结构效应。其逐年效应中，为负值的有 3 个，为正值的有 7 个，表明该行业能源效率有待进一步提高。其中,2004～2005 年能源效率有了一个大幅度的提升,主要是因为“十五”计划的超额完成,能源效率的提高比之前了较大的进步。

工业规模的累积效应占碳总排放量变化绝对值的 86.93%,且其对碳排放具有极为显著的正向影响。从逐年效应来看,工业规模扩大的各年度效应值均为正值,表明工业规模的扩大对碳排放的增长起到明显的、持续的拉动作用。

根据表 9-8 可知,2003～2013 年间,有色金属冶炼及压延加工业碳排放量总量增加 54.230 2 万吨。其中,能源消费的结构效应变化引起碳排放量增加 4.848 1万吨,能源效率效应变化引起碳排量减少 112.809 2 万吨,工业规模效应的变化引起碳排放量增加 162.191 3 万吨。

表 9-8　有色金属冶炼及压延加工业能源消费碳排量因素分解分析表　单位:万吨

年份	ΔC_I		ΔC_S		ΔC_V		ΔC	
	逐年变化	累积变化	逐年变化	累积变化	逐年变化	累积变化	逐年变化	累积变化
2003～2004 年	−0.583 6	−0.583 6	−7.725 2	−7.725 2	12.016 0	12.016 0	3.707 3	3.707 3
2004～2005 年	−0.845 7	−1.429 3	−35.798 0	−43.524 8	44.624 5	56.640 5	7.979 1	11.686 4
2005～2006 年	58.925 5	57.496 3	72.527 2	29.002 3	40.512 5	97.153 0	171.965 2	183.651 6
2006～2007 年	−52.931 7	4.564 5	−137.458 0	−108.456 1	32.764 8	129.917 8	−157.625 0	26.026 3
2007～2008 年	−0.025 3	4.539 2	4.854 2	−103.601 8	0.011 8	129.930 0	4.840 7	30.867 0
2008～2009 年	0.300 1	4.839 4	−9.508 2	−113.110 0	9.497 1	139.426 7	0.289 1	31.156 1
2009～2010 年	1.268 1	6.107 5	2.917 6	−110.192 4	10.092 3	149.519 0	14.278 1	45.434 1
2010～2011 年	0.068 8	6.176 3	−6.205 6	−116.398 0	6.745 4	156.264 4	0.608 6	46.042 8
2011～2012 年	−0.069 9	6.106 4	−8.426 7	−124.824 6	1.651 9	157.916 4	−6.844 6	39.198 2
2012～2013 年	−1.258 3	4.848 1	12.015 5	−112.809 2	4.274 9	162.191 3	15.032 1	54.230 2

其中,ΔC_I 表示能源结构效应因素,ΔC_S 表示能源效率效应因素,ΔC_V 表示工业规模效应因素,ΔC 表示总的碳排放变化效应。

能源结构累积效应占总碳排放量变化绝对值的 1.73%,样本区间内,该行业的能源结构总体变动对碳排放具有较小的正向影响;从能源结构的逐年效应中可看到,为负值的有 5 个,为正值的有 5 个,这表明能源消费结构的优化调整对碳排放的抑制作用仅在某些年份得以体现,也说明该行业的能源消费结构优化调整的趋势不稳定。其中,2005～2006 年期间出现较大变动,该期间处于“十五”计划与“十一五”计划过渡期,减排成效不显著,2006～2007 年呈现明显的负效应,表明“十一五”计划得到实施,改善了 2005～2006 年能源结构效应导致的碳排放量显著增加的局面。

能源效率累积效应占碳总排放量变化绝对值的40.31%，样本区间内，能源效率的总体变动对碳排放具有负向作用，且作用强度较大。从逐年效应来看，能源效率各年度效应仅有4个正值，为负值的有6个，表明在多数年份中能源效率的提高相应的抑制了碳排放的增加。

工业规模的累积效应占碳总排放量变化绝对值的57.96%，且其对碳排放具有较为显著的正向影响。从逐年效应来看，工业规模扩大的各年度效应值均为正值，表明工业规模的扩大对碳排放的增长起到了明显的、持续的拉动作用。其中，2008年之后，该行业的工业规模出现较大幅度的下降，主要原因是受到全球金融危机的影响，行业发展受到抑制。

根据表9-9可知，2003～2013年间，通用机械制造业碳排放量总量增加7.485 3万吨。其中，能源消费结构效应变化引起碳排放量减少5.018 2万吨，能源效率效应变化引起碳排量减少234.18 52万吨，工业规模效应的变化引起碳排放量增加246.688 6万吨。

表9-9　　通用机械制造业能源消费碳排量因素分解分析表　　单位：万吨

年份	ΔC_I		ΔC_S		ΔC_V		ΔC	
	逐年变化	累积变化	逐年变化	累积变化	逐年变化	累积变化	逐年变化	累积变化
2003～2004年	2.131 6	2.131 6	−13.055 8	−13.055 8	22.511 8	22.511 8	11.587 5	11.587 5
2004～2005年	−0.166 5	1.965 1	−66.470 9	−79.526 8	70.289 5	92.801 3	3.652 1	15.239 6
2005～2006年	0.669 7	2.634 8	9.686 2	−69.840 6	25.670 0	118.471 0	36.025 6	51.265 2
2006～2007年	0.120 1	2.754 9	−19.264 2	−89.104 7	32.214 8	150.685 8	13.070 7	64.335 9
2007～2008年	0.401 9	3.156 8	−1.5340	−90.638 7	32.300 7	182.986 4	31.168 5	95.504 4
2008～2009年	−0.273 6	2.883 2	−50.899 0	−141.537 8	33.438 6	216.425 1	−17.734 0	77.770 4
2009～2010年	−2.084 7	0.798 5	−7.126 0	−148.663 8	31.956 7	248.381 7	22.745 9	100.516 4
2010～2011年	−0.920 4	−0.122 0	−0.736 8	−149.400 7	−18.726 8	229.655 0	−20.384 0	80.132 3
2011～2012年	−4.673 2	−4.795 2	−91.131 6	−240.532 3	10.198 4	239.853 4	−85.606 5	−5.474 1
2012～2013年	−0.223 0	−5.018 2	6.347 1	−234.185 2	6.835 3	246.688 6	12.960 0	7.485 3

其中，ΔC_I表示能源结构效应因素，ΔC_S表示能源效率效应因素，ΔC_V表示工业规模效应因素，ΔC表示总的碳排放变化效应。

能源结构累积效应占总碳排放量变化绝对值的1.03%，该行业的能源结构总体变动对碳排放具有较小的负向影响；从能源结构的逐年效应中可看到，其年度结构效应中有6个负值，4个正值，这表明能源消费结构的优化调整在多数年度抑制碳排放的增长，同时也反映出通用机械加工行业能源消费结构调整优化的趋势不稳定。

能源效率累积效应占碳总排放量变化绝对值的 48.20%，样本区间内，能源效率的总体变动对碳排放具有负向作用，且作用强度较大。从逐年效应来看，能源效率各年度效应仅有 2 个正值，为负值的有 8 个，表明在多数年份中该行业能源效率的提高相应的抑制碳排放的增加。

工业规模的累积效应占碳总排放量变化绝对值的 50.77%，且其对碳排放具有较为显著的正向影响。从逐年效应来看，工业规模在绝大部分年份中对碳排放具有正向效应，表明工业规模的扩大对碳排放的增长起到明显的拉动作用。

9.4 本章小结

9.4.1 研究结论

本研究基于扩展的 Kaya 模型和 LMDI 加法分解分析方法，将选取的 2003～2013 年江苏省八大重点工业行业的碳排放量变动因素分解为能源结构、能源效率、工业规模三方面，并分析这些因素对江苏省重点工业行业碳排放量的影响，主要研究结果表明：

① 能源结构在不同行业中的累积效应不同。在农副食品加工业、纺织业、非金属矿物制品业及普通机械制造业中，能源结构起着负向作用，即抑制行业能源消费碳排放量的增加。也就是说，在这些行业中，能源消费结构进行了有效的调整与优化。在石油加工、炼焦及核燃料制造业，化学原料及化学品制造业，黑色金属冶炼及压延加工业，有色金属冶炼及压延加工业中，能源结构起着正向作用，即促进行业能源消费碳排量的增长。在这些行业中，能源消费结构没有进行充分的优化调整。

② 能源效率累积效应在八类重点行业中均有着显著的负向影响。从逐年效应来看，能源效率的逐年效应既有正值又有负值，除黑色金属冶炼及压延加工业外，该因素的负效应年度在样本区间内占多数。即在研究的所有行业中，能源的使用效率均得到了提高。

③ 工业规模的累积效应及逐年效应均对各个行业起着显著的正向作用，并且与其他两个因素比较，在重点行业中(非金属矿物制品业除外)，工业规模对碳排放量的影响强度远高于其他两个因素。现阶段来看，重点行业工业规模的扩大仍是能源消费碳排放增加的主要因素。

9.4.2 研究建议

根据分析结果及其他相关学者的研究，并结合江苏省实际，对其重点工业行业碳减排的相关建议：

第一，能源结构层面。各行业尤其是黑色金属冶炼等高能耗行业依托技术创新并加强政策引导，优化能源结构，促进各行业逐步减少煤炭能源使用比例，大力发展可再生能源，改善能源消费结构。从本研究的分析中可知，能源结构效应在江苏省八大重点工业行业中的影响作用不同，即在某些行业它起到抑制碳排放的作用，在某些行业它增加了碳排放量，可见，能源消费结构转换有着极大的减排潜力。转换能源消费结构，可以发展低碳经济的手段主要有脱化石能源化、脱煤炭化及煤炭利用的高效化等方面。

第二，能源效率层面。从分析结果来看，重点工业部门通过能源效率的提高均减少了碳的排放量，其驱动力远远高于能源结构。长期以来，能源效率的提高是碳排放量减少的主要途径。因此应重视能源效率的提高对碳减排的作用，对省内重点工业部门进行能源利用及碳排放的监测工作，对其节能状况进行评估与审查，把减排指标分解到各个重点企事业单位，每月通报各重点企业减排工程建设进展情况和重点减排设施运营情况，对工作不力和运营不正常的企业提出预警，并定期开展减排督查，督促有关企业明确整改目标，制定整改措施，落实整改责任，确保整改到位，充分挖掘各个行业的能源效率提高潜力。

第三，行业发展层面。在其他条件相同的条件下，行业规模通常与碳排放量正相关，行业规模越大，则其碳排放量相应增加。若在行业规模方面实现碳减排目的主要通过人为放慢行业规模的扩大速度甚至缩小行业规模，但对于发展中的企业来讲并不愿意采取这种方式，且行业规模的扩大符合一定的客观规律。江苏省现仍处于工业化阶段，工业规模的扩大是不能避免的，前面的分析中表明行业规模的扩大是导致江苏省重点工业行业碳排放增加的主要因素，因此省内重点工业企业的发展面临工业化与低碳化的选择。在行业规模减排方面，可适当调低企业的增长目标，不过分追求产出的增长，而注重长期协调的发展，为企业转型提供空间，通过发展高附加值产业，达到经济规模不变甚至缩小的情况下减少碳排放量的目标。此外，要调整产业结构，降低高耗能、高排放行业的比重，促进传统产业走低碳化道路。

10 金融支持工业行业碳减排风险预控系统

随着全球低碳经济发展的不断推进，碳减排已成各国亟待解决的问题。工业是碳排放的主要来源，有效促进工业转型，提高工业碳减排技术创新水平，建立完善的碳排放机制，建立有效的碳交易市场，合理引入金融支持工业行业低碳化发展，提供碳排放治理的资金，对整体低碳经济的发展具有有利影响。金融支持工业行业低碳化发展过程中，需有效防范其中可能面临的金融风险，构架风险防范的预控系统，有效降低金融支持工业行业碳减排的不利影响。

本部分拟从国家对碳减排的宏观监管、金融市场监管、行业监管、工业企业内部监管四个维度，建立"四位一体"、从上而下和从下而上相结合的金融支持工业行业碳减排的风险防范与预控系统，以有效推动金融支持工业行业低碳化发展过程中的风险管理。依据金融风险管理的相关理论基础，筛选金融支持工业行业"碳减排"过程中可能产生的风险，进一步构架风险识别、计量及控制系统。探索我国金融支持工业行业低碳化发展的风险预控系统，试图防控金融资金支持工业行业碳减排过程中面临的风险，为我国工业碳减排营造良好的金融环境，为工业碳排放技术研发提供相应的金融支持，以适应我国工业转型，实现绿色发展的战略目标。

10.1 金融支持工业行业碳减排风险预控理论基础

10.1.1 金融支持工业行业碳减排风险并存

我国工业发展带来的环境问题已变得越来越突出，对工业的循环发展、长远发展造成了巨大压力。工业是我国经济发展的主导产业，具体可以分为轻工业、重工业和化学工业这三大类，每一大类下又划分为许多细分行业，种类繁多，层次复杂。各类工业发展的程度不一，对环境影响的程度各不相同，碳排放量的差异也较大。随着国内外经济环境的变化，我国经济发展进入"新常态"，工业发展面临巨大的新的挑战，资源和环境对经济发展的约束不断强化，而我国工业发展主要依赖于资源要素投入、规模扩张的粗放型发展模式，这给工业"碳减排"带来了巨大的压力。

"中国制造2025"的工业发展战略规划中显示，我国未来要走向绿色制造，提高资源的利用率，构造对环境污染小的良性循环工业发展模式。这要求进一步调整工业结构，进行转型升级，促进工业发展模式创新，提升工业技术研发水平。碳排放的治理成了工业转型和结构调整中的重要问题，需促进工业节能减排，以实现国家绿色发展、循环发展的战略目标。

碳交易也是金融支持工业碳排放的有效途径之一。在碳交易市场上，可以促进社会资金的优化配置，有利于研发碳减排技术，改变传统粗放型碳排放方式，优化碳排放结构，从而有效促进工业行业碳减排。在推进工业行业碳减排过程中，建立有效的碳交易市场机制，引入金融对工业碳减排的支持，需要有效地预防和控制其中存在的风险，为工业碳减排、金融资金的流入营造良好的发展环境，以促进低碳经济的长远发展。因此，为促进工业的绿色发展，有效防范金融支持工业碳减排中的风险，构建风险预控系统非常重要。

10.1.2　风险管理理论依据

学者们关于风险管理的研究，主要是从宏观、中观、微观三个方面探究不同对象面临不同的风险程度时，所可以采取的相应风险管控手段。在宏观风险管理方面，学者们大多研究金融机构的风险及管理，有全球性的专业风险管理机构，如致力于银行企业风险管理的巴塞尔银行监督管理委员会(Basel Committee on Banking Supervision)，从1988年7月公布了"关于统一国际银行资本衡量和资本标准的协议"(又称"旧资本协议"或Basel Ⅰ)以来，到2010年12月16日，巴塞尔委员会发布了"第三版巴塞尔协议"(Basel Ⅲ)。巴塞尔协议体系不断完善，巴塞尔委员会从最低资本要求、市场约束、外部监管等多方面提出对银行业进行全面的风险管理。针对保险业的欧盟保险偿付能力监管体系，目前有欧盟偿付一号(Solvency Ⅰ)、欧盟偿付二号(Solvency Ⅱ)等，从保险的数量要求，保险的质量要求、保险的监管流程、保险的报告和公开信息等多方面对保险业进行风险管理。

在中观层面上，1992年9月美国"反对虚假财务报告委员会"所属的内部控制专门研究委员会(The Committee of Sponsoring Organizations of the Treadway Commission，简称COSO委员会)提出了"内部控制整体框架"(Internal Control-Integrated Framework)，COSO委员会又在2004年发布了《全面风险管理框架》(Enterprise Risk Management-Integrated Framework，简称ERM)，提出全面风险管理是一个过程，这个过程从企业的战略制定开始一直到企业的整体运营活动完成，用于识别那些可能对企业造成不利影响的风险因素，并对其进行管理，以保证企业的目标得以实现。COSO委员会的内部控制整体框架主要从控制环境、风险评估、控制活动、信息沟通和监管等五要素对企业风险进行监管，这对企业的风险管理带来了巨大的影响。

在微观风险管理方面，经过长时间的研究与实践，风险管理理论发展较成熟。在信用风险管理方面，1967年美国学者Beaver首次用财务比率来辨别倒闭和非倒闭企业，以此来计量企业的信用风险；1968年美国纽约大学斯特商学院教授爱德华·阿尔特曼（Edward Altman）提出了著名的Z评分模型，对信用风险进行管理。在流动性风险管理方面，1943年美国经济学家普鲁克诺提出了预期收入理论，强调贷款企业预期收入对流动性的影响。在市场风险管理方面，1952年马柯维茨（H. Markowitz）提出均值-方差模型（M-V模型），借助资产收益分布的方差或标准差对风险进行度量；1993年G30集团推出的风险价值VaR计量模型，进一步拓展和补充了对市场风险的计量和管理方法。这些研究基础，对构建金融支持工业碳减排风险管理预控系统有极大的借鉴作用。

10.1.3 金融支持工业碳减排风险预控系统研究构架

本章拟探索构建我国金融支持工业行业碳减排的风险预控系统，在发挥金融支持工业行业碳减排作用的同时，有效防范与控制其中可能面临的金融风险，降低金融支持工业行业低碳化发展中的不利影响，以进一步工业转型，实现绿色发展的战略目标。基于国内外大经济发展的大环境，在金融支持工业碳减排工具和方式不断创新的情况下，从国家对碳减排的宏观监管、金融市场监管、行业监管、工业企业内部监管四个维度，建立"四位一体"、从上而下和从下而上相结合的全过程工业行业"碳减排"的风险防控系统框架。利用金融风险管理的相关理论知识，构建金融支持工业行业碳减排全过程中可能产生的风险进行识别、度量、控制的全面风险管理框架，具体研究思路如图10-1所示。

国家层面，国家发改委是国务院指定的管理碳排放的主管部门；全国碳排放管理标准化技术委员会，主要负责碳排放统计、监测，区域碳排放清单编制方法，企业、项目层面的碳排放核算与报告，低碳产品、碳捕获与碳储存等低碳技术与设备，碳中和与碳汇等领域国家标准修订工作等。在国务院的指导下，国家发展和改革委员会协同全国碳排放标准化技术委员会、环保局等部门，根据国内外经济发展战略和国际碳排放的相关协定，制定国家工业发展碳排放战略，工业碳排放总量目标，完善节能减排机制，完善环境保护、绿色发展相关的法律法规，建立完善的碳交易机制和相关碳交易法律法规，对碳交易市场的运行进行指导。同时，国务院、国家发展和改革委员会及全国碳排放管理标准化技术委员会，不断增强与世界上其他国家和地区的协商、交流，进一步建立与完善有利于全球碳减

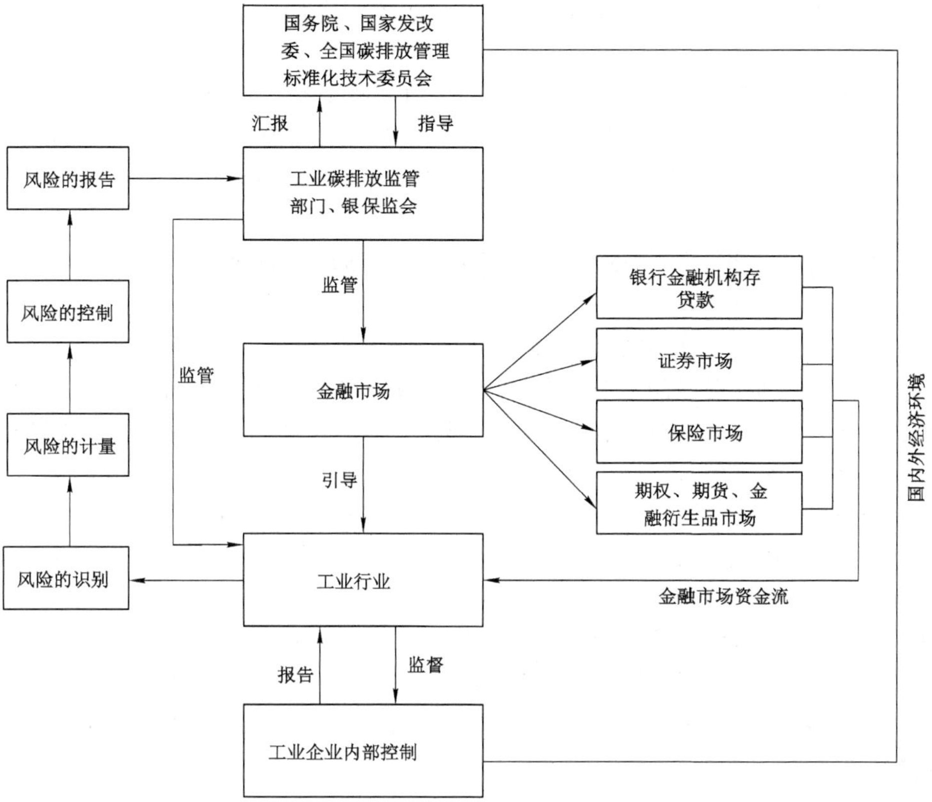

图 10-1　金融支持工业行业碳减排风险预控研究构架

排发展的环境规制，以促进我国低碳经济的良好发展，为工业“碳减排”营造良好环境。

金融层面是金融支持工业行业“碳减排”风险管理的重要环节。一方面，银行、证券、保险等金融机构充分利用“碳交易”市场，在“碳排放权交易”过程中，发挥金融支持工业行业碳减排的影响作用，利用“碳交易”市场的调节和约束机制，以达到调节和控制工业碳排放的目标。另一方面，尽可能进一步发挥银行金融机构贷款、证券市场、保险市场、衍生品市场等的资金支持工业碳减排的有利影响作用，控制风险因素。

国家发展和改革委员会与全国碳排放管理标准化技术委员会建立专门的工业碳排放协会，监督管理碳排放事业，制定与完善工业碳排放的相关行业规定、工业碳排放指标、“碳交易”相关规则及完善的工业碳排放数据库。同时，联合中国银行保险监督管理委员会为“碳交易”市场发展营造良好的市场环境，为工业行业建立有效的“碳减排”机制，从而有效地控制金融支持工业行业碳减排的风险。

工业企业方面，在行业的相关规定下，利用金融对工业的支持，优化工业碳排放的方式，提高和创新碳排放技术，工业建立内部风险控制机制，建立从企业管理层到企业员工的全员风险预防控制系统，有效防范企业内部风险。

10.2 金融支持工业行业碳减排面临的风险

传统的金融支持碳减排的资金主要来自于政府的政策资金和银行对工业碳减排的信贷资金，资金的来源带有浓厚的政策性。同时，金融资金支持碳减排受碳价格、风险收益、碳排放政策及碳减排期限、减排效果、低碳技术研发成果等的影响。随着“碳交易”市场的不断发展，金融支持工业碳排放的工具不断创新，碳交易市场出现的交易品种不断多元化，来自于银行金融机构贷款、证券市场、衍生产品市场的资金支持不断增多，以碳排放为基础的银行信贷、碳交易产品等不断创新，丰富了碳交易市场。一方面，碳排放交易的不断创新增加了金融支持工业碳减排的渠道，增加了工业行业发展的资金流，有利于工业不断改进碳排放管理，创新碳排放技术，促进工业碳减排的有效发展。另一方面，新的碳金融交易工具的出现，也增加了金融支持工业行业低碳化发展的风险。金融支持工业碳减排面临的风险主要如下：

（1）市场风险

市场风险是由于商品价格、利率、汇率等市场因素的变化而导致市场参与者资产价值变化的风险。工业碳排放市场受到碳产品价格、碳减排承诺期限、金融市场利率等多种市场因素的影响，这些因素的变化，不仅会影响到工业碳排放市场的发展，亦会影响支持工业碳排放的资金流的变化，给工业碳减排市场的参与者造成损失风险。

（2）信用风险

信用风险是由于借款人或市场交易对象违约（无法偿付或者无法按期偿付）而导致损失的可能性。在金融支持工业碳减排中，信用风险主要体现在企业对银行碳排放贷款不能按期偿还，碳排放权交易违约、碳排放产品期权、期货的违约等给参与者带来损失的可能性。

（3）操作风险

操作风险是由于机构的交易系统不完善，管理失误或其他一些人为错误而导致的参与者潜在损失的可能性。我国碳交易市场发展较晚，交易市场不完善，尚需完善的全国性统一的交易系统，对碳交易管理经验和技术的不足以及企业自身缺少完善的风险管理体系，很容易造成操作上的失误，从而带来损失。

（4）流动性风险

流动性性风险是由于资产流动性降低而导致的可能损失的风险。工业碳减排是一项较长期的工程，投资者的投资积极性较低，碳排放的资金支持可能出现供不应求的状况，导致资金支持风险较大，缺乏流动性，进而不利于推动工业行业低碳化发展。

（5）技术风险

技术风险是指由于电子信息系统的技术和管理引发的网络金融风险和技术风险。在金融支持工业行业碳减排过程中，技术风险主要指碳交易市场交易系统的技术等的不完善可能给参与者带来损失的风险。

（6）国家风险

国家风险是指由于债务人所在国家政治、经济、军事等因素的突然变化，使债务人的资产遭受损失或者支付受到限制，从而使得债务无法顺利偿付给债权人带来损失的可能性。随着全球环境的不断恶化，碳减排问题已是一项全球性的研究主题。因此，我国工业碳减排同样受到全球其他国家和地区的影响，其他国家的低碳化发展可能给我国的工业碳减排带来潜在风险。

10.3 金融支持工业行业碳减排的风险识别

风险识别是进行风险评估、风险度量、风险控制和管理的基础，风险识别的效果决定了风险管理的有效性，因此，构建有效的风险识别系统尤为重要。本部分拟从金融支持工业碳减排的参与者（国务院、环境保护部门、监管部门、金融机构、企业等）出发，构建全面的风险识别系统。这一风险识别系统的构建从宏观、中观和微观三个方面，设立四道风险识别防线，以有效地识别金融支持工业碳减排活动中可能面临的风险。风险识别框架设计如图 10-2 所示。

第一道识别防线。第一道防线是最基础的防线，也是最重要的一道防线。工业企业是碳减排的主体，是金融资金的需求者，也是风险最直接的承担者之一。因此，有效识别工业企业内部风险，不仅能够降低工业企业碳减排的成本，还能促进工业企业低碳化的长远发展。第一道风险识别防线从企业内部出发，通过工业企业的董事会、风险管理委员会、风险管理部门、业务部门等各个部门共同参与，有效地识别企业在碳减排活动中可能存在的风险。董事会及风险管理委员会根据企业的具体发展战略、资金状况、风险的承受能力等情况制定企业风险管理战略、企业风险指标，完善企业风险管理的相关体系。风险管理部门根据董事会的相关规定，协同企业的财务部门、其他业务部门及企业一线员工，共

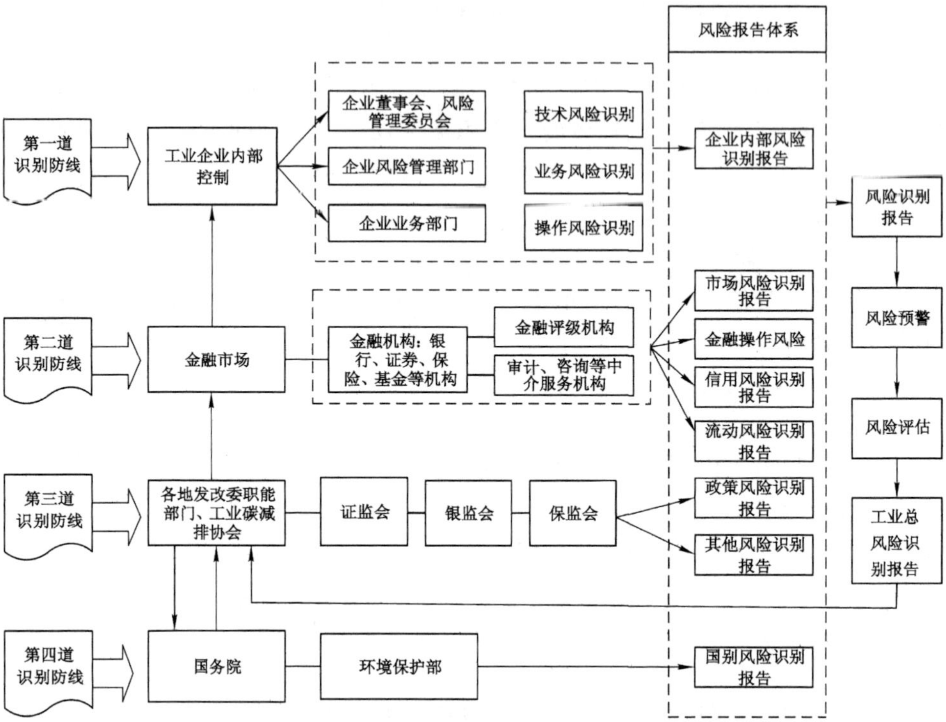

图 10-2　金融支持工业碳减排风险识别构架

同识别企业内部存在的风险。各部门将企业存在的风险上报风险管理部门，最终形成整个企业的风险识别报告，有效地识别或反馈工业企业发展低碳经济过程中，存在的业务风险、操作风险、流动性风险、技术风险等，为企业风险管理部门进行有针对性的风险管理提供有效依据。

第二道识别防线。从金融市场出发，利用金融资金对工业碳减排发展的引导作用和金融市场的监督作用，建立工业碳减排的识别系统，有效识别工业碳减排中存在的风险，以及有效防范由于金融支持工业碳减排而引入的风险。金融市场为工业碳减排提供资金来源，也是金融市场投资的一种新方式，亦创新了碳排放的融资方式。金融机构需协同其他评估机构对所要投资的具体工业行业进行分析、评估，从而识别出工业企业低碳化发展中可能存在的风险。金融机构可以通过进一步创新碳减排的交易或投资方式，从而有效地分散金融支持工业碳减排的风险。银行金融机构通过对工业企业的授信评估，将工业企业划分为不同的信用等级，识别不同层次企业碳减排中存在的风险。证券市场的发展为工业碳减排提供资金支持时，对工业企业碳减排过程中面临的风险进行识别，以探索相应规避或分散风险的策略。金融机构进一步从不同角度，对金融支持工业碳减排过程中的风险进行识别，识别出具体的市场风险、信用风险、操作风险等，并完成不同种类风险的识别报告，为风险管理提供有效的依据。

第三道识别防线，亦是最重要的环节之一，综合判断识别金融支持工业碳减排中整体风险状况。全国各地国家发展和改革委员会分支机构联合银监会、证监会及保监会，从监管层出发，制定出工业碳排放相关政策、指标，规范金融机构支持碳减排的行为，从而识别出金融业支持工业碳减排过程中的潜在风险，并得出工业碳减排发展中的潜在风险报告。同时，对工业碳排放程度进行细分，对工业碳排放严重、碳排放技术落后、发展前景不好的工业行业进行细分，以有效地识别金融支持工业行业碳减排中存在的风险。银监会、证监会及保监会对金融支持碳减排设定相关的监管指标，规定碳金融发展的相关准则、金融产品创新的相关要求，并完善碳交易中的相关规定，有效识别金融支持碳减排中存在的风险，形成相关的风险报告。

第四道识别防线，是宏观的战略性风险识别环节。从国家层面出发，根据国家发展战略和相关法律法规的规定，识别金融支持工业碳减排过程中潜在的风险，防范和识别其中可能存在的系统性风险。同时，依据国际上其他国家或地区工业行业碳减排的发展情况，以及国际低碳经济发展的大环境，评估我国工业行业低碳化发展受到国际相关碳排放规定影响的程度，识别工业行业低碳化发展的国别风险。

10.4　金融支持工业行业碳减排风险控制系统的构建

我国金融支持工业行业碳减排的风险管控，需在进行风险识别的基础上，有效合理度量风险环节的风险大小，进一步采取有针对性的风险管控策略，以期降低风险带来的不利影响，尽可能推进金融支持工业行业低碳化的有效发展。金融支持工业行业碳减排的风险预控系统的构建，有利于对其中可能面临的风险进行防控，促进工业碳减排技术的创新，带动工业碳减排的长远发展及碳金融的健康发展。我国金融支持工业行业碳减排风险管理框架的设计如图 10-3 所示。

(1) 信用风险管理

根据国家和国际碳排放的相关规定，依据金融支持相关资金数据，以及工业行业低碳化发展状况，筛选其中的信用风险因素，并进行相应的风险度量。对我国工业企业碳减排状况进行信用等级评定，并对工业碳减排信用状况进行评分，度量接收金融支持的工业企业的信用状况，进一步综合计量和评估我国工业碳减排发展潜在的损失频率和损失程度，进而采取相应的解决风险防范措施。在

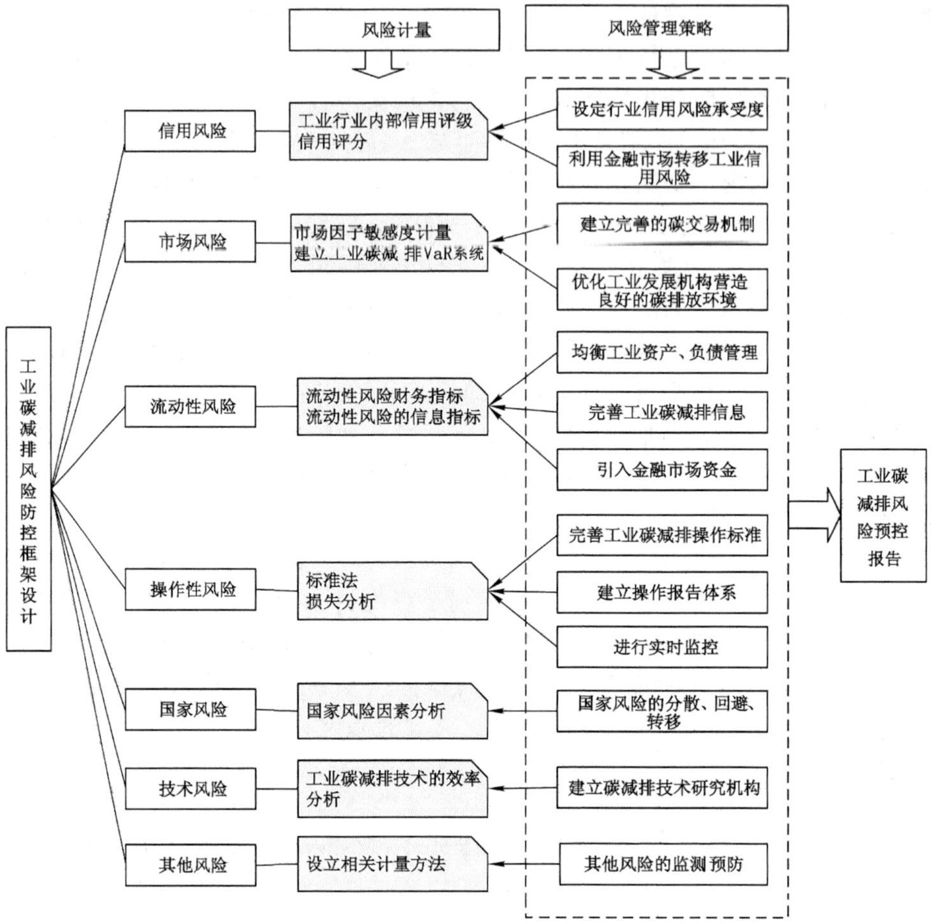

图 10-3　金融支持工业行业碳减排风险管理框架

金融支持工业碳减排风险管理过程中，一方面提高工业企业内部的风险自我监管，不断提高信用等级，改善信用状况；另一方面，利用金融市场、碳交易市场，尽可能分散或转移工业企业信用风险，降低工业企业信用风险对工业行业低碳化发展造成的不利影响。

（2）市场风险的管理

工业碳减排中面临的市场风险主要来自于工业产品市场、碳交易市场、金融市场等，因此，在金融支持工业行业碳减排发展过程中，可运用市场因子敏感度等计量方法，度量市场因子对工业碳减排造成的风险影响。在市场因子中，敏感度越大，对工业碳减排造成不利影响的可能性越大。在对市场风险的防控过程中，可重点监督和防控敏感度大的市场因子，从而有效控制工业碳减排中的市场风险。设定金融支持工业碳减排过程中金融资产的相关指标，建立金融支持碳减排的风险资产监管系统，运用 VaR 等计量方法度量金融支持工业行业碳减排的市场风险状况，以有效防范该风险。

（3）流动性风险管理

金融支持工业碳减排过程中面临的流动性风险，主要包括工业碳减排中资金需求和资金来源的不稳定，使工业碳减排可能遭遇的流动性风险。须有效计量工业碳减排潜在的资金需求，测算资金需求的规模，以及金融对工业碳减排支持的状况，从而有效地防范与控制工业碳减排中面临的流动性风险。在流动性风险管理中，设定工业企业流动性缺口、现金比率、存贷比、流动资产与总资产比率等流动性财务指标，有效度量工业行业流动性风险。同时，设定衡量流动性风险的市场信心指标，测算金融支持对工业碳减排的资金流状况，采取有效措施预防和控制工业碳减排发展中资金需求不足的问题，以降低流动性风险。

（4）操作风险管理

金融支持工业行业低碳化发展过程中，面临工业企业内部的操作风险、碳交易市场操作风险以及金融市场的操作风险等。对操作风险的计量，可采取标准法、损失分析法等。在标准法中可以将来自各个市场的操作风险资产乘以相应的风险因子的得分，进而度量出总的工业行业操作风险。损失分析法对操作风险事故发生的频率和损失程度进行估计，可以得出操作风险值，有利于判断面临的操作风险严重程度。在对操作风险的管理中，规范工业碳减排中各个环节的操作标准，以降低操作风险的发生频率；建立操作风险报告体系，有效监测金融支持工业行业低碳化发展中的操作风险，并依据相应度量方法计量出的潜在操作风险损失值，计提操作风险准备金，从而预防和控制操作风险对工业行业低碳化发展造成的不利影响。

（5）国家风险管理

随着全球环境保护意识的增强，以及发展低碳经济的大趋势下，碳减排已成为世界各国普遍关注的问题。由于各个国家工业发展状况不同，碳排放状况也不一致，国际组织制定的具体碳排放规定对工业行业的碳排放有着很大影响，其他国家的碳排放状况及相关规定，亦会对我国碳排放领域产生影响，其中所造成的影响的不确定性即为低碳经济发展过程中可能面临的国家风险。有效识别与判断国家风险，防范风险的传染性，对我国低碳经济的发展有重要的影响作用。采用国家风险的因素分析法，探究其他国家工业发展体制和管理水平、资源状况、工业行业碳减排技术水平，碳交易发展情况，以及金融发展对工业行业低碳化的支持情况等，有针对性地采取措施，防范国际碳排放政策及相关规定等的变化对我国工业碳减排造成的不利影响。

(6) 技术风险管理

碳减排技术的发展有利于促进我国工业行业低碳化发展,而碳排放技术的研发又会增加低碳经济发展成本,因而有必要度量碳排放技术发展对我国工业行业低碳化发展的成本、效率,以及判断可能面临的损失风险。为有效防范技术风险,可建立工业碳排放技术研究中心,不断改进与完善碳减排技术,防范技术失误而造成的风险。

(7) 其他风险管理

其他风险包括利率风险、政策风险、法律风险、环境风险等。金融支持工业行业碳减排过程中,相关监管机构应适时采取相应的风险防范措施,预防这些风险对工业行业低碳化发展造成的不利影响。

由于我国碳排放相关的法律、法规还不完善,工业碳排放缺乏系统性的监管,监管组织机构和制度不完善,碳交易市场发展较晚,全国统一的碳交易平台等尚需进一步建立与完善,这些因素对构建我国金融支持工业碳减排风险预控系统,尚存在很大的不确定性,亦增添了风险管控难度。

10.5 本章小结

工业行业碳减排关系到我国工业循环发展、绿色发展战略的实施,建立有效的金融支持工业碳减排风险预控系统,有利于推进金融支持工业行业低碳化的长远发展。金融支持工业碳减排,为工业碳减排技术研发等提供资金支持,有利于建立完善的碳交易市场机制,促进工业碳减排长效发展。然而,金融为工业碳减排提供资金的同时,也面临诸多金融风险,对工业碳减排带来不稳定性。建立有效的风险管理预控系统,防范和控制金融支持工业碳减排中面临的各项风险,利于维护工业碳减排过程中市场参与者的利益。

完善的风险预控框架的构建,利于有效地进行金融支持工业行业碳减排的风险识别、度量与管理,以期为工业碳减排的发展降低不利影响。有效的风险识别体系,能有效地识别出金融支持工业碳减排中潜在的风险,为风险管理提供有效的依据,并进一步制定出相应的风险预控措施,进而有效管理其中面临的风险,为金融支持工业碳减排营造良好的环境。

11　金融支持我国工业行业碳减排的对策建议

在全球气候变化问题日益严峻的今天，伴随着其国际关注程度的不断上升，全球低碳经济的发展已经成为必然趋势。以我国为例，我国低碳经济要发展必须具备的核心要素包括低碳能源、提高能源效率、降低化石燃料生产与消耗、商品与服务中的碳强度降低、低碳技术、碳交易、金融和税收措施、低碳投资、能源安全等方面。而上述核心发展要素的实现与成功，均与金融的发展支持密不可分。金融支持起到了资金融通的作用，引导了资源的优化配置，是经济发展的重要媒介和推动力，对低碳经济同样也起到重要的推动作用。当今全球低碳经济的发展即碳减排融入各项产业的发展，更加需要金融的支持与推动，金融支持对于碳减排存在重要影响。

11.1　金融支持低碳经济发展存在的主要问题

金融在国民经济发展中起着重要的作用，其发挥自身的信息优势促进金融资源流向高收益部门，为经济的发展和技术的创新提供可靠的资金来源。在低碳经济的发展中，低碳技术的创新研发以及新型低碳产业的发展壮大都需要金融部门的支持。由前面分析可知我国虽在低碳经济发展方面取得一定的成效，能源效率提高，新能源行业得到一定的发展，但其经济发展面临能源消耗量大、能源消费结构单一等问题，低碳技术薄弱、研发能力不足以及专业人才的缺乏将制约低碳经济的发展。因此，需要金融资源的有效配置，促进低碳产业的发展。目前金融支持低碳经济发展过程中的问题，主要表现在以下一些方面。

(1) 金融机构未能有效发挥金融支持功能

首先，低碳金融发展时间较短，银行业对低碳金融的认识不足，缺乏相关的专业机构和人才，对其运作模式、风险防控以及盈利性的认识水平较低，且低碳产业投资回收期长，其在技术研发、投入的各阶段均存在较大的风险，银行尚未建立与低碳项目风险相对应的风险防范机制。因此，在其开展信贷业务时，考虑到低碳产业高投入、投资回收期长以及风险较大等特点，往往缺乏对其融资的积极性，而倾向于向传统规模较大、收益高且拥有良好的信用记录的企业授信，导致低碳产业资本供给不足。其次，资本市场发展较为缓慢，在资源配置方面存在不足，且企业上市门槛较高，低碳企业处于初步发展阶段，上市融资较为困难，目前我国低碳企业及项目主要依赖于绿色信贷融资，大量企业无法实现直接融资。

(2) 碳金融产品和服务单一，创新不足

碳金融产品和服务单一也是目前低碳经济的金融支持需解决的重要问题。目前我国构建的低碳金融产品和服务有绿色信贷和碳排放权交易等，低碳产业作为新兴产业，需要不断创新金融产品和服务以满足其发展需求。碳金融产品和服务的单一，将制约低碳经济的发展，不利于充分发挥金融支持低碳产业的效果。我国碳排放权交易市场处于初始发展阶段，碳交易平台刚刚起步且发展缓慢，交易量较少，并且缺乏全面完善的碳排放权交易制度。低碳金融市场发展不完备，国际环境动荡及制度保障缺乏，使碳交易市场在发展过程中面临很多问题。

(3) 低碳金融法律政策体系不完善

目前我国低碳金融处于发展初期，低碳金融的相关法律政策尚不健全，一方面政府未完善地对金融机构出台相应的切实有效的低碳金融激励政策，另一方面未对低碳项目研发的风险建立相应的风险补偿机制。法律机制的缺失会增加金融机构开展低碳金融业务的风险，使其提供低碳金融产品和服务难以获得法律保障。例如银行为低碳企业或低碳项目提供信贷服务时往往侧重企业对低碳经济的参与度，而非企业的规模与经营能力等传统参考标准，由于没有法律要求低碳企业对其节能减排情况进行披露，使得银行无法获得低碳企业的较完整信息，且银行在开展低碳金融业务时没有可参考的具体操作标准。

11.2 金融支持我国工业行业碳减排的相应对策建议

11.2.1 发展低碳金融及积极研发低碳技术

一方面，努力发展低碳金融。我国大多数省份其金融发展处于较低及中等程度，其金融发展未有效促进二氧化碳排放量的减少，因金融发展程度的提高有利于实现碳减排，而低碳行业的发展壮大又会进一步促进金融行业的发展，因此在经济发展由“高碳”向“低碳”转型时期，金融行业应积极改变其传统经营模式，商业银行积极开展绿色信贷业务，对从事生态保护、开发新能源、生产治污设施等低碳、环保企业及项目提供信贷支持或实施优惠利率，逐步减少并严格控制对高能耗、高污染、高排放企业的信贷额度，并实施惩罚性高利率；证券公司应积极引导资本市场资金流向低碳企业，为其上市提供优惠条件，为低碳企业融资提供便利；保险公司应积极创新碳保险产品，减少低碳技术研发风险。

同时，加强政府宏观政策的引导，完善金融支持政策。政府要明确低碳产业在未来的新的经济增长中的地位，制定一个发展战略；加强金融支持政策，运用价格补贴等多种激励机制，促进低碳产业的发展热情；重点培育有竞争力、领导力的低碳企业；制定低碳产业的相关排放、经济增长等标准，引导产业的标准化发展。

另一方面，推进低碳技术的发展。受能源强度的影响，金融发展与人均二氧化碳排放呈正U形关系，能源强度较低时，金融发展对碳减排产生促进作用，因此应注重发展低碳技术，低碳技术研发具有资金投入大、研发周期长及研发结果的不确定性等特点，使其存在较大的风险，政府应发挥其示范作用，设立低碳技术基金，为低碳技术研发提供资金支持，鼓励企业改造节能减排设施及生产治污设施，提高能源利用效率，在节约能源消耗的同时减少污染排放。同时完善低碳金融的风险防范机制，积极引导、激励商业银行为低碳技术融资。

11.2.2 促进产业结构优化升级及完善金融服务

第一，改变能源消费结构，促进能源消费结构多样化。我国资源中煤炭储量较多，资源禀赋特点使我国能源消费主要以煤炭为主，能源消费结构较为单一，而煤炭消耗产生的碳排放较多，为改善环境，需要大力发展清洁能源及绿色能源，提高可再生能源在能源消耗中的比例，积极利用风能、水能、太阳能、生物质能，建立高效合理的能源消费体系。

第二，促进产业结构优化升级。我国绝大多数省市的工业增加值占各省市整体GDP的比重较高，传统工业行业较多地注重经济利益的增加，而忽视环境利益，应加快调整经济结构，为工业企业排污制定严格的标准，对排污较多的企业实行惩罚性措施，对排污超过标准的企业进行强制性关闭，逐步淘汰落后产能。对从源头上减少污染排放的企业及低碳技术研发与使用的企业提供奖励措施，促进低碳企业及高科技产业的发展，加快技术进步，促进产业结构调整，改变传统粗放型经济增长方式，提高第三产业对国民经济的贡献度。

第三，促进资本市场的发展。我国应完善股票的市场准入机制，探索如何多维度地评价低碳产业公司的发展状况；研究推出低碳债券、碳远期、碳期权等多种金融产品，形成多层次的有效率的资本市场体系。

第四，加强税收优惠力度，提高企业减排积极性。对于低碳企业来说，实实在在的税收优惠和价格补贴制度十分具有激励性。对于积极研发碳减排技术的企业机构，予以减免其研发费用的税收，减少企业研发的成本，促进低碳技术的研发与推广；对于企业生产的低碳产品可以进行价格补贴，提高企业的盈利空间；同时，也可以辅以惩罚性税收措施，对于超过碳排放最高标准的企业予以加税，以抑制企业的高碳发展，以促进低碳经济的目标。

第五，统一健全的全球共同监管框架和法律法规是低碳金融的必要保障。金融监管部门要拓展视野，更新服务理念，转换监管方式，探索有效监管碳金融的新思路。金融监管部门应该在积极吸取国外先进经验的基础上，根据国内碳金融发展的实际情况，制定恰当的监管体系、管理机制以及风险控制标准，指导金融机构合理地开展碳金融业务。此外，要全面推进碳金融风险防范机制建设，鼓励并支持相关机构开展碳金融风险预测、评估等工作，促进碳金融业务稳健有序地发展。

11.3 金融发展促进高耗能行业碳减排的对策建议

11.3.1 加强政府对碳减排的支持力度

(1) 完善低碳经济的财政预算制度

为促进低碳经济发展，促进高耗能行业碳减排，政府应建立完善的财政预算制度。为低碳经济发展提供可预期且连续的资金支持。第一，改变当前财政预算中不合理的财政支出结构，加强地方政府在发展低碳经济方面的支持力度，尽量减少行政管理费用支出比例。第二，完善低碳项目审批程序，对低碳项目优先立项审批。第三，自主研发是我国发展低碳经济、促进碳减排的关键，政府应对研发低碳技术、新能源技术、环保技术的企业给予资金支持，促进技术进步。

(2) 提高对低碳环保企业的财政补贴

为了调动企业发展低碳经济的积极性，激励企业进行低碳技术研发，鼓励企业采用先进的节能环保设备进行生产和经营，政府应制定相关的财政补贴政策。早在 20 世纪 70 年代，为激励企业进行可持续发展，欧美等发达国家就已制定了相关的财政补贴政策。如对于节能设施建造，德国给予企业所耗费用 25％的财政补贴。从 1978 年开始，美国政府对发展循环经济的企业根据情况不同给予 10％～90％的补贴。我国可持续发展相关产业起步较发达国家较晚，对于低碳环保企业，更应加大财政补贴力度，给予企业贷款贴息、物价补贴、亏损补贴等补贴政策。

(3) 完善低碳经济相关税收政策

税收在低碳经济发展中的作用主要表现为：第一，税收政策能够优化资源配置。第二，税收政策能够改善高能耗、高污染、高排放企业的外部性问题。第三，税收优惠政策能够激励企业进行低碳技术研发与创新。具体税收政策包括：

第一，完善资源税的税收政策。资源税征收的课税对象为自然资源，目的是为了保护和促进自然资源的合理开发与利用，防止资源浪费，调节资源级差收入。首先，对煤炭、石油等不可再生资源提高税率，促进不可再生资源的有效利用；其次，实行差别税收制度。对资源浪费严重及污染严重的企业实行惩罚性税收制度，通过较高的税率缓解企业发展导致的外部性问题。对节能环保企业提供优惠税率，降低企业的经营成本。

第二，完善低碳环保企业所得税制度。首先，为鼓励技术的自主研发与创新，对于自主研发低碳技术、新能源技术和环保技术的企业，实行免税政策。第二，低碳经济发展周期长、需要长期稳定的资金支持，为鼓励投资者积极为低碳产业提供资金支持，对于投资于低碳产业的企业，实行减税政策。第三，对于采用先进节能环保设备、低碳设备等进行生产和经营，促进资源循环及有效利用的企业，根据其投资金额采取相关退税制度。

11.3.2 完善技术进步的金融支持机制，促进碳减排

促进高耗能行业碳减排，技术进步是根本。而技术进步离不开资金支持。由实证结果可知，目前金融发展对高耗能行业技术进步具有显著的促进和拉动作用。金融系统能够通过优化资源配置、分散风险等促进储蓄向投资转化，筛选具有发展前景的技术研发项目，为研发的顺利进行提供支持。良好的金融发展环境能够吸引外商投资，促进 FDI 技术外溢，以较低的成本实现技术进步。

一方面，技术研发与创新前期投入较大，收益与成果具有较大的不确定性，因此风险较大，银行等金融机构作为盈利性机构，往往不愿意为节能环保等技术研发与相信项目提供融资支持；另一方面，低碳环保企业的规模一般较小，上市融资较为困难，难以吸引社会资本，使得低碳企业面临融资不足的状况。

(1) 鼓励商业银行履行其社会责任

实证结果显示，金融发展能够通过推动技术进步促进碳减排。为顺应低碳经济发展趋势，促进高耗能行业碳减排，金融机构需要认识到其在推动技术进步促进碳减排方面的重要作用，需要积极转变经营模式，履行企业的社会责任。商业银行应加大对低碳环保项目和产业的融资支持。首先，为促进技术研发与创新，应积极为可再生能源开发、清洁技术的研发提供资金支持，为技术研发、创新与改造提供充足的资金。其次，低碳环保产业前期投入较大，金融机构应积极为相关产业的基础设施建设提供资金支持。最后，在国家低碳政策的引导下，对研发和生产治污设施、开发和利用新能源、开展循环经济等低碳环保项目和企业给予相关的优惠政策，实行优惠利率。

商业银行应积极发展绿色信贷，注重贷款申请项目对环境的影响。在发放贷款前，首先测评项目的环境风险：对于低碳项目，调低其贷款利率；对于符合环境监测标准的项目，提供正常的贷款利率；对于不符合环境监测标准的项目，不提供贷款支持，并要求其进行整改，待整改达到相关标准后，再发放贷款。

(2) 加强资本市场融资

完善金融体系，推进直接融资与间接融资共同发展。由于技术进步型企业技术研发、以及将研发技术转化为市场认同的产品过程中周期较长，且具有很大的不确定性，银行往往遵循流动性、安全性、收益性原则，对技术研发与创新项目的贷款具有一定额度限制，所以开拓资本市场融资是必须的。

需要大力发展股权融资和债权融资。鼓励债券市场对低碳环保项目和企业发行的债券进行优先审核。积极推动地方政府绿色债券以及企业绿色债券的发行，为低碳产业的发展提供资金。目前，我国也积极推动绿色债券发展，2015 年 12 月，国家发展改革委公布《绿色债券发行指引》，明确指出建立绿色金融体系，鼓励发行绿色债券，发挥债券融资在促进节能减排、应对环境与气候变化等方面的重要作用，将优先对风电、光伏在内的可再生能源予以支持。2015 年 12 月 22 日，中国人民银行发布《绿色债券支持项目目录》，为鼓励、促进绿色债券的发行，交易所为其提供绿色通道。加快并简化绿色债券的审核程序，提高绿色债券发行效率，并取消绿色债券发行企业的发债指标限制。

完善股权市场融资。应降低节能环保、低碳企业上市条件，扩大融资规模，积极鼓励符合条件的企业开展股票上市融资。新三板市场主要为具有成长性和创新型中小企业提供融资服务。其为科技型中小企业挂牌、融资和转让提供了便利，应加快推进新三板市场扩容，在规模扩大的同时应完善相关的操作规范、准入标准、监管机制，鼓励企业进行规范化发展，完善科技型企业从新三板市场向创业板或中小企业板市场升级的绿色通道。

(3) 建立健全低碳经济信用担保机制

信用担保机构应在政府政策引导下，为低碳经济项目和企业提供贷款申请的担保工作。积极通过国家相关产业政策，获取银行、企业等方面资金支持，允许多种形式的担保，提供健全的信用担保机制，促进低碳经济发展。美国早在 2005 年，出台《2005 年能源政策法》，为促进可再生能源技术的发展，政府引入贷款担保机制为其融资提供担保。2007 年《美国能源独立及安全法》提出为开发清洁能源的企业和公用事业单位提供贷款担保。为促进信用担保机构的可持续发展，还应当建立风险补偿机制。建立政府补偿机制。对向低碳项目和企业提供担保的信用担保机构，由政府提供一定额度的风险补偿。

(4) 充分利用外资

理论分析表明外商投资具有一定的溢出效应，能够以较低的成本实现技术进步。实证结果显示在利用外资对高耗能行业碳减排的影响中，技术进步具有显著的中介效应。因此应创造良好的金融发展环境，引进国外资金和技术。外商直接投资不仅能够为高耗能行业碳减排提供融资，还能够引进国外先进的生产经验和管理经验。政府应制定并提供相关的优惠政策，激励外商投资于低碳环保、节能减排等技术和项目。引进先进的节能减排设备和生产、管理经验，与国外拥有低碳技术、防止污染技术等开发商合作，引进先进技术。

11.3.3 完善清洁能源融资，改善能源消费结构

实证结果显示在煤炭所占比重较低时，金融发展对碳减排具有促进作用。我国能源消费主要以煤炭、石油等不可再生能源为主，一方面，不可再生资源有限，无限制的开发与利用将导致资源短缺问题；另一方面，煤炭、石油在消耗过程中产生大量二氧化碳，为改善能源短缺和环境污染问题，需要大力发展清洁能源，应逐步减少煤炭在能源消费中所占比重，提高清洁能源消费比重，积极开发、利用太阳能、水能、风能及生物质能，建立高效的能源消费体系，减少碳排放。

（1）太阳能发电融资模式

为了将产生的电能能够输送到其他地区，太阳能发电往往需要一些输电、变电、配电以及用电设备，而这将大大增加太阳能发电成本。为减少设备成本，有效扩大太阳能发电市场，可通过设备租赁融资模式。租赁公司根据太阳能发电企业的需求购买相关设备，太阳能发电企业向租赁公司租用其购买的设备进行生产经营并仅需支付较少的租金。通过这种融资方式，能够降低企业的经营成本，促进太阳能发电市场的扩大。

（2）水能发电融资模式

水电站建设周期长且所需资金较大，银行长期贷款为其主要融资渠道，但其融资成本较高，且额度有限，无法满足水电站建设的长期资金需求。因此，对于水电站建设，可采取资产证券化融资模式。即银行将对水电站建设的贷款组合出售给特设的金融信托机构，特设的金融机构再对资产进行信用增级、破产分离等运作，最后将包装好的资产出售给有需求的机构投资者。资产证券化融资模式，一方面能够有效降低银行的贷款风险，另一方面能够有效解决水电站建设所需资金问题，有利于水电的开发与利用。

（3）风能发电融资模式

风能发电依赖于完善的电网建设与上网稳定性技术。若电网建设薄弱、上网稳定性较大，将导致风能发电效率较低，阻碍风能发电的发展。因此，应加大

对电网建设以及上网稳定性技术的资金支持力度。

（4）生物质能发电融资模式

生物质能发电包括垃圾发电、沼气发电和农林生物质能发电。由于农林生物质能发电的成本较高，且对生态环境具有较大破坏性，因此应重点发展垃圾发电和沼气发电。由于生物质能资源来源不稳定且分布不均，资金投入风险较大，生物质能发电项目和企业往往难以获得银行融资支持。因此，生物质能发电项目可采用公私合营的PPP融资模式，由政府和企业共同承担风险，吸引私人投资，为生物质能发电项目提供资金支持。

11.4 江苏省金融支持工业行业碳减排建议

11.4.1 推进工业结构优化升级及重点强化节能减排

（1）深度推进工业结构优化升级

江苏现有的工业碳排放具有高度的行业集中性，高碳排放行业产生的碳排放量在工业碳排放总量的比例已超过90%，因此，为推动工业碳减排，江苏须采取相应措施优化工业结构，具体来说：合理控制电力、热力的生产和供应业、黑色金属冶炼和压延加工业等高能耗行业的发展规模，并适时淘汰压缩落后生产行业；大力发展中低能耗的高新技术产业和战略性新兴产业，逐步提高高新技术产业和新兴产业的工业占比份额；运用高新技术以及先进适用技术对高能耗行业进行改造、提升，促进高能耗行业的低碳转型。

（2）强化重点工业行业节能减排

江苏高碳排放行业主要集中在能源生产、加工以及重工业行业，是江苏工业碳排放的主要来源，对江苏工业节能减排产生重要影响。因此，江苏应强化重点工业行业节能减排，加大高能耗高碳排放行业节能减排技术改造与技术创新，推广节能减排技术的应用，提高行业能源利用效率。同时，推动低碳战略新兴产业发展，尤其是新能源和环保产业，实现技术减排与结构减排的协同效应。

（3）因地制宜制定科学合理的节能减排政策

不同工业行业的碳排放量区域分布存在较大差异，因此制定节能减排政策需要具有区域针对性。依据较长时期省内不同区域和主要工业行业的能源消费情况、发展特点，并综合考虑区域经济发展水平、区位和资源特点等因素，因地制宜地制定科学合理的节能减排政策及目标。一方面，需要对区域内高碳排放行业进行重点控制和结构调整，严格控制本区域能源消费增长，同时做到协调好区域经济稳定发展与节能减排的关系；另一方面，重点扶植和培育发展区域内高技术含量、高附加值、低能耗、低排放产业，形成各具特色的新兴优势产业。

11.4.2 完善金融支持工业碳减排的服务体系

(1) 提高各类金融机构的参与度

政策性银行不以营利为目的，应充分发挥其引导作用，引导信贷资金流向生态环保、新能源开发及利用、低碳技术研发等类型的企业或项目，国家开发银行可为技术改造、产业转型、低碳技术研发等企业提供优惠信贷政策，农业发展银行可为生态农业的建设提供资金，促进其循环发展，进出口银行可为 CDM 项目提供信贷支持，促进其积极利用国外先进经验和技术发展低碳经济。

银行业应积极培育金融专业人才，加深对低碳金融的认识和理解，组成专业团队，为低碳项目的投入、风险及前景进行评估，提供专业化服务，同时充分发挥其优化资源配置的重要功能，积极开展绿色信贷业务，为清洁能源技术、利用低碳技术进行节能减排的企业提供绿色项目融资，实行优惠贷款利率，并简化审批手续和流程；同时对采用高碳技术的企业或项目实施贷款额度限制或惩罚性高利率，甚至停止对高能耗、高污染、高排放企业发放贷款。

资本市场应放宽对低碳企业上市的要求，对其上市提供一定的优惠条件，并为其提供绿色通道，对低碳企业进入创业板、中小板融资给予市场准入方面的优先权，允许低碳企业分期偿还融资费用。其次，碳排放权交易价格并不稳定，且低碳技术研发存在较大风险，资本市场的投资者由于认识的局限性以及风险规避的要求，往往对其投资不足，使其在发展初期交易量较少，证券公司应主动发挥其做市商职责，通过对低碳证券的买卖提高市场的流动性和价格的连续性，促进其价格的合理性及低碳证券市场的稳定发展。

(2) 创新碳金融产品与服务

在引导银行间接融资与资本市场直接融资的同时，还应完善金融机构的碳金融产品创新，通过推出碳远期、碳期货、碳期权等金融衍生产品，可规避碳排放权交易价格波动产生的风险；建立与基础碳金融交易产品（如二氧化碳排放权）相挂钩的理财产品；建立为低碳项目融资的碳基金，积极引导民间资本的参与，促进碳基金来源的多元化，提高其运作质量，通过专业化的基金管理团队，为低碳企业提供资金支持的同时，可针对不同规模和技术的企业，提供个性化减排方案；创新碳金融保险产品，分别建立针对碳排放权交易双方的保险合同，可减少低碳项目所面临的政策变化风险、市场风险、交易风险及项目完成风险。通过多样化的碳金融产品能够促进碳排放权交易市场的发展，促进交易价格的合理性，降低交易风险。

(3) 建立完善的碳排放权交易市场机制

江苏省地域之间的经济差异较大，不同企业间的减排技术和减排成本存在的较大差异增加了对碳排放权的交易的需求，通过完善的碳排放权交易市场能够促进各区域之间资源和环境的合理配置，促进碳排放交易的发展。

首先，政府应当发挥其重要作用，制定合理的碳排放权交易制度，设置交易双方的进入门槛和交易规则，有机统筹政府管制与碳排放权交易价格的市场化运作程度，增强市场价格发现功能，为碳排放权交易市场的运作提供法律制度保障。

其次，企业作为温室气体排放的主体和碳减排成本的承担者，应主动参与碳排放权的交易，通过企业之间减排成本的差异，进行碳排放权交易的买卖，减少企业的减排压力。在短期内企业可通过碳排放权交易实现自身的减排目标，在中长期内将激励企业加大低碳技术研发力度，提高自身节能减排能力，在达到自身减排目标的同时，将剩余的碳排放权参与交易，增加碳排放权市场的供应量。

第三，在碳排放权交易方面，商业银行可利用其自身的客户资源和专业优势为参与者提供中介服务，为碳排放权交易双方提供代理服务，增加其交易渠道。

（4）加强法律制度和激励机制建设

第一，建立健全低碳金融政策法规。随着低碳经济的发展，对低碳金融产品和服务的需求将不断增加，低碳金融在得到发展的同时，其风险也将不断聚集。因此，江苏省政府应积极建立健全低碳金融法律法规，为低碳经济的发展提供良好的法律环境，同时为低碳金融业务提供法律保障，降低金融机构开展低碳金融业务的风险，促进江苏省低碳金融的健康稳定发展。

政府要加强对碳排放权交易制度的监督管理，合理控制碳排放权交易总量，促进碳排放权交易的合理定价，同时根据企业与环境实际发展情况，不断改进碳排放权交易制度设计。政府及相关监管部门应出台并完善关于碳金融产品和服务的法律制度，在政策方面给予支持，促进低碳金融的发展。加强对低碳企业的监管，通过构建法制化的执行标准，为银行开展低碳金融业务提供可参考的具体操作标准，出台相应政策要求低碳企业披露其节能减排信息以及减排目标完成情况。一方面可激励企业为树立良好的社会形象而增强节能减排能力，另一方面使金融机构为低碳企业提供金融服务时可更得到更加完整的信息。

第二，加强激励机制建设。首先江苏省政府应通过教育和宣传活动，引导金融机构意识到低碳理念的重要性，鼓励金融机构提高环保和节能减排意识，引导金融机构参与到低碳产业的投融资活动中；第二，完善激励金融机构参与开展低碳金融业务的政策法规。政府通过对低碳项目及低能耗、低污染、低排放企业授信的银行给予利息补贴的方式，降低银行的成本；通过对金融机构开展低碳金融业务所获得的收入给予税收优惠，激励银行参与；第三，引导和激励企业进行新能源和低碳技术开发。江苏省政府应积极运用财政支出、税收等手段，引导和激励企业与金融机构参与发展低碳经济，如在财政支出方面，政府可加大财政对低碳企业和低碳项目的投资力度，鼓励新能源和低碳技术的开发，鼓励企业节能减排技术的改造，从而促进企业参与低碳经济，在税收方面，政府通过对低碳企业提供税收上的优惠，降低其经营成本，激励其对低碳经济的参与度，对高能耗、高污染、高排放的企业实行较高的税率，督促其改造节能减排技术，由高碳发展向低碳发展转变。

参考文献

ZHANG Y J，2011. The impact of financial development on carbon emissions：An empirical analysis in China [J]. Energy policy，39(4)：2197-2203.

ANG B W，PANDIYAN G，1997. Decomposition of energy-induced CO_2 emissions in manufacturing[J]. Energy Economics，19(3)：363-374.

ANG J B，2009. CO_2 emission research and technology transfer in China [J]. Ecological Economics，68(10)：2658-2665.

ASHINA S，FUJINO J，MASUI T，et al，HIBINO G，2012. A roadmap towards a low-carbon society in Japan using backcasting methodology：Feasible pathways for achieving an 80% reduction in CO_2 emissions by 2050[J]. Energy Poficy，41(4)：584-598.

BELLO A K，ABIMBOLA OM，2010. Does the level of economic growth influence environmental quality in nigeria：a test of environmental kuznets curve (EKC) hypothesis[J]. Pakistan Journal of Social Sciences，7(4)：325-329.

BLYTH W，BUNN D，KETTUNEN J，WILSON T，2009. Policy interactions，risk and price formation in carbon markets[J]. Energy Policy，37(12)：5192-5207.

CHANG T C，LIN S J，1999. Grey relation analysis of carbon dioxide emissions from industrial production and energy uses in Taiwan[J]. Journal of Environmental Management，56(4)：247-257.

CHANG Y F，CHARLES L，LIN S J，2008. Comprehensive evaluation of industrial CO_2 emission (1989-2004) in Taiwan by input-output structural decomposition[J]. Energy Policy，36(7)：2471-2480.

COWAN E，1999. Topical issues in environmental finance[R]. Canada：The Asia Branch of the Canadian International Development Agency (CIDA).

DIAKOULAKI D, MANDARAKA M, 2007. Decomposition analysis for assessing the progress in decoupling industrial growth from CO_2 Emissions in the EU manufacturing sector[J]. Energy Economics, 29(4): 636-664.

FU J Y, ZHANG C J, 2015. International trade, carbon leakage, and CO_2 emissions of manufacturing industry[J]. Chinese Journal of Population Resources and Environment, 13 (2): 139-145.

FUENTE A D L, MARIN J, 1995. Innovation, bank monitoring, and endogenous financial development[J]. Journal of Monetary Economics, 38(2): 269-301.

GRADEL T E, ALLENBY B R, 2003. Industrial ecology[M]. Cambridge: Cambridge University Press.

HALIMANJAYA A, 2015. Climate mitigation finance across developing countries: what are the major determinants? [J] . Climate Policy, 15 (2): 223-252.

HANSON D, LAITNER J A S, 2004. An integrated analysis of policies that increase investments in advanced energy-efficient/low-carbon technologies[J]. Energy Economics, 26(4): 739-755.

KAHOULI B, 2017. The short and long run causality relationship among economic growth, energy consumption and financial development: evidence from South Mediterranean Countries (SMCs)[J]. Energy Economics, 68(10): 19-30.

KAMEYAMA Y, MORITA K, KUBOTA I, 2016. Finance for achieving low-carbon development in Asia: the past, present, and prospects for the future[J]. Journal of Cleaner Production, 128(2): 201-208.

KING R G, LEVINE R, 1993. Finance and growth: schumpeter might be right[J]. The Quarterly Journal of Economics, 108(3): 717-737.

KNELLER R, STEVENS P A, 2006. Frontier technology and absorptive capacity: evidence from DECD nanufacturing industries[J]. Oxford Bulletin of Economics and Statistics, 68(1): 1-21.

KNOX-HAYES J, 2009. The developing carbon financial service industry: expertise, adaptation and complementarity in London and New York [J]. Journal of Economic Geography, 9(6): 749-777.

LEVINE R, LOAYZAN, BECK T, 2000. Financial intermediation and growth: causality and causes[J]. Journal of Monetary Economics, 46 (1): 31-77.

LEWIS J I, 2010. The evolving role of carbon finance in promoting renewable energy development in China [J]. Energy Policy, 38 (6): 2875-2886.

LINARES P, PEREZ-ARRIAGA I, 2009. Promoting investment in low-carbon energy technologies[J]. European Review of Energy Markets, 3(2): 1-23.

PENG B, FAN X Y, WANG X J, 2017. Key steps of carbon emission and low-carbon measures in the construction of bituminous pavement[J]. International Journal of Pavement Research & Technology, 10(6): 476-487.

PULIAFITO S E, PULIAFITO J L, GRANDM C, 2008. Modeling population dynamics and economic growth as competing specie: an application to CO_2 global emissions [J]. Ecological Economics, 65 (3): 602-615.

RICHARDSON B J, 2009. Climate finance and its governance: moving to a low carbon economy through socially responsible financing? [J]. International and Comparative Law Quarterly, 58(3): 597-626.

ROZENBERG J, HALLEGATTE S, FABERT B P, et al, 2013. Funding low-carbon investments in the absence of a carbon tax[J]. Climate Policy, 13(1): 134-141.

SADORSKY P, 2010. The impact of nancial development on energy consumption in emerging economies [J]. Energy Policy, 38 (2) : 2528-2535.

SALAZAR J, 1998. Environmental finance: linking two world[R]. Slovakia: Presented at a Workshop on Financial Innovations for Biodiversity Bratislava.

SHAFIK N, BANDYOPADHYAY S, 1992. Economic growth and environmental quality: time-series and cross country evidence[R]. Washington, D. C.: Background Paper for the World Development Report, The World Bank.

SU W S, LIU Y Y, WANG S J, ZHAO Y B, et al, 2018. Regional inequality, spatial spillover effects, and the factors influencing city-level energy-related carbon emissions in China[J]. Journal of Geographical Sciences, 28(4):495-513.

TALUKDAR D, MEISNER C M,2001. Does the private sector help or hurt the environment? Evidence from carbon dioxide pollution in developing countries[J]. World Development,29(5):827-840.

TAMAZIAN A,CHOUSA J P, VADLAMANNATI C,2009. Does higher economic and nancial development lead to environmental degradation: evidence from the BRIC countries[J]. Energy Policy, 37(1): 246-253.

WANG C, CHEN J, ZOU J, 2005. Decomposition of energy-related CO_2 emission in China: 1957-2000[J]. Energy, 30(1): 73-83.

XIE R, FANG J Y, LIU C J,2017. The effects of transportation infrastructure on urban carbon emissions[J]. Applied Energy,196(6): 199-207.

YANG Y, CHEN F F,2017. Research on carbon emissions embodied in trade between China and south Korea[J]. Atmospheric Pollution Research,8(1):56-63.

ZHANG B, BI J, YUAN Z, GE J,2008. Eco-efficiency analysis of industrial system in China:a data envelopment analysis approach[J]. Ecological Economics,68(1):306-316.

白钦先,1989.比较银行学[M].郑州:河南人民出版社.

曹洪军,陈好孟,2010.不确定环境下我国绿色信贷交易行为的博弈分析[J].金融理论与实践(2):17-22.

陈碧琼,张梁梁,2013.金融规模对碳排放的影响力分析——基于省际动态面板数据的实证分析[C].北京:中国可持续发展研究会会议论文集(1):414-420.

陈福生,2014.低碳经济发展能力与融资保障、金融政策——基于中国省级区域的实证研究[J].金融理论与实践(11):28-33.

陈诗一,2009.能源消耗、二氧化碳排放与中国工业的可持续发展[J].经济研究(4):41-55.

陈诗一,2011.中国碳排放强度的波动下降模式及经济解释[J].世界经济(4):124-143.

陈小龙,刘小兵,2013.基于碳税、补贴的建筑碳排放管制政策研究——以欧盟的建筑碳排放政策为例[J].城市发展研究(10):21-27.

陈欣,刘明,2015.金融发展对二氧化碳排放影响的经验研究[J].财经问题研究(4):40-46.

陈雁,2008.绿色信贷:金融服务调控环保行为的新篇章[J].环境保护(4):20-22.

程时雄,柳剑平,龚兆鋆,2016. 中国工业行业节能减排经济增长效应的测度及影响因素分析[J].世界经济(3):166-192.

丁欣,周吉光,乔洁,2014.节能减排目标下低碳经济发展的政策机制创新[J].科技管理研究(11):243-250.

董锋,2010.中国能源效率及能耗问题研究[D].南京:南京航空航天大学.

杜莉,2014.低碳经济时代的碳金融机制与制度研究[M].北京:中国社会科学出版社.

杜莉,丁志国,李博,2012.产业结构调整升级:金融交易机制的助推——基于欧盟数据的实证研究[J].清华大学学报(哲学社会科学版)(5):143-150.

冯宗宪,2011.金融风险管理[M].西安:西安交通大学出版社.

龚惠萍,管璇,刘晨明,2013.武汉市工业经济增长与碳排放脱钩关系的实证分析[J].统计与决策(11):105-108.

古小东,2010.绿色信贷的国际经验与启示[J].金融与经济(7):19-21.

顾洪梅,何彬,2012.中国省域金融发展与碳排放研究[J].中国人口·资源与环境(8):22-27.

郭朝先,2010.中国碳排放因素分解:基于LMDI分解技术[J].中国人口·资源与环境(12):4-9.

郭福春,2011.中国发展低碳经济的金融支持体系研究[D].武汉:武汉大学.

国涓,刘长信,孙平,2013.中国工业部门的碳排放:影响因素及减排潜力[J].资源与生态学报(英文版)(2):132-140.

韩旺红,马瑞超,2012.低碳约束下中国金融发展与工业全要素能源效率研究[J].云南财经大学学报(社会科学版)(4):75-79.

韩岳峰,张龙,胡慧欣,2013.我国仓储运输业碳排放与经济增长间的脱钩分析[J].江汉论坛(4):29-34.

郝立亚,2016.碳排放市场与省域金融发展关联效应研究——基于贝叶斯空间异化模型的实证分析[J].上海金融(9):64-69.

郝珍珍,李健,2013.中国碳排放增长的驱动因素及贡献度分析[J].自然资源学报(10):1664-1673.

贺建清,刘日星,2012.中国银行业参与碳金融的模式研究[J].华东经济管理(7):75-79.
候建朝,史丹,2014.中国电力行业碳排放变化的驱动因素研究[J].中国工业经济(6):44-56.
胡梅梅,邓超,唐莹,2014.绿色金融支持“两型”产业发展研究[J].经济地理(11):107-111.
黄杰,丁刚,2014.技术进步对碳强度影响的门槛效应研究[J].科技进步与决策(9):22-26.
贾登勋,黄杰,2015.门槛效应、经济增长与碳排放[J].软科学(4):67-70.
金乐琴,黄炎,2015.北京市二氧化碳排放的驱动因素及减排路径[J].经济与管理(4):85-90.
雷钊,2011.我国碳排放影响因素分析与减排政策思考[J].统计与决策(8):156-158.
李国志,2011.基于技术进步的中国低碳经济研究[D].南京:南京航空航天大学.
李虹,亚琨,2012.我国产业碳排放与经济发展的关系研究——基于工业、建筑业、交通运输业面板数据的实证研究[J].宏观经济研究(11):46-52,66.
李健,朴胜任,2014.个人碳交易模式和运行机制研究[J].干旱区资源与环境(10):1-6.
李凯杰,曲如晓,2012.技术进步对中国碳排放的影响——基于向量误差修正模型的实证研究[J].中国软科学(6):51-58.
李廉水,周勇,2006.技术进步能提高能源效率吗?——基于中国工业部门的实证检验[J].管理世界(10):82-89.
李平,2013.商业银行碳金融中间业务创新研究[J].科技管理研究(9):215-219.
李庶泳,2009.金融支持节能减排的合理边界:济宁个案[J].金融发展研究(1):38-40.
李维,罗天,2015.环境库兹涅茨曲线与门槛协整模型——基于 CO_2 排放量的国际数据验证[J].资源与产业(5):96-102.
李忠民,于庆岩,2014.金融支持低碳经济的路径研究[J].西部金融(4):16-27.
李子豪,2015.外商直接投资对中国碳排放的门槛效应研究[J].资源科学(1):161-173.
林涛,李灵,赵涛,等,2013.天津市工业碳排放测算与影响因素分析[J].城市环境与城市生态(1):22-28.
刘红光,刘卫东,范晓梅,2011.贸易对中国产业能源活动碳排放的影响[J].地理研究(4):590-600.
刘鹏翔,2014.关于金融支持老工业基地节能减排的思考[J].黑龙江金融(1):62-65.
刘占成,王安建,于汶加,等,2010.中国区域碳排放研究[J].地球学报(5):727-732.
刘贞,蒲刚清,施於人,等,2012.钢铁行业碳减排情景仿真分析及评价研究[J].中国人口·资源与环境(3):77-81.
龙志和,陈青青,2011.中国CO2排放与经济增长联动性实证分析[J].经济经纬(4):9-13.
陆文聪,李元龙,2010.中国工业减排的驱动因素研究:基于LMDI的实证研究[J].统计与信息论坛(10):49-54.
那洪生,2011.金融杠杆助力老工业基地节能减排[J].中国金融(10):34-36.
潘小军,2011.低碳经济浪潮下中国碳金融市场发展策略[J].软科学(7):16-20.
潘雄锋,彭晓雪,李斌,2017.市场扭曲、技术进步与能源效率:基于省际异质性的政策选择[J].世界经济(1):91-115.
潘雄锋,舒涛,徐大伟.中国制造业碳排放强度变动及其因素分解[J].中国人口·资源与环境,21(5):101-105
彭江波,郭琪,2010.金融促进节能减排市场化工具运行的机制研究[J].经济学动态(3):63-67.
任建兰,徐成龙,陈延斌,等,2015.黄河三角洲高效生态经济区工业结构调整与碳减排对策研究[J].中国人口.资源与环境(4):35-42.
任曾,钱光磊,2015.税收促进工业企业节能减排的作用和机理[J].经营与管理(2):16-17.
单胜道,毕晓航,王志荣,等,2016.长三角地区能源与低碳转型研究[M].北京:科学出版社.
石敏俊,袁永娜,周晟吕,等,2013.碳减排政策:碳税、碳交易还是两者兼之?[J].管理科学学报(9):9-19.
史安娜,李淼,2011.基于LMDI的南京市工业经济能源消费碳排放实证研究[J].资源科学(10):1890-1895.
史亚东,2010.中国在当前国际碳排放权交易中最优出口规模研究[J].世界经济研究(9):3-8.
苏宝梅,2009.绿色信贷:和谐社会的必然要求[J].济南大学学报(社会科学版)(2):12-14.
孙建,2015.中国技术创新碳减排效应研究——基于内生结构突变模型的分析[J].统计与信息决策(2):23-27.
孙欣,韩伟伟,宋马林,2014.中国省域节能减排效率评价及其影响因素[J].西北农林科技大学学报(社会科学版)(4):137-143.
孙耀华,李忠民,2011. 中国各省区经济发展与碳排放脱钩关系研究[J].中国人口·资源与环境(5):87-92.
唐建荣,张白羽,王育红,2011.基于LMDI的中国碳排放驱动因素研究[J].统计与信息论坛(11):19-25.
田雷,汤洁,黄璐思,等,2014.基于LMDI的吉林省重点行业碳排放强度变化及驱动因素分析[J].生态经济(1):40-46.
田泽,董凯丽,吴凤平,2015.江苏省终端能源消费CO_2排放总量测算及驱动因素研究[J].中国人口·资源与环境(11):19-27.
涂正革,2012.中国的碳减排路径与战略选择——基于八大行业部门碳排放量的指数分解分析[J].中国社会科学(3):78-94,206.
汪陈,何圣财,金利娟,2010.构建低碳经济创新型金融支持体系实证研究[J].西南金融:26-28.
王保忠,何炼成,李忠民,2013.金融支持低碳经济发展的一般机理与多维路径研究[J].现代经济探讨(12):39-43.
王兵,杜敏哲,2015.低碳技术下边际减排成本与工业经济的双赢[J].南方经济(2):17-36.
王迪,聂锐,2010.江苏省节能减排影响因素及其效应比较[J].资源科学(7):1252-1258.
王凯,邵海琴,周婷婷,等,2018.基于EKC框架的旅游发展对区域碳排放的影响分析——基于1995～2015年中国省际面板数据[J].地理研究(4):742-750.
王倩,双星,黄蕊,2012.低碳经济发展中的金融功能分析[J].社会科学辑刊(1):116-119.
王强,伍世代,林羽珊,2015.中国东南沿海地区工业能源消费碳排放的驱动因素分析[J].资源科学(6):1239-1248.
王群伟,周鹏,周德群,2010.中国二氧化碳排放绩效的动态变化、区域差异及影响因素[J].中国工业经济(1):45-54.

王雪娜,2006.我国能源类碳源排碳量估算办法研究[D].北京:北京林业大学.

王遥,王文涛,2014.碳金融市场的风险识别和监管体系设计[J].中国人口资源与环境(3):25-31.

王宇飞,刘昌新,程杰,等,2015.工业VOCs经济手段和工程技术减排对比性分析[J].环境科学(4):1508-1513.

魏巍贤,杨芳,2010.技术进步对中国二氧化碳排放的影响[J].统计研究(7):36-44.

吴滨,2010.工业碳排放及能源消耗研究[J].南京工业大学学报(社会科学版)(3):25-29.

吴振信,石佳,王书平,2014.基于LMDI分解方法的北京地区碳排放驱动因素分析[J].中国科技论坛(2):85-91.

武红,谷树忠,关兴良,等,2013.中国化石能源消费碳排放与经济增长关系研究[J].自然资源学报(3):381-390.

肖宏伟,易丹辉,周明勇,2013.中国工业经济发展与碳排放脱钩关系研究[J].福建论坛(人文社会科学版)(3):56-62.

谢怀筑,于李娜,2010.碳金融:应对气候变化的金融创新[J].中国社会科学院研究生院学报(1):29-40.

谢守红,王利霞,邵珠龙,2013.中国碳排放强度的行业差异与动因分析[J].环境科学研究(11):1252-1257

熊灵,齐绍洲,2016.金融发展与中国省区碳排放——基于STIRPAT模型和动态面板数据分析[J].中国地质大学学报(社会科学版)(2):63-73.

熊曦,2015.区域工业发展与碳排放的脱钩关系分析——基于2006～2013年湖南的实际情况[J].财经理论与实践(6):120-125.

修静,刘海英,2014.节能减排环境规制与中国工业TFP分析[J].南京社会科学(5):27-34.

徐承红,李标,2012.能源消耗、碳排放与我国经济发展——基于静态和动态面板的实证分析[J].宏观经济研究(7):33-44.

徐盈之,管建伟,2010.金融发展影响我国环境质量的实证研究:对EKC曲线的补充[J].软科学(9):18-22.

严成樑,李涛,兰伟,2016. 金融发展、创新与二氧化碳排放[J].金融研究(1):14-30.

杨勆,2011.我国绿色信贷政策的节能减排机理分析[J].学术论坛(10):126-130.

杨子晖,2011.经济增长、能源消费与二氧化碳排放的动态关系研究[J].世界经济(6):100-125.

姚西龙,2013.技术进步、结构变动与制造业的二氧化碳排放强度[J].暨南学报:哲学社会科学版(3):59-65.

易艳春,宋德勇,2011. 经济增长与我国碳排放:基于环境库兹涅茨曲线的分析[J]. 经济体制改革(3):35-38.

尹海员,刘妍,2014."后京都"时代我国碳金融市场发展的层次设计研究[J].人文杂志(7):39-46.

余建清,吕拉昌,2012.广东省化石燃料碳排放的地域差异[J].经济地理(7):100-106.

虞义华,郑新业,张莉,2011.经济发展水平、产业结构与碳排放强度——中国省级面板数据分析[J].经济理论与经济管理(3):72-81.

张 帆,李佑军,2012.中国碳交易管理体制的总体框架设计[J].中国人口·资源与环境(9):20-25.

张丹,王腊芳,叶晗,2012.中国区域节能减排绩效及影响因素对比研究[J].中国人口·资源与环境(12):69-73.

张继宏,张希良,2014.建设碳交易市场的金融创新探析[J].武汉大学学报(哲学社会科学版)(2):102-108.

张建军,段润润,2013.中国商业银行构建绿色信贷体系的路径探索[J].西安电子科技大学学报:社会科学版(5):120-125.

张金山,2013.低碳经济发展战略与中国商业银行业务创新研究[J].内蒙古社会科学(5):93-98.

张靖霞,2013.绿色信贷支持生态城镇化建设的路径选择[J].金融理论与实践(3):63-65.

张雷,2003.经济发展对碳排放的影响[J].地理学报(4):629-637.

张腾飞,杨俊,盛鹏飞,2016.城镇化对中国碳排放的影响及作用渠道[J].中国人口·资源与环境(2):47-57.

张为付,周长富,2011.我国碳排放轨迹呈现库兹涅茨倒U形吗?——基于不同区域经济发展与碳排放关系分析[J].经济管理(6):14-23.

张伟,张金锁,邹绍辉,等,2013.基于LMDI的陕西省能源消费碳排放因素分解研究[J].干旱区资源与环境(9):26-31.

张伟伟,张宇,2013.发达国家低碳投融资机制研究[J].当代经济研究(7):67-71.

张秀生,李子明,2009.绿色信贷执行效率与地方政府行为[J].经济问题

(3):35-39.

张颖,2013.能源消耗、二氧化碳排放与中国工业可持续发展的脱钩分布研究[J].开发研究(1):104-108.

张兆国,靳小翠,李庚秦,2013.低碳经济与制度环境实证研究——来自我国高能耗行业上市公司的经验证据[J].中国软科学(3):109-119.

张正,章博焜,2015.加大激励性税收政策力度,促进工业企业节能减排[J].经营与管理(2):30-31.

张中祥,2003.排放权贸易市场的经济影响——基于12个国家和地区边际减排成本全球模型分析[J].数量经济技术经济研究(9):95-99.

赵爱文,李东,2011.中国碳排放与经济增长的动态关系——基于VEC模型[J].技术经济(11):84-88.

赵志耘,杨朝峰,2012.中国碳排放驱动因素分解分析[J].中国软科学(6):175-183.

郑义,秦炳涛,2016.能源消费、碳排放与经济增长的关系研究——基于中国(1970-2010年)ARDL模型的实证分析[J].科研管理(8):130-139.

仲伟周,张金灿,南士敬,2014.中国碳排放强度的驱动因素、区域差异及变化趋势分析[J].科技进步与对策(11):27-31.

周五七,2012.中国工业能源碳排放面板数据估算:1998-2010年[J].国情研究(3):68-77.

朱俏俏, 孙慧,王士轩,2014. 中国资源型产业及制造业碳排放与工业经济发展的关系[J].中国人口资源与环境(11):112-119.

朱延福,滕玉华,2010.技术进步、技术效率与区域能源效率——基于中国省区数据的实证分析[J].东岳论丛(4):42-46.

庄贵阳,2005.中国经济低碳发展的途径与潜力分析[J].国际技术经济研究(3):79-80.

左可贵,包玉泽,李崇光,等,2014.工业碳减排绩效及其影响因素动态分解[J].自然资源学报(9):1576-1588.